长江三峡紫色砂页岩区优先流形成及其运动机理

程金花　王　伟　吴煜禾
吕文星　刘　涛　王　葆　等　著

科学出版社
北　京

内 容 简 介

本书对优先流的基本内涵和研究进展进行了较为系统的总结和归纳，并以长江三峡紫色砂页岩区优先流为研究对象，以重庆市江津区为试验基地，选择林地和农地典型坡面，采用染色法和点格局法分析了优先路径在土壤剖面上的水平分布和垂直分布特性，并分析了优先流形态的空间异质性。基于染色路径宽度，对优先流进行了分类，并探讨了优先流对水分条件的响应。从影响优先流的外部因素和内部因素出发，研究了优先流形成的机理，并以野外和室内测定原状土的基本参数为基础，借鉴国外在优先流研究方面的方法及部分成果，修正了长江三峡紫色砂页岩区优先流模型。

本书可供从事水土保持、森林水文及土壤物理环境科学等方面的科技工作者使用，也可作为水土保持、环境科学、水利和林业等专业高年级本科生、研究生和相关教师的参考书。

图书在版编目（CIP）数据

长江三峡紫色砂页岩区优先流形成及其运动机理/程金花等著. —北京：科学出版社, 2016.5

ISBN 978-7-03-048247-1

I.①长… II.①程… III. ①三峡–砂岩–林地–研究 IV. ①S724

中国版本图书馆 CIP 数据核字(2016)第 098618 号

责任编辑：朱 丽 杨新改 / 责任校对：何艳萍

责任印制：徐晓晨 / 封面设计：耕者设计工作室

科学出版社 出版

北京东黄城根北街 16 号

邮政编码: 100717

http://www.sciencep.com

北京中石油彩色印刷有限责任公司 印刷

科学出版社发行 各地新华书店经销

*

2016 年 5 月第 一 版 开本：B5 (720×1000)

2016 年 5 月第一次印刷 印张：14 插页：1

字数：280 000

定价：80.00 元

(如有印装质量问题，我社负责调换)

《长江三峡紫色砂页岩区优先流形成及其运动机理》编委会

主　编　程金花

副主编　王　伟　吴煜禾　吕文星　刘　涛　王　葆

编　委　（以姓氏汉语拼音为序）

陈晓冰　程金花　戴矜君　高春泥　李辉乾
李若愚　刘　涛　吕文星　马思文　莫永东
荣立明　阮芯竹　石　坤　王　葆　王　伟
吴煜禾　夏　飞　杨　帆　姚晶晶　张东旭
张福明　周柱栋

审　稿　张洪江

前　　言

作为土壤水分运动的一种特殊形式，优先流能够在土壤中快速运动，对沟道径流乃至河川洪水过程(包括洪水历时和洪峰流量等)均可能产生较大影响。由于其成因和运动规律的复杂性，优先流成为世界水文学研究的重点和难点问题之一。优先流的成因主要受外部因素和内部因素共同作用：外部因素主要为土壤初始含水量、水分梯度、降水过程等水分条件；内部因素一般认为是与“植物–土壤”相关的环境因子，主要包括土壤密度、有机质含量等土壤理化性质，以及植物的根重密度、根长密度等植物根系特征。优先流对土壤水分运动具有重要影响，它不仅影响水分入渗速度，还影响壤中流的水分通量、水力性质等。同时，通过使土壤水分快速运动，优先流还可能是导致小流域洪峰流量陡起陡落的原因之一。

本研究团队于 1992 年开始在张洪江先生带领下进行优先流的资料收集及准备工作，首先在湖北省秭归县建立了固定的观测试验点，对长江三峡花岗岩地区优先流进行了深入系统的研究，获得了包括国家自然科学基金、瑞典国际科学基金、国家科技支撑计划在内的多个项目资助。自 2008 年开始，团队将研究地点扩展到三峡库区末端，在江津区的四面山对紫色砂页岩区优先流进行研究，获得了国家自然科学基金面上项目“长江三峡花岗岩地区优先流运动机理研究”（40771042）、“长江三峡库区紫色砂岩林地坡面优先路径及其机理研究”（41271300），青年科学基金项目“三峡库区优先流影响土壤养分流失机制研究”（30900866），教育部博士点基金项目“三峡库区氮素养分优先迁移机制”（20070022023），瑞典国际科学基金委员会（International Foundation for Science）的资助项目“The impact of preferential flow on flood process in woodland in the Three Gorges of Yangtze River region”（批准号：D/3492-1)和“The formation mechanism and moving rule of preferential flow in the forestland in the Three Gorges area, Yangtze River”（批准号：D/3492-2)，以及北京市英才计划（YETP0750）等项目的资助。

基于以上项目资助，团队通过对不同土地利用类型下优先路径、土壤水分和土壤性质的长期观测，在已有成果上采用生态统计方法对优先路径进行了定量化分析，研究了优先流的形态及其空间异质性，分析了紫色砂页岩区优先流的发生类型，以及降雨、土壤性质和植物根系对优先流形成的影响。基于长期观测的林分、气象和土壤数据，运用 Coup Model 探讨了优先路径对土壤水分运动的影响。

本书主要内容虽是著者十多年的研究成果，但即便是只对长江三峡紫色砂页岩区优先流形成机制及发展规律而言，也是初步的不成熟的认识。然而毕竟可以作为一个阶段性成果，以书的形式展现在有兴趣的读者和相关研究同行面前，供大家研究中参考和指正，为共同探讨优先流运动规律、推动我国优先流的深化研究提供一个能够相互交流的平台。

本书由北京林业大学程金花和交通运输部科学研究院王伟筹划并确定编写内容与编写大纲，由北京林业大学张洪江教授作为本书的学术顾问进行指导。北京林业大学程金花负责第 1 章、第 2 章和第 3 章的撰写，交通运输部科学研究院王伟负责第 4 章、第 5 章第 1 节的撰写，黄河水文水资源科学研究院吕文星负责第 5 章第 2、3、4 节和第 6 章的撰写，海南省水文水资源勘测局吴煜禾、交通运输部科学研究院刘涛负责第 7 章、第 8 章的撰写。初稿完成后，由北京林业大学王葆校稿，程金花统稿定稿，张洪江教授审稿。

值此专著出版之际，要特别感谢中国林业科学研究院森林生态环境与保护研究所的肖文发研究员、郭泉水研究员和黄志霖博士，湖北林业科学研究院的唐万鹏研究员、史玉虎研究员和潘磊博士，是他们长期对我们研究团队的不懈支持与帮助，才可能使有关的研究展开并不断地持续下来。

在此还要感谢北京林业大学科技处和水土保持学院的领导们给予的支持和帮助，可以想象如果没有他们的支持与关注，我们的研究团队是不可能取得如此可喜成绩的。

更要感谢重庆市林业局的杜士才教授级高工、李辉乾高级工程师、何萍高级工程师、夏飞高级工程师，江津区林业局的古德洪副局长、阮林高级工程师，四面山森林资源管理局的张福明副局长，张家山森林管护站的韩西远站长，是他们的辛勤劳动和鼎力相助，才使我们的研究工作始终居于良好的工作环境和舒适的生活条件中。

本书的完成，得到了近十年来多位水土保持科学研究工作者的支持与帮助，他们是北京林业大学的孙保平教授、王玉杰教授、余新晓教授、张志强教授、王秀茹教授、赵廷宁教授、丁国栋教授、王百田教授、毕华兴教授、杨海龙副教授等，在此向他们表示诚挚的谢意。

虽然本书作者通过大量外业工作，进行野外调查、土壤样品采取、室内测定、数据处理、分析与研究，以及随之而来的书稿写作与修改等，各个环节无不包括了各位作者的辛勤劳动与智慧结晶，但由于时间及水平等多方面因素限制，书中难免存在不足之处，望同行不吝指正赐教。

本书的出版，旨在总结我们在土壤优先流方面所进行的近十年研究结果，对优先流形成机制及其运动规律有一个系统深入的认识，同时也为水土保持、土壤、水文、生态等领域的同仁提供一些可资参阅的资料。

程金花

2015年10月于北京

目 录

第 1 章　优先路径及优先流研究进展

作为土壤水分运动的一种特殊形式，优先流是世界水文学研究的重点和难点问题之一。早在 19 世纪 60 年代，研究入渗过程中的“大孔隙”就是优先流研究萌芽阶段的开始，到 20 世纪 70 年代，优先流现象逐步引起了科学界的重视。国际上在优先流研究方面起步较早的国家和地区是美国、日本、加拿大、英国和欧洲，其他国家于 20 世纪 80 年代初期也相继开展了这方面的研究工作，并取得不少研究成果。我国自 2000 年以来开始深入研究优先流。当前对优先流的研究主要集中在优先流的形成，优先路径的分布及影响因素，优先流的运动规律，优先流对土壤水分的影响、对水质的影响以及对地质灾害的影响等几个方面。许多新的理论如能量理论、混沌及分形理论、渗透理论、非稳定湿润锋理论等，也被应用到优先流的研究中来。优先流研究方法主要包括直接测定法(示踪技术、CT 扫描法等)、间接描述法(水力观测方法、微张力技术等)等。

1.1　优先流及优先路径定义

1.1.1　优先流定义

优先流用于描述水分快速流动现象，是相对于基质流提出的概念。土壤水分的运动过程由混合均质过程的基质流与快速非平衡的优先流过程两部分组成(Skopp et al.，1981；北原曜，1992)。优先流是土壤中非常普遍的一种水分和溶质运移形式，它是指土壤在整个入流边界上接受补给，水分和溶质绕过土壤基质，仅通过少部分土体的快速运移，又被称为优势流、优先路径流、短路流和管道流等(徐绍辉和张佳宝，1999；陈风琴和石辉，2006)。

国内外学者对优先流的概念有不同表述。Beven 等(1982)定义优先流为“绕过土壤基质并快速穿过优先路径的水流”；White(1985)认为优先流是指由土壤优先路径传导的非平衡管道流；Luxmoore 等(1990)定义优先流为“一种特殊的水分运动形式，可增强水分和溶质迁移过程”；贾良清和区自清(1995)则认为水及其溶质包括污染物可通过优先路径在土壤中快速和远距离迁移，即优先水流和优先迁移；程竹华和张佳宝(1998)认为凡是水分和溶质能够加速迁移的过程都可称为优势流；Hillel(1998)认为“优先流与基质流相对应，它不满足达西运动定律，它是占用少量土壤空间的特殊通道，快速运移水分和溶质的过程”。

张洪江等(2006)提出“优先流是用于描述在多种环境条件下发生的非平衡流过程的术语”，这一定义取得了多数学者的认同。

1.1.2 优先路径定义

土壤中存在着植物根系穿插而产生的根孔、动物的活动通道、土壤的干缩缝以及因湿润锋不稳定所形成的指状渗透通道等，从它们对水流和溶质运移的传导作用看，可称之为“优先路径”(张洪江，2006)。优先路径的狭义定义为“土壤优先路径”(Bouma and Wösten，1979)，广义定义为“水分和溶质在土壤中发生优先传导过程的通道”(Helling and Gish，1991)。

关于优先路径研究的分歧主要集中在径级范围问题上。Beven 和 Germann (1982)认为土壤中优先路径径级主要集中在 0.03～3.00 mm 范围内。在此基础上，Bouma 和 Wösten(1984)进一步研究得出其径级由于蚯蚓、昆虫、老鼠等动物活动会更大，也就是说，通常认为优先路径的径级为＞0.03 mm。

到目前为止，优先路径的径级定义方法主要有两种：一种是采用图像解析方法；另一种是采用水力学方法。两种研究方法的优先路径径级标准也不同。

图像解析方法主要取决于单位像素距离，它与空间尺度大小关系紧密。Vermeul 等(1993)将优先路径的径级认定为＞0.085 $mm \cdot pixel^{-1}$；Franklin 等(2007)定义优先路径径级为＞0.1 $mm \cdot pixel^{-1}$；Flury 等(1994)采用 1 $mm \cdot pixel^{-1}$ 的单位像素距离来定义优先路径；李伟莉等(2007a)采用＞1 $mm \cdot pixel^{-1}$ 的单位像素距离来定义优先路径；Singh 等(1991)应用 AutoCAD 和自动图像分析仪测定和说明优先路径性质时，将＞1.6 mm 的孔隙认定为优先路径。

水力学方法也可对优先路径的径级进行定义。有学者采用张力入渗法来定义优先流，规定径级＞0.25 mm 的土壤孔隙为优先路径(Wilson et al.，1988)；李伟莉等(2007b)引用此方法将长白山森林土壤优先路径径级范围定义为≥0.5 mm、0.25～0.5 mm、0.1～0.25 mm 三个级别。Radulovich 等(1989)采用水分穿透曲线法，得到优先路径径级范围为 0.3～3.0 mm；石辉等(2005)和王伟等(2010)分别在岷江上游和重庆四面山阔叶林的研究中同样计算得到土壤优先路径的径级为 0.3～3.0 mm；而孙龙等(2012)在重庆江津区柑橘地土壤优先路径研究中，得到土壤优先路径的径级为 0.3～1.7 mm。

1.2 优先流观测方法

1.2.1 直接测定法

1) 示踪技术

Bouma 和 Dekker(1978)于 1978 年首先利用示踪技术分析溶质迁移，随后，国内外学者争相效仿。这种方法适用于室内外试验分析(Green and Askew，1965；Murphy and Banfield，1978)，优先路径可以通过染色示踪法结合图像解析进行判断。当前主要采用染料和固结物质灌入土壤孔隙的方法观测土壤优先路径形态(Omoti and Wild，1979)，结合图像解析法计算孔隙数量、大小、体积。

所用的固结物有石膏、石蜡、熟石灰悬浆及乳胶混合剂等；染料主要有亮蓝、丽丝胺黄、罗丹明 WT、罗丹明 B、龙胆紫、亚甲基蓝、丙烯酸纤维树脂乳剂、伊红、吡喃、荧光剂、溴化物、碘化物、红墨水或黑墨汁等。除染料外，还有非吸附性无机离子(Cl^-、Br^-、NO_3^-等)和放射性同位素(^3H、^{36}Cl、^{15}N 等)等可用作示踪分析(Allaire et al.，2009)。

2) 切片法

切片法是描述土壤优先路径特征的常用方法，通常要结合染色法一同进行。一般先在样地内取原状土，再选择合适的染色剂或固结物质将土壤染色或固结。采用染色剂时，当染色剂的初始浓度等于出流浓度时，说明染料在优先路径壁上附着完全，此时将土壤切割成若干个断面，并采集土壤染色剖面照片。采用固结物质时，将被固结的土壤切割成薄片即可。以上两种方法处理后的土壤，即可采用图像分析仪、定量电视显微镜等仪器测量计算出孔隙的数量、大小、面积和分级等指标(Bouma and Wösten，1984；Germann and Beven，1981；Walker and Trudgill，1983)。

3) 非侵入性观测方法

非侵入性观测方法是指对土壤几何形态进行分析，而不干扰其内部结构。“水分视觉技术”是最早将影像技术用于土壤水分运动及优先流运动过程分析的技术，Murphy 和 Ehlers 将这一技术用于优先路径流分析，取得了较好的结果(Murphy et al.，1993；Ehlers，1993)。非侵入性观测方法主要包括 CT 扫描、磁共振成像(MRI)、地透雷达和扫描显微等方法。

CT 扫描是由 Petrovic 等引入土壤学科研究的，它和医学中放射线技术原理相同，是一种非破坏性的测量技术。它可以通过对原状或重塑土柱进行扫描，来确定土壤优先路径数目、形状、大小、位置以及连通性状况，具有直观、方便、快速、非破坏性、直接研究孔隙三维结构等优点。Perret 等(1999，2000)采用 CT 扫描的方法发现 80%的优先路径网络可以组成一个独立的立体孔隙路径，且进一步研究指出此方法能够观测到染料在优先路径中的水流分布。同时该方法存在很多缺点，如成本高、软件存在误差、需要修正、实验过程繁琐且可能导致结果不准确等。

磁共振成像(MRI)方法是基于医学研究中磁成像技术出现的。Anderson 和 Bouma(1994)应用该技术对土壤结构和土柱优先流进行了研究。Crestana 等(1993)提出顺磁物质会干扰影像生成，这将导致 MRI 技术的推广受到限制，如果能够避免这一限制，该技术应用前景非常广阔。

地透雷达法是一种地球物理方法，也是一种非破坏性测量土壤优先路径结构的方法。此方法已经用于发现和描述优先流现象，并可以在大尺度下测量土壤优先路径。Kung 和 Donohue(1991)最早采用此法研究了砂质土壤优先路径，Bouldin 等(1997)也采用此方法对美国田纳西州土壤进行了分层土壤优先路径结构研究。

扫描显微法生成的影像的物质表面可以从极微小到原子尺度。由于物体本身存在异质性，这导致样品制备工作非常困难。曾有学者采用此方法对巴西砖红壤土进行了颗粒探测分析。

除上述四种常用技术以外，还包括电子顺磁共振(EPR)、核磁共振(NMR)、紫外光谱仪等方法(Ladislan et al.，1998)。

1.2.2 间接描述法

1) 水力观测方法

水力观测方法中的穿透曲线法是间接描述法中的常用的方法(Luxmoore et al.，1990；Moore et al.，1986)。穿透曲线的研究包括两类，分别为水分穿透试验和溶质穿透试验。穿透曲线的获得方法有两种：一种是土壤在饱和状况下，采用马氏瓶供水，在土壤表面积水入渗条件下进行测定；另一种是采用张力渗透仪测定非饱和土壤穿透曲线(Roulier and Jarvis，2003)。

水分穿透曲线法是采用张力渗透仪，通过测定不同张力下近饱和状态土壤孔隙下渗速率，获得优先路径分布状况。以毛管作用方程为依据来划分优先路径径级，结合 Poiseuille 方程可获得土壤优先路径度和单位面积优先路径数量(Watson and Luxmoore，1986；Logsdon，1997)。Wilson 等(1988)以森林流域为研究对象，利用张力入渗仪测出某一张力下的水力传导度、优先路径的水力传导度和不同孔径范围内优先路径度和优先路径的数量。石辉等(2005)以岷江上游植被为研究对象，同样利用此方法得出土壤优先路径的数量、半径范围以及优先路径对水分出流速率的影响。

试验中除了可以采用张力渗透仪以外，还可以使用吸盘渗透仪(Reynolds and Elrick，2005)和改装后的双环渗透仪(Vervoort et al.，2003)。

溶质穿透试验常结合示踪试验进行，示踪物主要包括：染料、与土壤吸附较弱的离子(如 Cl^-、Br^-和 NO_3^-)和同位素(Williams et al.，2003)。溶质穿透曲线是以土壤出流液中示踪物相对浓度(C/C_0)为纵轴、以出流液相对体积(V/V_0)为横轴所描绘的函数，其中 C/C_0 是出流液中示踪物的浓度与入流液浓度的比；V/V_0 为出流液体积与入流液体积的比。

张力渗透仪方法优点在于成本低，操作快速简单，而且它估计的优先路径度是有效优先路径度。缺点在于它需要测量的数据量过大，而且采用 Poiseuille 公式计算优先路径度时假定的前提是水流为层流，孔隙为圆形孔隙，这与实际情况不完全相符，可能导致测量结果误差较大。

2) 微张力测量技术

微张力测量技术是利用密集布设时域反射仪(TDR)的方法来观测土壤水分运动的变化。TDR 反应敏感，这使得该技术可以确定存在优先流现象的土壤区域。Germann 和 Di Pietro 最早使用 TDR 方法通过实验分析确定优先流(Germann and Di Pietro，1999)。TDR 技术还可以测得优先流模型中的参数。Vanclooster (1993)和 Risler 等(1996)均利用 TDR 进行土壤穿透曲线中参数选定分析。TDR 不仅能测定土壤水分，还能测定土壤溶质含量，其优点包括精度高、效率高、节省人力及无扰动等。

3) 模型法

优先路径对水和溶质迁移过程的影响可以通过建立机理模型来推断，模型经验证后即可用于预测。优先流模型包括机理模型、随机模型、确定性模型和传递模型。机理模型中的两域模型(双重孔隙度模型)应用最为普遍。一个域为大孔隙域，包括优先路径或裂隙；另一个域为基质域，包括土壤颗粒或岩石基质块。Muskat(1946)首次用此方法分析了石灰岩裂隙缝中的饱和流。20 世纪 70 年代中后期，两域或多域模型被广泛用于描述优先路径土壤中、非饱和裂隙岩石与裂缝中的水流和溶质运移问题(Bruggeman et al.，1991)。

1.3　优先路径及优先流形成机理

1.3.1　优先路径成因

优先路径大小和形状差别较大，既有类似于圆柱形的管道，也有不规则孔隙、裂缝、裂隙。如土壤动物挖掘，植物根系穿插，干湿交替和冻融过程等都能形成大孔隙。Beven 等(1982)提出土壤优先路径的成因包括 3 个方面，即物理因素、化学因素和生物因素。

1) 物理因素

(1) 土壤质地与结构

土壤质地与结构变化是形成土壤优先路径的基础，它有时会对优先路径和优先流形态起到决定作用。例如，优先路径和优先流在黏质和粉砂质土壤中分别以大孔隙和大孔隙流为主(Booltink，1994)。而砂质土壤底层的粗骨质土壤层中多形成指流优先路径(Yao and Hendrickx，1996)；土壤剖面风化层与半风化层的界面处易形成侧向流的优先路径，形状多呈管状(Zhang et al.，2007)；砂质土壤中的层状倾斜结构易于形成漏斗流优先路径(Kung，1990a)。

优先路径的形成还受土壤的团聚结构影响，Wuest (2009)研究发现未发生优先流的区域土壤团粒结构含量显著低于优先路径及其附近区域。

(2) 干湿交替

在季节变化引起的干湿交替过程中，土壤水分的增加或减少将导致土壤发生胀缩。干燥条件下，土壤含水量下降，引起土体收缩、龟裂等现象，最后形成裂隙；湿润条件下，土壤含水量上升，引起土体膨胀，孔隙闭合，不易形成裂隙(区自清等，1999)。土壤表面较为“光滑”的土体，其水平裂隙膨胀后的闭合效果比表面“粗糙”的土体要更好。而由土壤动物、植物根系等生物因素形成的优先路径则一般会保持敞开，不会闭合。

(3) 冻融交替

气候变化所引起的冻融交替可促进土壤优先路径的形成。尤其在寒冷地区，冻融交替是影响优先路径形成的主要因素(Qü et al.，1999)。土壤温度变化剧烈和土壤含水量较高将有利于形成优先路径。由于土壤温度由地表向下递增，因此冻融交替作用也随着土壤深度增加呈减弱趋势(Qü et al.，1999)。Beven 等(1982)研究表明冻融交替所形成的优先路径，主要以裂隙和裂缝为主。

2) 化学因素

岩石在化学风化作用下形成碎屑，水流通过后便形成了溶液管道(Smettem and Collis-Gerrge，1985)。由于在渗透性强、非黏性土壤中，亚表层水流对土壤造成侵蚀，所以当存在水头梯度时，且水流作用于土壤单粒上的力超过土壤结构承受力时，可能会形成自然土壤通道(Reeves，1980；Zaslavsky and Kassif，1965)。

3) 生物因素

(1) 动物

蚯蚓、蚂蚁和鼠类等动物在土壤内翻滚或挖掘洞穴等行为会形成孔隙和通道。

土壤动物形成的优先路径大多呈管状。其中蚯蚓在土壤中活动范围为60～70 cm，形成的优先路径直径在2～11 mm之间，荒地土壤内其活动范围甚至可以达到80 cm (Penman and Schofield，1941)。蚂蚁在土壤中活动范围至少为1 m，形成的优先路径直径一般为2～50 mm(Green and Askew，1965)。而鼠类等较大型动物在土壤中形成的洞穴直径在几十厘米范围内(Lamandé et al.，2003)。

(2) 植物

活体根和腐烂根都可形成优先路径，这类孔隙一般呈管状，孔径以圆形为主。Gaiser 研究表明腐烂根由树皮构成的空腔内常常被腐烂的树根木质部和凋落物的松散有机物质填充，形成了管状优先路径(Gaiser，1952)，大量腐烂树根会形成连续裂隙，能够快速传导水分(Mosley，1979)。除了树木根系外，草和作物根系也同样可以形成优先路径，并且优先路径间具有连通性，这种优先路径系统的持水性和排水性与土壤团聚体结构非常相似。

(3) 人类活动

人类的耕作、砍伐树木和建造房屋等活动，同样可以通过改变土壤结构、孔隙度等导致优先路径的形成。通过人为干扰导致优先路径形成的外部原因同样可以形成大孔隙(李德成等，2002)。

1.3.2　优先流产生的机理

土壤水分流动特征受到土壤结构及质地的直接影响。土壤的空间异质性较强主要是由于土壤中存在着复杂的孔隙结构状况，包括裂隙、大孔隙、微孔、死孔等，微孔和死孔中的水流速度极慢，而裂隙、大孔隙等优先路径中水流速度要快得多。土壤中水流和溶质之所以可以快速地穿透土体到达土壤底层主要是由于优先路径管壁的阻滞作用很弱(Southwick et al.，1995)。这种水流即是优先流，它有两个显著特点：一是穿透快；二是侧向入渗(Kamau et al.，1996)。优先流既可以发生在土壤表面，也可以发生在土壤内部。表层土壤发生优先流主要有两种情况，第一是降雨强度大于土壤基质的水力传导度，第二是近地表土壤处于饱和状态；在与表土层无连通孔隙情况下，优先流会发生在近地表饱和土壤中(Bodhinayake et al.，2004)，土壤中优先流的产生取决于优先路径密度及其分布(Williams et al.，2003)。

优先流发生还受到水力条件的影响，包括初始含水量、降水条件、土壤斥水性等(Glass and Nicholl，1996)。土壤初始含水量反映的是层状土壤上层物理特征、毛管传导率和持水特征，对优先流在层状土壤中的形成意义重大(Baker and Hillel，1990)。Diment 和 Watson(1985)认为在较为均质土壤中，初始含水量接近饱和的区域水分传导性明显增强。降雨强度和灌溉方法影响优先流运动过程，主要是由于供水强度不同，导致压力水头变化(Nieber，1996)。土壤中由于土壤黏粒、砾石等斥水性物质的存在，将会导致水分以非均匀流形态渗入土体，这在一定程度上增强了优先流的发生概率(Glass et al.，1988)。

1.4 土壤水分运动模拟研究现状

1.4.1 土壤水分运动概念模型

目前运用于土壤水分运动模型的定量研究方法主要分为现象学方法和统计学方法。其中，统计学方法是在数学概率理论水平的基础上建立起来的量化模型，它的使用条件是不考虑水分和溶质运动的机制；而现象学方法是描述先验的、绝对的认识之根本与法则，通常用一个明确的数学模型来模拟水分运动整体过程，对方程的求解采用数值法或数学解析法。由此建立的模型主要包括以下几种。

1) 黑箱模型

黑箱模型是在统计学方法基础上建立的模型。“黑箱”指那些既不能打开，又无法从外部直接观察其内部状态的系统。在对土壤中各种作用机制进行准确描述时，由于土壤中水分和溶质的运动和迁移过程受多方面因素的制约，要找到理想的理论模型是非常困难的考验。这时候部分学者提出“黑箱模型”，他们认为对于某些具有内在规律并且还未被解开的现象，由于其影响因素众多、结构复杂，可以用“黑箱模型”来研究。在水文学模型中，“黑箱模型”不考虑水分和溶质运动等物理过程，而是建立在基于土壤中溶质流动过程中输入和输出时间序列的实测数据分析中。

2) 单域模型

单域模型，也称为单孔隙模型(single-porosity model)，2000 年 Ross 与 Smettem (2000)在对接近平衡时的土壤水分进行动力学描述时，结合了经典的 Richards 方程，提出一个考虑水分的非平衡流动过程的模型。该模型摈弃了土壤水分经典方程的一个理论假设，即在对土壤水分运动研究时将水分和压力水头按在不同条件下分开进行考虑。这样，可以将 Richards 方程分解为两个独立的变量，并用以下公式代替平衡耦合假定。

$$\frac{\partial\theta}{\partial t}=f(\theta,\theta_{\mathrm{e}}) \tag{1-1}$$

式中，$f(\theta,\theta_{\mathrm{e}})$表示已知的实际水平衡(Water Balance)方程。Ross 和 Smettem 假定了方程标识f的一个线性驱动函数，它的计算公式为

$$f(\theta,\theta_{\mathrm{e}})=(\theta_{\mathrm{e}}-\theta)/\tau \tag{1-2}$$

式中，τ 表示输出时间序列的常数。

将式(1-2)代入式(1-1)，并用绝对有限全微分方程来表示该模型的结果，可得到如下公式：

$$\theta^{j+1}=\theta^{j}+(\theta_{\mathrm{e}}^{j+1}-\theta^{j})[1-\exp(-\Delta t/\tau)] \tag{1-3}$$

式中，j+1 表示实测数值在时间序列离散区间内的新区间；j 表示实测数值在时间序列离散区间内的旧区间；Δt 表示时间间隔。

式(1-3)为一个考虑水分的非平衡流动过程的模型。其有两个重要的优势：一个优势是它只需要一个额外的参数就能得出最佳的模拟结果，以此来解决水分的非平衡流动问题；另一个优势是它很简单明了，易被广泛应用于已存在的饱和流模型中，尤其是在 Richards 方程基础上建立的其他模型。此外，式(1-3)也存在一个缺陷，那就是在进行土壤水分运动研究时，把优先流孤立地进行考虑。

3) 两域模型

两域模型也称双重孔隙度模型(dual-porosity model 或 double-porosity model)。两域模型包含溶质水分运移经过的两个区域的概念，其中一个区域表示为代表土壤基质的基质域，另一个区域表示为代表土壤优先路径的大孔隙域。它是近十年来学者们热衷研究的模型之一，大部分涉及大孔隙的溶质运移的研究均采用了该模型(Jarvis et al.，1994；Saxena et al.，1994；Heijs et al.，1996)。根据水及溶质在两域中的运移状况和两域之间水及溶质交换特征的不同，可将两域模型分成两类，即流动–非流动两域模型和流动–流动两域模型，其具体内涵解释如下。

(1) 流动–非流动两域模型

1964 年 Coats 和 Smith 第一次提出描述水分运动的流动–非流动两域模型(李韵珠和李保国，1998)。它定义为当非流动水分及其溶质在大孔隙中发生运移，而在土壤基质域中保持静止状态或仅有一些缓慢的扩散运动，当溶质被加入到土壤中时，它将首先从土壤优先路径的大孔隙域扩散到土壤基质的基质域中，直到溶质填满整个基质域后，再返回到大孔隙中，形成一个动态循环域系统。1989 年 van Genuchten 等将流动–非流动两域模型的概念应用于模型的建立中，按照此模型概念，将土壤含水量分为流动水含量和非流动水含量两部分，同理，溶质的浓度也可定义为流动溶质浓度和非流动溶质浓度。随后他们又用该模型概念研究土壤中杀虫剂的迁移问题，并得到解析解(van Genuchten and Wierenga，1989)。一般来说，流动–非流动两域模型中非流动水含量和交换系数是人为指定的，无法从土壤性质和水力性质的公式中推导得出，当外在条件变化时，涉及的有关参数也将随之变化。另外，在具体实践过程中，水及溶质在土壤基质中的状态不是保持静止不动的，而是流动的，因此，流动–非流动模型有可能与实际情况不相符合(Grochulska and Kldivko，1994)。

(2) 流动–流动两域模型

在流动–非流动两域模型概念的基础上，有学者提出一个可以计算两个孔隙系统的溶液均为可动的溶质运移理论，它定义为流动水及溶质在土壤优先路径的大孔隙域和土壤基质域中均可发生运移，只是在大孔隙域中的运移速度比在基质域中运移速度快(Gerke and van Genuchten，1993b)。常用扰动方法求解两域间相互作用相对较小时的作用系数，对土壤基质域的研究一般采用达西定律进行计算，而对土壤优先路径的大孔隙域的研究除采用达西定律计算外，部分学者还提出了以下一些研究方法。

a. 双重孔隙度(dual porosity)型

双重孔隙度模型常用来研究结构性土壤或裂隙岩体中水流和溶质运移的过程。该模型涉及两个孔隙系统，即大孔隙域系统和土壤基质域系统。两个孔隙系统都被认为是均质介质，系统中的水假定为运动的水流量，且系统内水和溶质在两个域间通过 Richards 方程来模拟。双重孔隙度模型假设该介质可被分离成两个不同的孔隙系统。双重孔隙介质被认为是两个孔隙系统通过压力水头和浓度梯度下交换水和溶质交互响应的叠加。因此宏观上，在时间和空间的任何一处的多孔介质，其特征包括两个流速、两个水头、两个含水量和两个溶质浓度。随着对双重孔隙度研究的深入，各种模型被学者们提出。1993 年 Gerke 等提出了土壤物理双重孔隙度模型，它通常与土壤的物理性质密切相关，被用来研究非饱和条件下水分及溶质运移高度瞬变过程，解决可能存在的问题(Gerke and van Genuchten，1993a)；1994 年 Jarvis 提出黏土双重孔隙度模型，它与黏土的冷热反映有关。该模型假定优先路径的大孔隙域中的水力梯度为单位水力梯度，即不考虑溶质的弥散和扩散过程(Jarvis，1994)。

b. 运动波(kinematic wave)型

近年来，人们对于油–水两域流动模型的研究越来越关注，模型中大孔隙域中的体积通量密度、水分含量以及所涉及的参数的确定仍然是一个未解决的问题(Angeli and Hewitt，2000；Flores et al.，1997；Trallero et al.，1997)。在 20 世纪 80 年代，人们开始关注多相流的波动现象，Lighthill 等首次提出了运动波理论，表示运动波理论有助于揭示土壤水分运动的流场结构和流动特性(Lighthill and Whitham，1955)；Zuber 等把运动波理论引入气体孔隙率波动现象的气液二相流研究中(Zuber and Findlay，1965；Zuber and Hench，1962；Wallis，1969)；German 等研究表明，当土壤大孔隙域的水只在重力作用下通过该区，且水流速度和强度取决于土壤含水量时，可以用运动波理论来揭示大孔隙域中非稳定流过程；Beven 等对优先路径大孔隙域和土壤基质域分别运用质量守恒和达西定律，推导出非饱和大孔隙域运动波水流方程；Mercadier 研究在一个垂直的环形流回流过程中的孔隙率波动现象(Mercadier，1981)；Matuszkiewicz 等在对运动波涨落现象和波普密度函数、标准偏差、系统的相位因子、相关函数以及系统的增益因子之间关系的研究中指出，泡状流运移到段塞流的过程与运动波的不稳定性有关，这意味着流动模型的运移受运动波特征的影响(Matuszkiewicz et al.，1987)。优先路径大孔隙系统采用运动波理论进行预测，使用一个与其相关的汇函数描述运移到土壤基质域中的水流，在入渗期间，水从大孔隙域渗入土壤基质域中，大孔隙域周围的土壤基质域起着吸附边界的作用(Jin et al.，2003)。

c. 边界层流动理论(boundary layer flow theory)型

土壤水分运动中存在黏性流理论，黏性的影响在于土壤水分接触的表面区域(Sissom and Pitts，1972)。若假设黏性流存在，即可使用边界层的流动理论来计算优先流水力传导度、体积通量密度、流动含水量及其与土壤全部含水量之比。由于优先流分为两部分，一部分为层流，可用 Poiseuille’s Law 进行模拟；另一部分为湍流，用基于 Manning 方程推导出的公式进行模拟。而边界层流动理论只适用于层流，当优先流中的水流厚度超过它的临界最大厚度时，层流将变为湍流，模型将不考虑液固两相之间界面的黏性流和优先路径的曲率，此时的优先流不适合用边界层流动理论来解释(Schlichting，1979)。

d. 管流(channeling or tube flow)型

管流指液体充满管道内部的流动，分为有压管流和无压管流，有压管流表示当流体充满断面时，压强不等于大气压；无压管流表示具有自由液面，液面上压强视为大气压。由上述两域模型理论可知，土壤可以分为优先路径的大孔隙域和土壤基质域两域，在进行两域水流过程计算时，通常采用 Richards 方程计算基质域中的水流过程，而在计算大孔隙域的水流过程时，则把域内的水流近似看成管流，因此可采用管流模型的 Hagen Poiseuille 公式和 Chezy Manning 公式来描述大孔隙域的水流过程，并利用入渗公式计算水流从大孔隙域运移到基质域的水流速度(Beven，1982；Beven and Germann，1981；Beven and Germann，1982)。此外，管流模型仅适用于自由排水条件，且对大孔隙域的水流过程能够精确预测。Beven 和 Germann 在对管流模型研究中，采用 Hagen Poiseuille 公式并结合优先流方程，推导出能够描述大孔隙域的水流过程的非线性运动波方程，并得到了饱和优先路径体积通量密度和优先路径度的关系(Barenblatt et al.，1960)。

综上所述，学者在进行两域模型研究时，常采用达西定律对土壤基质域进行研究，且方法选择比较单一，但是这样做的好处是两域中的水流一致以及两域中的水流易于耦合；而优先路径大孔隙域的研究方法多种多样，视情况而定，它可以根据实际中存在的客观资料、模拟边界和初始温度及含水量等情况，有针对性地选择上述方法。两域模型存在限制其本身发展的缺陷，随着研究的深入，两域模型的涵义在定义上变得简单易懂，在对土壤水分运动过程的预测能力方面也日渐提高，但是由于大孔隙域和基质域的水流过程涉及很多参数，这些参数用来描述水和溶质在两域中的运移情况以及表征两个孔隙域系统，并且目前这些参数的确定极其困难，边界条件也无法准确界定，故两域模型无法得到广泛应用(Gerke and van Genuchten，1993a)。

此外，还有概念模型、多域模型、数值模型、两阶段模型、两流区模型、混合层模型、多尺度平均模型，它们均对土壤水分运动过程中水流和溶质的运移过程进行了深入的研究(程金花，2005)。根据物理学、地貌学和水力学上的近似性，这些模型可以进一步细分为水文单元模型，这是离散到子流域或更小的单元。在这些单元中，包气带由一维或二维连续模型或两个子模型所代表。三维表面/包气带/地下水模型用三维地下离散和优先流两个子模型来描述包气带。理想的情况下，所有子模型都与适当的边界条件完全耦合。计算机模型就基于上述概念。

1.4.2 计算机模型

1) 毛细管优先流模式

DUAL(Gerke and van Genuchten，1993b)是一维的双向渗透模型，基于 Richards 方程和对流扩散方程的基质和断裂孔隙系统，并与水和溶质双向交换的一阶条件相耦合。不同水流区域压力水头之间的差异引起水流移动，而溶质运移主要由平移、对流和域间浓度差异导致的扩散所引起。

HYDRUS-1D 介绍了包气带区域的水、热和溶质运动。HYDRUS 模型的起源可以追溯到 20 世纪 70 年代初。

2) 重力驱动优先流模型

运动波(KW)模型(Beven and Germann，1982；Germann，1985)假定湿润锋是由流动区域的传送性细流所引起，并且不与非流动区交换水流。运动–弥散波(KDW)模型是运动波(KW)的一个二阶结构调整后模型。MACRO(Jarvis，1994)是一维的双向渗透模型，它结合了运动波模型对 Richards 水流和溶质对流分散在基质大孔区域中水流和溶质对流的描述。

3) 实证优先流模型

HYDRUS-1D 的子模型 FRACTURE 形式上把渗入土壤基质的水流分为两个

部分：透过土壤表面的垂直渗透(一维 Richards 方程)，并通过土壤裂缝横向渗入(Green-Ampt 方法)。多余的水不能渗透到土壤表面就被引导到土壤裂缝中。土壤水环境和植物(SWAP)模型包括一维 Richards 和 CD 方程，用于土壤基质和常规的水流路线与动态收缩裂缝中的溶质，并且与一阶水溶质扩散和转移相耦合。从裂缝渗入土壤基质的侧向入渗通过一阶过程来计算，并且依赖于裂缝区的活跃程度。快速的部分溶质可直接进入大缝隙内。

耦合模型通过达西方程和连续方程来描述基质流，一旦渗透超过土壤基质容量，就会通过支路流到位置较低的土壤空间里，水分在冻土中的入渗和热量传输也被考虑在内。耦合模型结合了 SOIL 和 SOILN 两个模型。以 Richards 方程为基础的 LEACHW 模型被拓展成用以描述水分通过裂缝向下移动到翻斗式形式顶端(Booltink，1994)。SLIM 即溶质过滤中级模型，是一个容量类型的流动–非流动模型。溶质过滤中级模型有两个主要参数：非流动的水含量和通透性。

4) 流域尺度模型

MODHMS 是一个以三维 Richards 方程为基础的三维水流模型。陆上水流和通过细流与扩散波方程所描述的渠道的网络水流。FRAC3DVS 是一个三维的离散破碎模型，用于模拟变化的饱和水流和断裂多孔构造带的溶质运移。

WEC-C(Croton and Barry，2001)是一个在 GIS 环境下的研究分布式水流和溶质迁移模型。CATFLOW(Zehe et al.，2001)，在原有模型 HILLFLOW 基础上，将集水区细分成若干坡面并连接到排水网络。每个坡面通过其主斜坡被定义为二维垂直截面。每一个坡面的潜流和运输用二维 Richards 能量图方程描述。大孔隙对水流量的影响是由饱和阈值为 0.8 以上的双峰水力传导函数的线性增加所描绘。

1.4.3　模型模拟

基于 20 世纪 50～60 年代历史背景原因，苏联模式影响中国的创新，一直以来中国土壤水分研究的学术界依然受苏联形态水分研究观点和方法的支配，早期的土壤水分研究工作也不受关注(陈恩凤，1953)。

1977 年在杭州举行的第一次土壤物理学术研讨会上，我国学者突破苏联学术的禁锢，首次将能量概念引入土壤水分运动的研究中，替代了以往的以定性为主的形态学观点，我国土壤水分研究也由此开始进入一个全新的阶段(朱祖祥，1979；庄季屏，1989)。1979 年徐化成等研究了华北低山区土壤水分季节变化与林木生长的关系，提出了造林工作的前提准备工作(徐化成和易宗文，1979)。

进入 80 年代，土壤水分运动研究日渐兴起。1980 年，范荣生对 Green-Ampt 物理入渗方程进行改造并重新推导，提出了黄土高原地区半理论半经验的入渗模型，完成方程中的参数确定及其验证(范荣生和张炳勋，1980)；1982 年，雷志栋等在达西定律和连续原理基础上，采用有限差分方法对非饱和土壤水一维流动问题进行了数值计算(雷志栋和杨诗秀，1982)；李恩羊采用可变化的边界条件对渗灌条件下的土壤水分运动进行了数学模拟，并以边界问题的形式得出了两个模型概念(李恩羊，1982)；1983 年，曹淑定等研究了不同沙打旺草地土壤水分状况及其沙打旺生长和产量的关系，使得飞播沙打旺的实验得到了大面积的推广(曹淑定等，1983)；1985 年，侯喜禄在安塞县水土保持试验区进行了土壤水分定位观测，分析了影响当地林木难以成林成材的主要影响因子(侯喜禄，1985)；1986 年，庄季屏首次全面、系统地介绍了 SPAC 理论及其发展，认为 SPAC 理论有助于从宏观角度把土壤水分与生境联系起来进行研究(庄季屏，1989)；1988 年，雷志栋等用数学物理方法定量研究了土壤水能态和水分运动过程，取得了一系列进展，并编著了《土壤水动力学》(雷志栋等，1988)；1989 年，王金平研究了层状剖面黏土层厚度和位置对蒸发的影响，结果表明黏土厚度与位置对蒸发的影响很大，需要对不同的土壤剖面进行具体计算，以防蒸发过度引起土壤盐碱化的发生(王金平，1989)。

自 90 年代初，土壤水分的能量概念在土壤水分研究中得到进一步的应用。1990 年，康绍忠等根据野外实测数据，以水量平衡方程为基础，对干旱缺水条件下麦田的蒸散量进行了研究，并建立了麦田蒸散量的计算模型及土壤水分运动的预测方法(康绍忠和熊运章，1990)；1991 年，周维博根据实测资料，对层状土在降雨蒸发条件下的土壤水分运动进行了初步探讨，用水量平衡法求得了亚砂土和亚黏土互层蒸发条件下土壤水分运动的上边界条件关系式，并用隐式差分格法模拟了降雨入渗补给过程及其水量分配，并数值模拟土壤剖面土壤水分运移，得到了较好的模拟效果；1992 年，康绍忠等在对土壤–植物–大气连续体(SPAC)水分传输机理研究的基础上，提出了 SPAC 水分传输动态模拟模型，并分析了 SPAC 水分传输动态对土壤水分运动参数、气象因素的敏感性(康绍忠等，1992)；1998 年，谢正辉等利用有限元方法来模拟均质土壤下不同初始和边界条件下的水分运动，并使用有限元集中质量法较好地处理了边界条件(谢正辉等，1998)。1999 年，雷志栋等比较综合、系统地对土壤水研究进行了综述，为土壤水分运动的研究提供了更好的理论基础(雷志栋等，1999)。

自 21 世纪初，数学模型与计算机进一步普及，使得土壤水分的运动模型理论在林业土壤水分研究中得到进一步的发展。2000 年，李毅等比较综合、系统地介绍了分形理论的基本概念及其应用，概述了分形理论研究的发展历程，认为分形理论可以作为一个多功能的研究非线性问题的数学手段广泛应用于各学科研究中(李毅和王文焰，2000)；2001 年，许迪等研究细质地以上土壤的非饱和导水特性，使用了一些土壤持水经验模型来推导非饱和导水率的公式，并将实测的导水率与模拟值进行对比，获得了较好的模拟估计值精确度(许迪和 Mermoud，2001)。2003 年，刘建立等系统综述了估计土壤水分特征曲线的间接方法研究进展，并采用广泛应用的分形理论分别对不同质地土壤水分特征曲线、土壤水力传导率进行了研究分析，结果也证实了分形理论在推导粗质土壤水分特征曲线时效果较好，水力传导率的预测精度很高(徐绍辉和刘建立，2003)；2007 年，樊军等利用 SWAP 模型对黄土高原水蚀风蚀交错区坡地土壤–植被–大气系统中的水循环进行了数值模拟，研究表明，SWAP 模型能够很好地模拟不同土地利用方式下的土壤水分运动过程(樊军等，2007)；程金花等以 MACRO 模型为基础，模拟了长江三峡花岗岩坡面优先流运动过程，并深入探讨长江三峡库区花岗岩区林地内优先流运动机理及其对地表径流、渗流的影响，为三峡库区土壤水分运动研究的发展提供了理论依据(程金花等，2007)；牛健植等采用自制的土柱装置，应用运动–弥散波(KDW)模型对贡嘎山暗针叶林生态系统的优先流运动过程进行了研究，结果表明 KDW 优先流模型实用性强、可靠程度较高，可较好地模拟长江上游暗针叶林生态系统土壤水分运动规律(牛健植等，2007)；成向荣等采用 SHAW 模型检验其对黄土高原半干旱区农田土壤水分动态和土壤蒸发的模拟效果，结果表明 SHAW 模型可以用于黄土高原半干旱区农田土壤水分动态规律研究，并能够准确地掌握土地水分动态变化(成向荣等，2007)；胡克林等在前人研究成果的基础上，构建了土壤–作物系统农田水氮运移及作物生长联合模拟模型，并完成了对土壤水热过程、叶面积指数、根系吸水过程的模拟；陈仁升等利用 Coup Model 模拟了高山草甸–季节冻土–大气一维水热传输和耦合过程(陈仁升等，2007)；2008 年，赵传燕等采用对数正态分布模型，建立了研究区胡杨和柽柳植被盖度与地下水埋深的模型(赵传燕等，2008)；2009 年，彭万杰等用 Laio 模型，研究了重庆铜梁地区土壤水分的动态变化，并对生长季土壤水分的变化进行了动态模拟(彭万杰等，2009)；2010 年，阳勇等以黑河源区高山草甸冻土带的基本气象参数、植物参数和土壤颗粒性质参数为输入条件，利用 Coup Model 进行了实际的模拟运算，取得了较好的模拟效果(阳勇等，2010)；2011 年，吴冰等通过室内模拟降雨，研究了降雨强度对含砂砾土壤产沙及入渗的影响，并使用 Kostiakov 模型和 Horton 模型对降雨强度下的含砾石土壤的入渗过程进行了模拟，找出了不同降雨条件下具有最优解的模型(吴冰等，2011)；2012 年，张伟等根据 2005～2008 年观测数据，利用 Coup Model 对青藏高原风火山流域土壤水热运移过程进行了模拟，并使用 Bayes 参数估计方法估计部分水热运移参数，比较准确地模拟了活动层土壤的冻结–融化过程(张伟等，2012)；2013 年，胡国林等利用 Coup Model 对唐古拉研究区活动层土壤的水热特征进行了模拟，模拟结果基本反映了多年冻土区活动层土壤水热变化规律(胡国林等，2013)。

1.5　存在问题与研究展望

优先流研究发展至今已有三十余年时间，国内外学者对不同环境发生的土壤优先流现象进行了大量的相关研究，在优先流形态、数量特征，优先路径形成机制，优先流发生机理等方面取得了一定研究成果。土壤优先流是较为复杂的壤中流过程，受环境因素、观测条件、研究尺度等限制，还有许多问题有待今后研究予以解决。

1.5.1　存在问题

1) 不同环境土壤优先流特征与形成机理尚未明确

优先流不与表层土壤进行生化作用就可导致地下水污染，影响水环境的质量和人居环境的健康程度。目前，优先流研究主要集中在人为干扰较大的农地和草地区域，结合优先流过程分析，对杀虫剂、除草剂等化学物质，以及化肥中N、P等营养元素的迁移进行了大量研究。相比而言，人为干扰较小的天然林地，其土壤优先流的相关研究则较少见。林地与农地、草地，在植物特征、土壤环境等方面具有较大差异，对流域水循环过程具有更显著影响。因此，有必要明确林地优先流特征与形成机理，并探讨不同地质条件下植被环境对优先流的影响。

2) 研究空间尺度单一，观测连续性不强

土壤的异质性决定了优先流发生，随空间和时间尺度变化，土壤优先流过程会表现出不同的特征。受仪器设备和研究经费的限制，目前优先流研究多开展于随机布点的样地范围内，较大空间尺度的研究较少。国外学者曾开展了小流域尺度(面积小于10 km^2)优先流研究，而此类研究在国内较为少见。另外，受观测时段的影响，根据短期或非连续性观测数据所得到的研究结论不能较为全面地说明优先流形成机理，需通过长期的连续观测数据予以证明。

1.5.2　研究展望

今后在土壤优先流特征及其形成机理的研究中，应注意完善技术设备、改进量化参数和综合考虑尺度效应等方面：

(1) 精确的观测数据是探讨土壤优先流特征及其形成机理的基础。目前所采用的优先流观测设备多是根据研究目的，自行设计和组装的，在实际应用中难免会受到环境因素限制，影响数据结果。比如，土壤颗粒的吸附性会影响示踪剂的染色效果，土样体积和数据采集方式会影响渗透试验等。因此优先流研究须不断完善研究方法、改进试验设备，以满足不同环境不同精度的观测需要。

(2) 优先路径复杂的空间特征难以进行描述。虽然分形维数和体视学理论的应用使得优先路径形态特征描述简单化，但优先路径的垂直连通性和分支性、水平分布异质性等问题还是得不到妥善解决。应引入更有效的方法如参数量化方法，进一步明确优先路径特征及其对优先流发生机制的影响。

(3) 单一尺度的优先流研究结论，其准确性会受到观测环境、假设条件等的限制，特别是对优先流机理研究，要注意综合考虑多尺度效应。例如在研究数量特征时，可比较形态学方法和水力学方法观测结果，或者比较不同时间或空间尺度的观测结果等。通过综合多尺度多方法观测结果推导的优先流相关结论才更具普遍性和说服力。

第 2 章　研究区概况及研究方法

本研究区主要位于长江三峡库区的重庆市江津区及四面山森林资源管理局范围之内。长江三峡库区泛指三峡大坝正常水位淹没范围直接涉及的长江干流两岸的区域，该区处于大巴山褶皱带、川东褶皱带和川鄂湘黔隆起褶皱带三大构造单元交汇处，为亚热带湿润季风气候，基带土壤为黄红壤，库区分布亚热带常绿、落叶和针阔混交植物，植物生长繁茂。四面山位于三峡库区库尾重庆市江津区南部，地理坐标为 106°17′～106°30′E，28°31′～28°43′N，面积 234.78 km^2，是云贵高原至四川盆地的梯级过渡地带。四面山地势南高北低，坡度大，地势险要，海拔 500～1700 m。土壤多由砖红色细砂岩和粉砂岩夹薄层泥岩发育形成，主要森林土壤类型为黄壤、黄棕壤及紫色土等。四面山植被具有典型的亚热带常绿阔叶林特征。

2.1　三峡库区概况

2.1.1　地质地貌

三峡库区跨越川东平行岭谷的低山丘陵区和渝、鄂中低山峡谷，南临云贵高原，北靠大巴山(程云，2007)。区内构造单元包括大巴山褶皱带、黄陵背斜、川鄂湘黔隆起褶皱带和川东褶皱带。区内西高东低，为板内隆升蚀余中低山地(王栋，2007)。三峡库区大多数山地都是褶皱抬升形成的背斜山地，其面积最大，占 74%，丘陵次之，占 21.7%，河谷平坝最少，约占总面积的 4.3%(史玉虎，2004；程云，2007)。

库区主要由五大基本地貌组成：①山地，指的是海拔＞200 m 的起伏地面，其中包括中山(＞2000 m)、低山(＜1000 m)、低中山(1000～2000 m)；②山原，主要指分布在奉节南部，库区顶部起伏较为缓和的山地；③台地，顶面起伏较为缓和，台高水低，易发旱灾，边沿由于水流冲刷，多为台阶状或陡崖状；④丘陵，指的是海拔＜200 m 的起伏地面，大部分位于库区西南部；⑤平原，地面相对高差＜20 m，属于冲积平原(程云，2007)。

2.1.2　气象

库区位于亚热带的北缘，由于北部大巴山和南部巫山的阻挡水汽流动作用，西伯利亚冷空气较难侵入，形成温暖湿润、四季分明的亚热带季风气候。冬季微冷，夏季热而多雨，湿度大，多云雾等 (王栋，2007)。全区多年平均气温为 17～19 ℃，相对湿度为 67%～83%，无霜期为 300～400 d，≥10 ℃积温为 5000～6000 ℃，蒸发量为 1300～1700 mm/a，日照时数为 900～1900 h/a，平均风速为 0.5～2.0 m/s。多年平均降雨量为 1000～1250 mm，且集中在 4～10 月，且多为暴雨。而冬季雨水少，相对湿度较大，可达 60%～80%(王栋，2007；程云，2007)。由于降水的时空分配不均，库区旱、涝和地质灾害经常发生。库区地表径流非常丰富，寸滩与宜昌之间的区间径流量为 815 亿 m^3，多年平均径流深度为 630～660 mm，平均年径流系数在 0.55 左右(陈引珍，2007；程云，2007)。

库区地形复杂，相对高差较大，气候存在显著垂直差异，形成明显的生物气候带。海拔 1500 m 以下属亚热带气候，1500 m 以上的山地，属于暖温带。海拔 600 m 以下的低山平坝区域是暖谷区，≥10 ℃的活动积温为 4800～5500 ℃，热量资源非常丰富(史玉虎，2004)。

2.1.3 水文

库区处于长江流域中上游，长江干流自西向东横穿三峡库区，涉及的流域包括长江上游干流、长江中游干流、嘉陵江流域以及乌江流域。有嘉陵江、乌江、岷江、雅砻江、汉江、湘江、沅江、赣江等汇入(王栋，2007；程云，2007)。

长江流域多年平均蒸发量为 922 mm，长江上游从四川盆地的 700 mm 向西北递减到河源地区的 200 mm(陈引珍，2007；程云，2007；王栋，2007)。库区地表年径流量 9793 m^3，年均约 5 亿 t 泥沙流入大海(张洪江，2006)。库区降雨和汛期集中在 5～10 月，这段时间径流量占年径流量的 75%～82%；地表径流量表现为东南山区、北部大巴山等地区较大，西部丘陵区较小。三峡库区年均出、入境地表径流总量分别为 4.292×10^{12} m^3 和 4.005×10^{12} m^3。

2.1.4 土壤

库区土壤类型主要包括紫色土、石灰土、黄壤、山地黄棕壤、潮土和水稻土(孙阳，2004)。其中，紫色土、石灰土、黄壤、山地黄棕壤面积分别占 47.8%、34.1% 和 16.3%，其他土类占 1.8%。成土母岩包括紫色砂页岩、石灰岩、花岗岩、泥质沙质页岩、石英砂岩、硅质页岩和河流冲积土等(王栋，2007；程云，2007)。

其中山地灰棕壤、棕壤、黄棕壤、黄壤、紫色土、水稻土分别主要分布在海拔 2200m 以上、1500～2200m、1200～1700m、1200m 以下、1000m 以下丘陵低山地区以及 1200m 以下地带。库区土壤的垂直分布规律如图 2-1 所示(饶良懿，2005)。

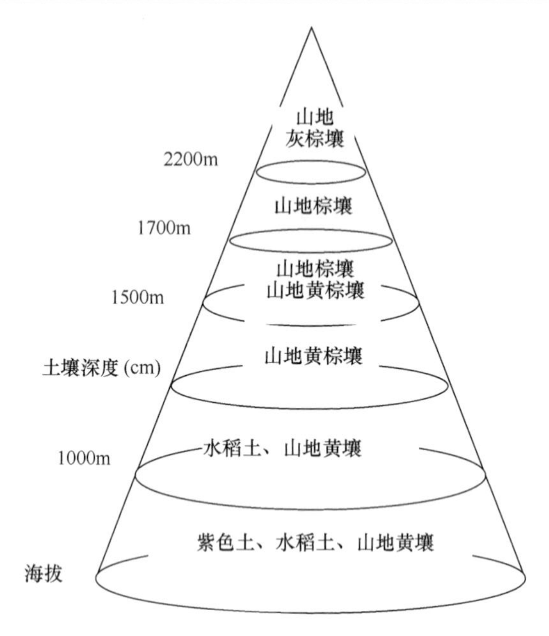

图 2-1　三峡库区主要土壤垂直性分布规律

紫色土成土快，富含矿物质、磷、钾元素，是库区重要的柑橘产区；山地黄壤为金黄色，呈酸性；山地棕壤呈中性或微酸性；山地黄棕壤呈黄褐色或黄棕色，酸性或微酸性。山地灰棕壤质地轻，呈酸性(王栋，2007；程云，2007)。

2.1.5　植被

库区在植物地理区划中属于泛北极区，中国–日本亚区，华中植物地区(史玉虎，2004)。三峡库区的植被类型有 77 类(王栋，2007；程云，2007)，有维管束植物 208 科，1428 属，6088 余种。植被类型包括常绿阔叶林、落叶阔叶林、常绿和落叶阔叶混交林、针叶林、针阔混交林、竹林、灌丛、草丛等。

库区植被的垂直分布显著。亚高山针叶林带主要分布于 2200 m 以上，含针叶林的落叶阔叶林带主要分布于 1700～2200 m，常绿阔叶林或落叶阔叶、针叶混交林带主要分布于 1300～1700 m，低山常绿阔叶林带主要分布在 800～1300 m，农业植被带主要分布在 800 m 以下(王栋，2007；程云，2007；陈引珍，2007)。

目前库区森林植被中自然植被类型复杂，面积较小；次生林面积大、幼林多、类型少；森林生物生产力较低；经济林经营管理水平低下。

2.2　研究地区概况

研究区设置在重庆四面山中部的张家山林区和江津区的李市镇。

四面山地处三峡库区尾部，重庆市西南江津区南部，地理范围为 106°17′～106°30′E，28°31′～28°43′N，保存有长势良好的天然次生和人工起源的森林植被，林地面积为 224 km^2，覆盖率为 95.41%。张家山林区土壤类型主要为紫色土和黄壤，母岩以紫色砂岩为主。张家山林区森林植被主要分布在双桥溪、土地岩、秦家沟 3 地，林地面积为 6.5 km^2，其中双桥溪与土地岩主要分布天然次生起源的阔叶林、针阔混交林，秦家沟主要分布天然次生或人工起源的针叶林。张家山林区在四面山的位置见图 2-2。

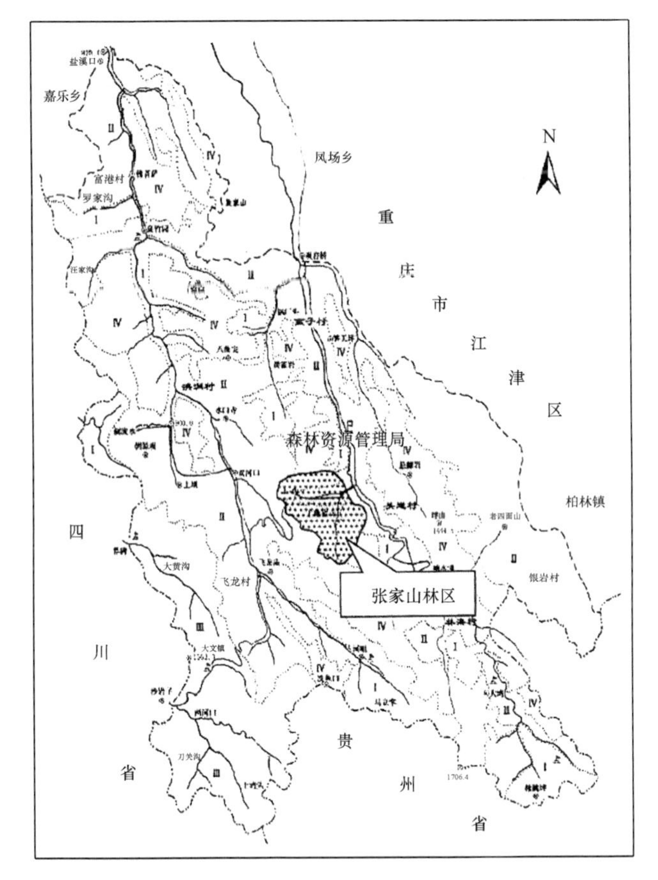

图 2-2　试验区张家山在四面山的位置

李市镇位于 29°4′N、106°16′E 的江津市境中心，东与骆崃山镇接壤，南与嘉平、龙吟镇连界，西与慈云、大桥镇毗邻，北经夹滩镇通往市区。全镇面积为 17964.53 hm^2，占江津区面积的 5.58%。其地理位置图见图 2-3。

2.2.1　地质地貌

江津区境内丘陵起伏，山脉蜿蜒，全区地势由南、北向中部倾斜，地貌以丘

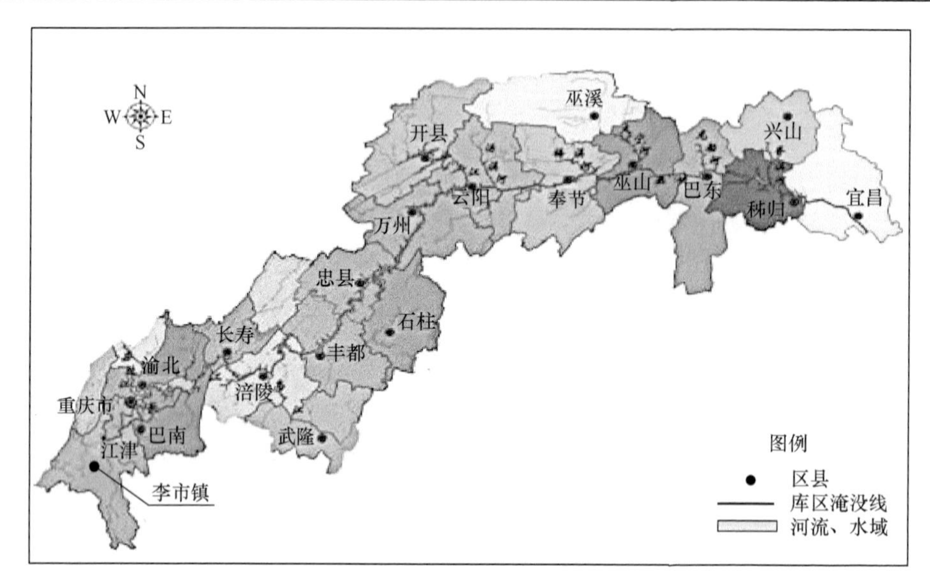

图 2-3　李市镇地理位置图

陵和低中山为主，其中丘陵和低中山分别占 78.2%和 21.8%。南部先锋区和北部华盖山等山脉分别是云贵高原向四川盆地过渡时产生的梯形地带和华蓥山支脉(吕文星，2011)。

李市镇地势为中间低，东西高，微微向北部倾斜，冈峦相向延伸。地形以浅丘宽谷为主，还存在少数中丘中谷地形；该镇属丘陵地貌，主要山脉包括珍珠山、猪背脊带状形山和馒头山等。

四面山坐落于川东南拗陷带，地势南高北低，处于江津太和向斜构造的南端，主要是白垩纪晚期夹关组厚层紫红色砂岩，经张力作用和外营力作用的强烈冲蚀切割形成典型的丹霞地貌。四面山为层状地貌发育，地表长期处于侵蚀剥蚀过程中，由于间歇性上升过程中曾有几度停顿，使得三级剥夷面较为普遍。第一级以海拔 1500 m 左右山顶剥夷面为代表，第二级以海拔 1000～1200 m 的山顶剥夷面为代表，第三级相当于三峡期或乌江期，发生在第四纪至现代，表现特征是地壳急剧上升，河流强烈下切，形成嵌入基岩的深切曲流和相对高差约数百米的峡谷、陡崖，河流纵剖面上的裂点形成梯级瀑布(刘国花和谢吉荣，2005)。

张家山林区海拔在 1100～1280 m 范围之间，岩性主要为巨厚层紫色细砂岩和粉砂岩夹薄层泥岩，水平层理和交错层理发育度较高，中部夹石膏薄层，底部为砾岩。部分地区也分布有少量侏罗纪的蓬莱镇组地层，岩性为紫色泥岩、粉砂岩与灰白色、青灰色、灰紫色长石石英砂岩互层，两组岩层的厚度都在 100～1000 m 左右。

2.2.2　气象

江津区属北半球亚热带季风气候，四季分明，气候温和，雨量充沛，日照充足，无霜期长。年均气温 18.4 ℃，年降雨量 1030.7 mm，年日照时数 1273.6 h，无霜期 341 d(吕文星，2011)。

李市镇同样属于属亚热带季风气候区，年均气温 17.8 ℃，年降雨量 1035 mm，年日照时数 1230 h，无霜期 335 d。

张家山林区所处的四面山属于中亚热带湿润季风气候，气候温暖湿润，雨量充沛，四季分明，无霜期长。该区年均气温为 13.7 ℃，7～8 月气温最高，平均为 22.5～25 ℃，1 月气温最低，平均为 4.5 ℃。年平均日照时间为 1082.7 $h·a^{-1}$，生长季节 5～9 月的日照时间约为全年日照时间的 64%，热量状况受海拔、地形和下垫面性质等多种因素的影响，时空分布不均。热量状况随着地形部位的不同也表现出较大的差异，7 月气温北坡比南坡低 0.5 ℃，山谷则比山顶高 0.2 ℃(张尔辉，1989)。

2.2.3　水文

江津区主要河流包括长江、景江、笋溪河、塘河、璧南河、临江河等，流域面积均在 200 km^2 以上(江晓晗，2010)。

李市镇境内有 30 余公里的笋溪河长流不息，有小型水库 6 座，山坪塘 238 口，石河堰 29 处，电灌站 17 座，微型水利 591 口，蓄水量 3.10 万 m^3，有效灌溉面积 2.42 万亩[①]。

张家山多年平均降雨量为 1522.3 mm，6～8 月降雨量最多，为 601.2 mm，12 月到翌年 2 月降雨量最少，仅为 87.8 mm，相对年均湿度为 80%～90%。如图 2-4，张家山 2002～2007 年 24 小时累计降雨量逐日(n=1069)观测值的频率分析结果显示，80%以上的降雨为 ＜10 mm 的小雨，24 小时累积降雨量＞25 mm 的大雨概率为 5%，＞60 mm 的暴雨概率为 1%。地表径流主要由降雨形成，径流深约 650～700 mm，径流年际变化较大，年内分配不均，其中 56.1%的径流集中在 4～7 月的雨洪季节，而 12 月到翌年 3 月，径流量仅占 10.7%。

2.2.4　土壤

江津区内成土岩多为紫色泥页岩，多系河湖相沉积物。全区土壤共划分为紫色土、水稻黄壤土和冲积土 3 个土类、8 个亚类、25 个土属、72 个种和 110 个变种。其中紫色土广泛分布于丘陵地区及南部中低山的中下部(江晓晗，2010)。李

① 1 亩≈666.67m^2。

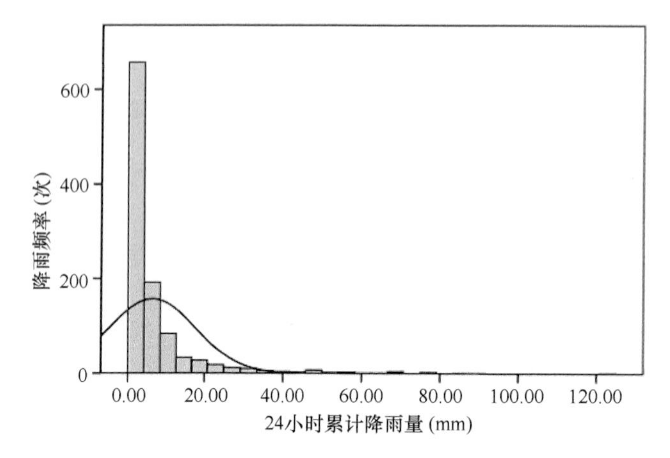

图 2-4　张家山试验区 24 小时累计降雨量频率分析(2002～2007 年)

市镇坡面土壤主要为紫色土，基岩为紫色砂岩，土壤厚度在 30～50 cm 之间。

张家山林区土壤主要由白垩纪夹关组砖红色长石石英砂岩夹砖红、紫红色粉砂岩等风化残坡积物、冲积物发育而成。土壤呈微酸性至酸性，pH 在 4.0～6.1 之间，主要的森林土壤类型是以黄壤和紫色土为主(见表 2-1)。盐基交换量低，供肥能力较差，养分较缺乏，粗有机质积累度较高，氮素转化率低，土壤黏粒含量较少，土质轻且土壤透水性好，养分易流失，盐基易淋溶，土壤保水保肥性差。土层厚度一般在 10～70 cm 之间。土壤物理砂粒在 70%以上，有机质含量、代换量、含磷量都较低。

表 2-1　张家山试验区主要土壤类型

土壤类型*				成土母质
GSCC	CST	ST	FAO/UNESCO	
黄壤 (Yellow Earth)	普通铝质常湿雏形土 (Typic Ali-Perudic Cambisols)	不饱和淡色始成土 (Dystrochrept)	酸性雏形土 (Dystric Cambisol)	中性砂岩残积物
	普通铝质常湿淋溶土 (Typic Ali-Perudic Luvisols)	弱发育湿润老成土 (Hapludult)	普通强酸土 (Haplic Alisol)	页岩风化坡积物
紫色土 (Purple Soil)	普通紫色湿润雏形土 (Typic Purpli-Udic Cambisols)	饱和淡色始成土 (Eutrochrept)	深色雏形土 (Chromic Cambisol)	砂泥岩风化物
	酸性紫色湿润雏形土 (Dystric Purpli-Udic Cambisols)	不饱和淡色始成土 (Dystrochrept)	酸性雏形土 (Dystic Cambisol)	中性砂岩残积物

*GSCC：Genetic Soil Classification of China，中国土壤发生分类，1993；CST：Chinese Soil Taxonomy，中国土壤系统分类，2001：ST：Soil Taxonomy，美国土壤系统分类，2003；FAO/UNESCO：联合国粮农组织和教科文组织土壤分类系统，1988

2.2.5 坡面土地利用概况

江津区是一个丘陵山地大市，全市15°以上的坡耕地有2.74万hm^2，占耕地总量20%以上，水土流失严重。李市镇农用地总面积为15755.23 hm^2，占全镇总面积的87.70%。其中耕地面积为6826.24 hm^2，占农用地面积的43.33%。作物主要包括玉米、小麦、稻谷、红苕和油菜等。园地面积为2302.99 hm^2，其中果园面积为1845.56 hm^2(主要栽种柑橘、苹果等)，茶园面积为103.07 hm^2，桑园面积为11.49 hm^2，其他园地面积为342.87 hm^2。柑橘和花椒两种农作物在本市已经形成一定规模，并已建成柑橘和花椒基地。农业结构的调整，不仅可以保护生态环境，同时耕地转变为园地还能给农民带来较好的收益(张景芳等，2006)。

2.3 研究内容与研究方法

2.3.1 研究内容

植被状况及其土壤地质环境在很大程度上影响着森林生态系统水分循环，决定着土壤水分、地表径流与壤中流之间的消长关系。土壤优先路径的存在和优先流现象的发生，使得人们对土壤水分运动过程的认识更加丰富。

以三峡库区紫色砂岩地质条件区域的阔叶林、针叶林、针阔混交林、灌丛4种林地及荒地、玉米地、柑橘地3种农地为研究对象，采用染色示踪试验、空间点格局分析、水分穿透曲线实验等方法对土壤优先流形态特征、发生类型、数量分布进行观测，分析优先流染色区与未染色区植物、土壤等环境因子差异，系统研究紫色砂岩地质条件下土壤优先流特征，揭示优先路径形成和优先流发生机理，基于Coup Model分析优先路径对土壤水分运动的影响。主要包括以下五方面内容。

1) 土壤优先流形态特征及其发生类型

土壤优先流类型主要受地质、土壤、植物等因素的影响，不同类型优先流过程表现出不同的形态特征变化。通过染色示踪试验，拍摄样地土壤垂直剖面的壤中流染色图像，采用体视学方法进行图像解析，分析优先流形态特征，并依据染色路径宽度分布情况确定土壤优先流的发生类型。

2) 土壤优先路径空间分布特征

优先路径为优先流发生提供了物质基础，土壤优先路径分布状况决定了优先流的发生发展。在染色示踪试验基础上，采集不同深度土壤层水平剖面的染色图像，通过图像处理提取优先路径的二维分布信息，采用空间点格局分析方法，研究优先路径水平分布特征。

3) 紫色砂岩区土壤优先流形成机理

植物根系生长及土壤地质环境的变化为优先流的形成和存在提供了条件，初始含水量、降水状况等因素对土壤优先流发生具有影响。根据研究得到的土壤优先流类型、形态和数量特征，结合土壤理化性质(包括土壤密度、土壤质地、土壤结构、土壤有机质等)、植物根系特征(包括生长根与死亡腐烂根的根长密度、根重密度等)，以及水分状况(包括土壤初始含水量、降雨量等)，揭示紫色砂岩区优先流的形成机理。

4) 优先路径对土壤水分运动的影响

优先路径的存在使得土壤水分再分配过程更为复杂。建立试验区气象、植被、土壤数据库资料，根据 GLUE 方法确定模型参数取值，并采用 Coup Model 模拟试验区林地土壤水分动态。结合紫色砂岩林地土壤优先路径分布特征对 Coup Model 结构进行调整，并采用结构调整后的 Coup Model 再次对三峡库区紫色砂岩林地土壤水分动态进行模拟，探讨考虑优先路径与不考虑优先路径两种情况下林地土壤水分动态，研究优先路径对紫色砂岩区林地土壤水分运动的影响，并为进一步研究洪水过程、流域调洪演算等提供更适于当地应用的森林水文模型。

5) 土壤水分对不同类型降雨的动态响应

不同的降雨历程导致不同的水分入渗和再分配过程动态。对研究区降雨类型进行区分，针对暴雨和研究区域特有的绵雨现象，结合调整结构后的 Coup Model 模拟紫色砂岩区林地土壤水分动态响应，探讨优先路径对不同类型降雨下紫色砂岩林地土壤水分响应的影响。

2.3.2 研究方法

2.3.2.1 样地布设调查

1) 林地样地布设

综合考虑植被类型、地形状况、坡向、海拔等因素，在张家山林区设置面积为 400 m^2 的林地土壤优先流观测样地共 16 块，林地均为天然次生起源。其中，在双桥溪地区的阔叶林内设置观测样地 6 块，编号 BF1～BF6；在秦家沟地区的针叶林内设置观测样地 3 块，编号 CF1～CF3；在土地岩地区的针阔混交林内设置观测样地 4 块，编号 MF1～MF4；在土地岩和秦家沟地区另设置 3 块灌丛观测样地，编号 S1～S3。林地土壤优先流观测样地分布情况见图 2-5。使用手持 GPS

设备(麦哲伦 Triton500E 型，中国产)记录各观测样地的主要生境因子，包括经纬度、海拔、坡向、坡度、坡位等，结果见表 2-2。

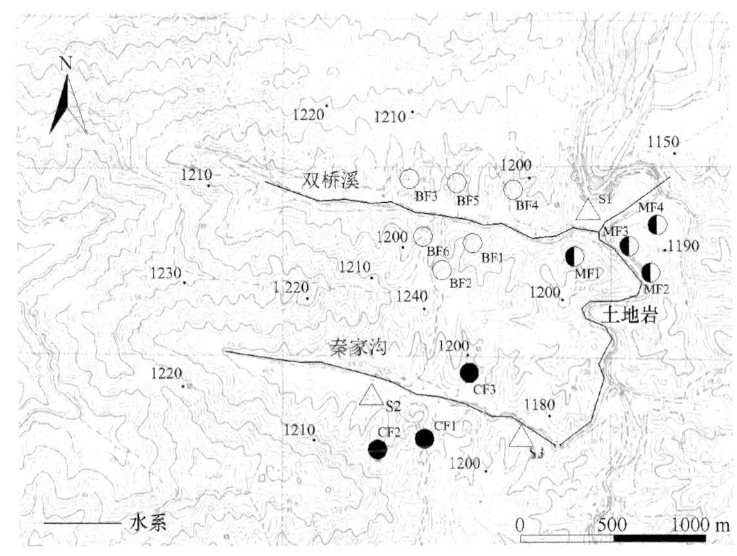

○阔叶林样地(BF) ●针叶林样地(CF) ◐针阔混交林样地(MF) △灌丛样地(S)

图 2-5　优先流观测样地位 置分布图

表 2-2　优先流观测样地主要生境因子

林地类型	样地编号	位置	海拔(m)	经度(E)	纬度(N)	坡度(°)	坡向	坡位
阔叶林	BF1	双桥溪南侧	1184	106°23′55″	28°37′24″	26	NE	下坡
	BF2	双桥溪南侧	1192	106°23′52″	28°37′22″	37	NW	中上坡
	BF3	双桥溪北侧	1197	106°23′50″	28°37′29″	35	SE	中上坡
	BF4	双桥溪北侧	1194	106°23′59″	28°37′27″	40	SW	中上坡
	BF5	双桥溪北侧	1199	106°23′55″	28°37′28″	24	SW	上坡
	BF6	双桥溪南侧	1181	106°23′52″	28°37′25″	28	NE	下坡
针叶林	CF1	秦家沟南侧	1191	106°23′47″	28°37′06″	15	NW	中坡
	CF2	秦家沟南侧	1205	106°23′43″	28°37′06″	37	NE	上坡
	CF3	秦家沟北侧	1203	106°23′52″	28°37′12″	29	SE	中上坡
针阔混交林	MF1	土地岩西南	1182	106°24′05″	28°37′23″	31	N	中上坡
	MF2	土地岩东南	1183	106°24′10″	28°37′24″	34	NW	中上坡
	MF3	土地岩东南	1170	106°24′08″	28°37′25″	22	NW	下坡
	MF4	土地岩东南	1173	106°24′11″	28°37′27″	19	NE	下坡
灌丛	S1	土地岩沟底	1167	106°24′05″	28°37′27″	—	—	沟底
	S2	秦家沟沟底	1187	106°23′43″	28°37′11″	—	—	沟底
	S3	秦家沟沟底	1184	106°23′57″	28°37′04″	—	—	沟底

注：N(北)、NE(东北)、NW(西北)为阴坡；SW(西南)、SE(东南)为阳坡

在优先流观测样地进行生态学调查，依据乔木、灌木和草本分层进行测量统计(马惠，2010)。样地内田字形布设 4 个 10 m×10 m 的乔木样方，测定胸高直径(DBH)＞2.5 cm 的所有乔木植株(DBH＜2.5 cm 的乔木记入灌木层统计)，记录乔木种名、高度、胸径、枝下高、冠幅；在每个乔木样方中按对角线取样法设置 2 个 5 m×5 m 的灌木样方，记录灌木种名、高度、盖度、株数；在每个乔木样方中设置 2 个 1 m×1 m 草本样方，统计包括藤本幼株和蕨类植物在内的草本个体，记录种名、高度、盖度、株数。计算各层植物重要值，并分析观测样地内林地植物组成与结构特征。

2) 农地样地布设

综合考虑坡面土地利用类型、地形、坡向、海拔等因素，在三峡库区尾端的重庆市江津区李市镇设置农地土壤优先流观测样地共 6 块，包含荒地、玉米地和柑橘地三种土地利用方式，编号分别为 W、M 和 C，每个处理 2 个重复，编号分别为 W-1、W-2、M-1、M-2、C-1、C-2。使用手持 GPS 设备记录各观测样地基本特征，包括经纬度、坡度、坡向、坡位、海拔等，结果见表 2-3。经调查，各样地土壤类型为紫色土，基岩为紫色砂岩，土壤厚度在 30～50 cm 之间。

表 2-3 优先流及溶质运移观测样地基本特征

坡面土地利用类型	样地编号	位置	海拔(m)	经度(E)	纬度(N)	郁闭度	盖度(%)	坡度(°)	坡向	坡位
荒地	W-1	李市镇	312	106°20′56″	28°39′14″	—	48	16	SE	下坡
荒地	W-2	李市镇	316	106°21′08″	28°39′17″	—	47	13	SE	下坡
玉米地	M-1	李市镇	307	106°21′31″	28°39′45″	0.60	—	16	SW	下坡
玉米地	M-2	李市镇	296	106°21′29″	28°39′40″	0.60	—	13	SW	下坡
柑橘地	C-1	李市镇	320	106°21′20″	28°38′45″	0.41	—	15	NW	中下坡
柑橘地	C-2	李市镇	324	106°21′22″	28°38′54″	0.42	—	14	NW	中下坡

注：SE(东南)、NW(西北)、SW(西南)，各样地均为阳坡

样地尺寸均为 10 m×10 m，其中荒地上覆盖有自然生长的杂草，草种主要为毛马唐(*Digitaria chrysoblephara*)、大狗尾草(*Setaria faberii*)、鸭跖草(*Commelina communis*)和狗牙根(*Cynodon dactylon*)；玉米地为顺坡行播种植，密度为 4 株·m^{-2}，每年 3 月 22 日左右播种，8 月 1 日左右收获，耕作方式为垄作，秋季作物收获后人工灭茬，春季起垄，垄距 70 cm，垄高 20 cm；柑橘地 C-1 和 C-2 样地树龄分别为 10 年和 20 年，行间距为 2 m×4 m，树高 3.5～4.5 m、胸径 45～55 cm、枝下高 40～50 cm、冠幅 2.5～3.0 m。农作物施肥量为：氮肥(N)0.02 kg·m^{-2}，磷肥(P_2O_5)0.01 kg·m^{-2}，

钾肥(K_2O)0.01 kg·m^{-2}。除了荒地不施肥外，各样地均施有机肥 0.2 kg·m^{-2} 作底肥，玉米地磷肥、钾肥与 1/3 氮肥作基肥，其余 2/3 氮肥于玉米拔节前追施于表土以下 10 cm 处；柑橘地氮肥、磷肥、钾肥作基肥，不再追加施肥。

2.3.2.2　染色示踪观测

1) 观测剖面布设

在土壤优先流观测样地内分别设置染色示踪试验土壤剖面，其位置选择主要考虑与周围乔木的距离关系，一般选择在 3～4 株相邻乔木中心且地表较为平坦处，使染色剖面距各乔木基本等距，以减少乔木主根对观测结果的影响。各类型林地土壤优先流观测剖面数量至少保证为 3 个，以作为重复进行分析。

2) 试验准备

首先除去优先流观测剖面顶部的枯枝落叶和大块砾石，平整表面，尽量不扰动枯落物层下的土壤腐殖质层。然后将长宽均为 70 cm、高 50 cm、厚 0.5 cm 的铁框埋入土中 30 cm，并将距铁框内壁 5 cm 以内土壤用木锤夯实，防止染色溶液沿铁框内壁缝隙下漏影响观测结果(图 2-6)。

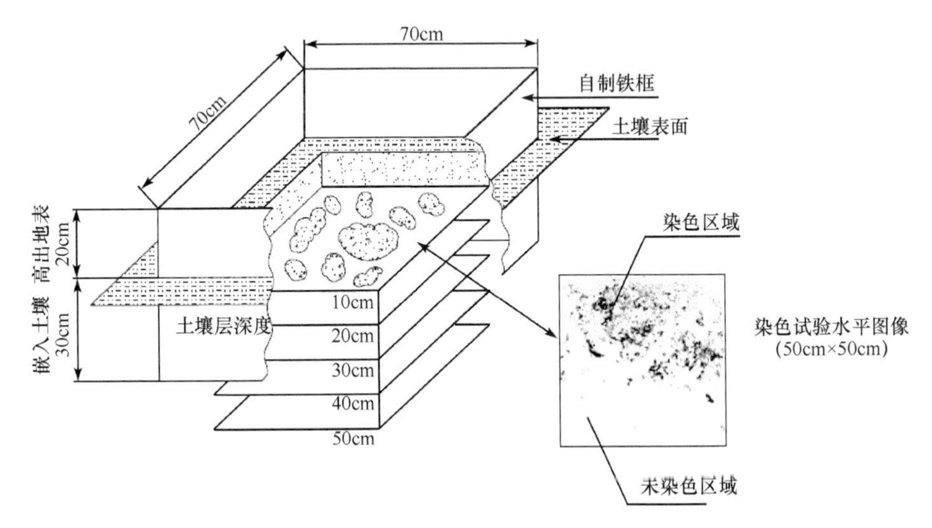

图 2-6　亮蓝染色渗透试验剖面示意图

确保试验前一天无降雨发生，并在染色示踪试验进行前，使用钢制土钻在染色铁框外围开挖直径为 6 cm，深度为 70 cm 的土洞，安装 FDR 频率反射仪(Diviner2000 型，澳大利亚产)，以 10cm 土壤深度为间隔，测定染色剖面土壤初始体积含水量。

3) 染色示踪

本研究选用亮蓝(Brilliant Blue FCF)为染色剂，试验前将亮蓝粉末配制为浓度 4 $g·L^{-1}$ 的溶液待用。长江三峡花岗岩地区林地土壤优先流研究结果显示，优先流在高雨量的降雨过程中表现得更为显著(张洪江等，2006)，据此为分析降雨条件对紫色砂岩林地土壤优先流过程的影响。根据所收集到的当地降水资料(2002～2007年)，分别采用25 mm(大雨，降雨频率 P=0.05)和60 mm(暴雨，降雨频率 P=0.01)两个24小时累计降雨量值作为标准。根据染色剖面表面积和实际损耗，确定施用亮蓝溶液量分别为13 L(相当于25 mm降雨量)和30 L(相当于60 mm降雨量)。各观测样地采用的降雨量标准见表2-4。

表2-4 观测样地染色示踪试验采用的降雨量标准

林地类型	样地编号	降雨量标准(mm)
阔叶林	BF1	25
	BF2	25
	BF3	25
	BF4	25
	BF5*	60
	BF6*	60
针叶林	CF1	25
	CF2	25
	CF3*	60
针阔混交林	MF1	25
	MF2	25
	MF3	25
	MF4*	60
灌丛	S1	25
	S2	25
	S3*	60

*表示试验水量为试验区暴雨水平

采用积水渗透(ponding infiltraion)方式将预制的亮蓝溶液均匀倾洒在铁框中央区域，保证最大限度观测到各样地剖面土壤优先流的发生(Ritsema and Dekker，1995；Flühler et al.，1996)。倾洒亮蓝溶液时采用自制的马氏瓶装置保持稳定的水头和均匀的速度。溶液倾洒完毕后，将预先准备的帆布覆盖在铁框上，并用尼龙绳将四周绑紧，确保染色试验后无其他水分输入。

4) 剖面挖掘和样品采集

染色示踪试验完成 24 h 后除去覆盖的帆布和埋置的铁框，挖掘土壤剖面。由于铁框周围区域内土壤水分运移情况较不稳定，可能出现水分侧向渗流而影响试验结果，因此在铁框中心 50 cm×50 cm 区域外围开挖垂直剖面，挖掘深度需达到紫色砂岩基岩层顶层，一般为 50～70 cm。用土壤刀和小号土铲平整表面，并用刷子除去附着的土粒。将标准灰阶比色卡(Kodak 产)放置在剖面旁，使用标尺标注剖面的长度与宽度，并用遮阳伞控制拍摄光线。采用 500 万像素(2592×1544 pixel)的佳能(Canon)数码相机采集垂直染色剖面图像，各垂直剖面拍摄照片 3～5 张。此后以 10 cm 土壤深度为标准，分层挖掘水平土壤剖面，采用与垂直染色剖面同样的方法采集水平染色图像。水平染色剖面的挖掘深度由紫色砂岩基岩深度以及染色状况决定，一般需挖掘至 50～60 cm。挖掘水平染色剖面时，根据染色剂分布状况将剖面分为染色区(dye stained area)和未染色区(blank area)(见图 2-6)。

分别在染色剖面各深度的染色区和未染色区中，使用高 4 cm、直径 9 cm 的渗透仪专用环刀采集原状土样(各类型土样均取 3 个重复)，用于进行土壤水分穿透曲线实验；使用 100 cm^3 标准取土环刀采集原状土样(各类型土样均取 3 个重复)，用于进行土壤密度和孔隙度分析；再采集各区土壤混合样品 250 g 和植物根系样品(包括全部的生长根和死亡腐烂根)，以备分析土壤理化性质和植物根系状况。

2.3.2.3　染色图像处理

图像处理是在染色示踪试验基础上，提取和分析林地土壤优先流特征参数的必要工作。本研究中将图像处理分为几何校正、光照校正、色彩校正和降噪处理 4 个步骤(图 2-7)。

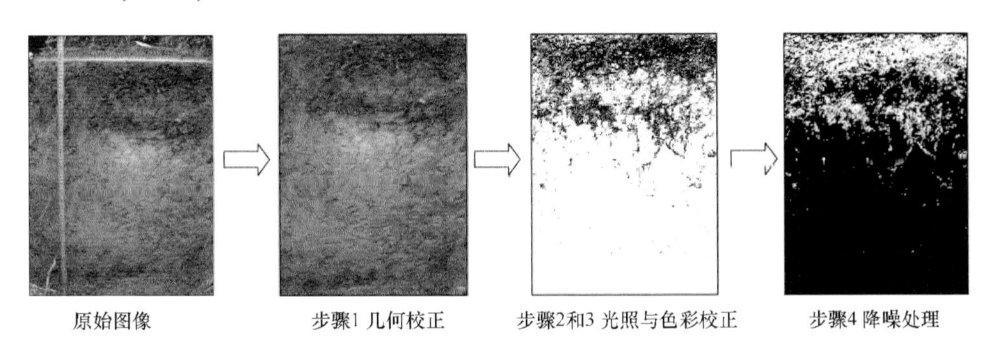

图 2-7　染色剖面图像处理步骤(参见书后彩图)

1) 几何校正

采集图像时，由于无法保证相机镜头和土壤剖面绝对平行，且受拍摄环境限制，相机自身也可能出现一定的空间几何失真。因此原始照片一般均有不同程度的空间失真，需首先使用 ERDAS IMAGINE 9.2 软件对拍摄的原始染色照片进行几何校正。

先将原始 JPG 格式照片转换为 ERDAS 软件所需的 IMG 格式，在图像几何校正(image geometric correction)功能中，选择多项式运算(polynomial)的方法。根据原始照片旁的标尺尺寸，将染色剖面区域的任意三个边角设置为控制点，并根据图像长度定义其平面坐标，通过软件自动识别第四个控制点的位置。之后采用立方体化(cubic convolution)方法进行图像重采样，输出空间校正后的 RGB 模式的 JPG 格式图像，根据具体分析的精度要求，垂直图像的输出分辨率为 10 pixel·cm^{-1}，水平图像的输出分辨率为 5 pixel·cm^{-1}(Weiler and Flühler，2004)。空间校正后的垂直剖面染色图像大小为 700×500 pixel，水平剖面染色图像大小为 1000×1000 pixel。

2) 光照校正

染色剖面表面土壤感光性的差异会造成拍摄的原始照片明暗不均，如果直接对空间几何校正后的 RGB 模式图像进行解析和分析，可能会造成将暗光下正常土壤误判为染色土。因此，需要采用一定方法对图像进行光照校正(illumination correction)。

拍摄染色图像时，放置在剖面旁的标准灰阶比色卡，其 0～255 范围内灰阶色带的感光性是一致的。将拍摄的标准灰阶比色卡的色阶、亮度、对比度、曝光度数值的均值作为参考值，采用 Adobe Photoshop CS3 软件中图像调整选项的色阶、亮度/对比度、曝光度等功能对图像进行光照校正，以减少明暗不均所带来的误差。

3) 色彩校正

拍摄的 RGB 模式图像包括了红、绿、蓝三种色彩，为了简化图像信息，需要通过一定色彩校正(color adjustment)方法，将其转化成能明显表现出染色区域形态的位图图像。

使用 Adobe Photoshop CS3 软件，先将各照片中染色土壤的颜色进行采样分析，确定染色区域的色彩范围。采用图像调整中颜色替换功能，将染色土壤颜色替换为白色(P_R=P_G=P_B=255)。然后将 RGB 模式的图片转换为灰阶模式，并采用“反向”功能，将黑白色彩进行转换，使染色土壤颜色为黑色，未染色土壤颜色为白色或灰白色。采用软件中的阈值功能，调整阈值色阶的大小，使色彩校正处理后的染色区域范围和原始图像保持一致。最后将处理后的灰阶模式图像以扩散仿色的方法转化为位图模式的 TIFF 格式图像，输出分辨率与输入图像一致。

4) 降噪处理

图像色彩校正与格式转化过程中，会出现噪点(即与实际情况不符合的独立像素点)，影响图像解析精度，因此需要采用基于数学形态学的图像滤镜来对图像进行降噪处理(noise reduction)。使用 Image-Pro Plus 6.0 软件图像处理中的形态学开运算滤镜功能(其计算原理见图 2-8)，先采用腐蚀运算(2×2 范围，重复 1 次)除去独立的噪点，再采用膨胀运算(2×2 范围，重复 1 次)，将图像染色区域边界复原。由于软件功能限制，降噪后的位图图像中染色土壤为白色，未染色土壤为黑色。降噪处理能有效减少图像特征参数提取的运算量，有利于简化图像解析过程。

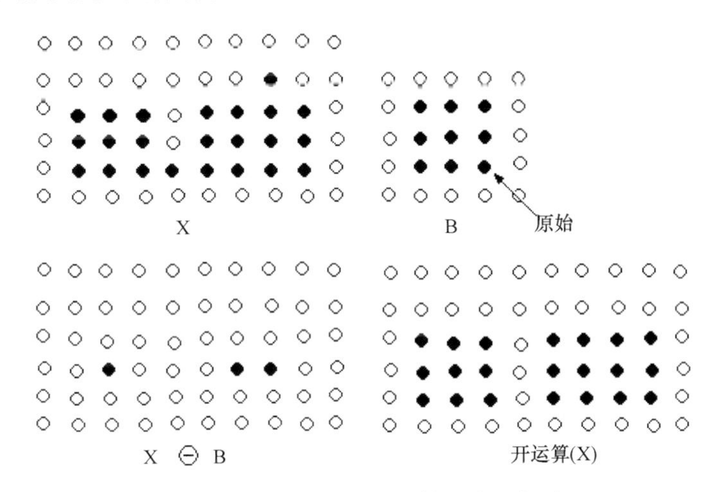

图 2-8　形态学开运算计算方法示意图

2.3.2.4　特征参数解析

1) 图像数值化转换

处理后的位图图像实际上是由 0 与 255 两个数值组成的数值矩阵，为了提取图像特征参数，需首先对其进行数值化转换。可采用 Image-Pro Plus 6.0 软件中的 Bitmap 分析功能，将降噪后的图像转化为位图数值矩阵(垂直图像为 700×500，水平图像为 1000×1000)，并以 Excel 格式输出用于特征参数解析。矩阵中仅包含 0 与 255 两个数值，其中 255 值(白色)表示染色土壤，0 值(黑色)表示未染色土壤。

2) 垂直图像特征参数解析

依据体视学原理，解析垂直染色图像的体积密度、表面积密度、染色路径宽度参数，用于林地土壤优先流形态和类型分析。

垂直染色图像的体积密度指一定深度土层中染色像素数占图像宽度的比例，也就是通常所说的染色面积比：

$$V_{V(j)} = \mathrm{DC}_j = \frac{a_j}{A_j} \tag{2-1}$$

式中，V_V为体积密度(–)；j为土壤深度(cm)；DC 为染色面积比(–)；a为染色像素数(pixel)；A为图像宽度(pixel)，本研究中取值为 500。

垂直染色图像的表面积密度可通过一定深度土壤层中染色与未染色像素的节点数占图像宽度实际长度的比例计算得到：

$$S_{V(j)} = \frac{I_j}{L_j} \tag{2-2}$$

式中，S_V为表面积密度(cm^{-1})；I为染色和未染色像素节点数；L为土壤宽度实际长度(cm)。

染色路径宽度是指一定深度土层中独立的染色路径实际宽度，可根据路径宽度和图像分辨率计算得到：

$$\mathrm{SPW} = \frac{l}{r} \tag{2-3}$$

式中，SPW 为独立染色路径宽度(mm)；l为独立染色路径像素数(pixel)；r为图像分辨率($pixel \cdot mm^{-1}$)，研究中垂直图像分辨率为 1 $pixel \cdot mm^{-1}$。

研究中位图数值矩阵数据量巨大且包含信息较为复杂，因此采用 VB 语言编写 Excel 宏命令来提取每张垂直图像的体积密度、表面积密度、染色路径宽度等参数信息。根据体积密度和表面积密度可进行紫色砂岩林地土壤优先流形态特征分析(Bachmair et al.，2009)，根据染色路径宽度分布状况可判别林地壤中流过程中的优先流类型(Weiler and Flühler，2004)。

3) 水平图像特征参数解析

水平染色图像主要用于分析土壤优先流路径的分布特征。通过分析不同直径染色路径的二维空间位置，采用空间点格局分析方法(卢炜丽，2009)对土壤优先路径分布状况、不同径级优先路径相互关系、植物根系对优先路径分布影响等进行研究。

优先路径位置信息通过 Image-Pro Plus 6.0 软件的“分类/计数”功能获取。先采用软件形态学滤镜中的分水岭(watershed)算法将染色区域进行分割和独立，统计闭合团状、块状染色区的面积和重心坐标；采用圆面积公式反算，可计算出独立优先路径影响区范围的当量半径，即影响半径(radius of influence)；分别统计影响区当量半径范围≤1 mm、1～2.5 mm、2.5～5 mm、5～10 mm、>10 mm等5个标准的优先路径数量。由于水平图像分辨率为2 pixel·mm^{-1}，则各染色影响区范围半径以像素数量表示为≤2 pixel、2～5 pixel、5～10 pixel、10～20 pixel、>20 pixel。植物根系位置信息采用人工统计方法，记录光照校正水平图像中可观察到的根系坐标来实现。

依据优先路径和植物根系的空间位置，采用点格局统计方法进行分布特征和组间关联分析，采用考虑边缘效应的Ripley's $K(t)$函数，通过ADE-4点格局分析软件(Goreaud and Pélissier，1999)实现。

2.3.2.5 土壤样品分析

对各染色试验剖面不同深度染色区和未染色区的土壤样品，采用相应处理方法，分析其土壤物理化学性质，用于林地土壤优先流特征及其形成机理的分析。

1) 水分穿透曲线测定

依据毛管水Laplace公式原理，Jarvis(2007)在总结前人研究基础上提出：采用水力学方法所测定的土壤优先路径其当量孔径应大于0.3 cm，即所对应的土水势应大于–1 kPa。本研究据此采用–1 kPa的压力水头(即10 cm水头)控制水分穿透曲线实验过程。

将采集到的染色区和未染色区渗透仪专用环刀原状土样(各类土样采样重复数为3次)在清水中浸泡24 h使之达到饱和状态，然后取出放置在支架上静置12 h，使其含水量稳定在田间含水量水平。随后将环刀土样转移放置于土壤水分渗透仪(ST-70A型，中国产)中，将配套供水的马氏瓶压力调节为10 cm水头。当土柱下部有水流出时，每间隔5 s收集出流水量，然后计量间隔为5 s的水分出流速率，直至达到水分出流量稳定时为止(一般为300 s)。根据水分出流速率和出流时间绘制水分穿透曲线图，采用Poiseuille方程和流量方程，计算土壤优先路径的孔径和数量(Radulovich et al.，1989)。

2) 土壤物理性质测定

染色区和未染色区土壤样品的物理性质测定内容包括土壤密度、孔隙度、机械组成、微团聚体含量、土壤饱和导水率等。土壤理化性质测定过程中，各指标测定样品的重复数均为3次。

土壤密度和孔隙度测定采用环刀浸透法(张洪江等，2006)，使用的土样为100 cm^{3}标准环刀采集的原状土；土壤机械组成通过筛分法和简易比重计法测定(孙向阳，

2005)，筛分法测定土壤粒径范围为 10 cm～0.1 mm，简易比重计法测定土壤粒径范围为 0.1～0.002 mm，由于研究区土壤为弱酸性，分析中选用 NaOH 作为土粒分散剂；土壤质地分析采用国际制，根据机械组成数据确定土壤砂粒(粒径 2～0.02 mm)，粉粒(0.02～0.002 mm)和黏粒(＜0.002 mm)的比重，并据此确定土壤质地类型；土壤微团聚体采用吸管法测定(林大仪，2004)，根据土壤粒径分为 6 个等级，即 0.25～0.1 mm、0.1～0.05 mm、0.05～0.01 mm、0.01～0.005 mm、0.005～0.001 mm 和≤0.001 mm；土壤饱和导水率使用土壤水分渗透仪(ST-70A 型，中国产)，采用定水头法测定(Wang et al.，2009)：

$$K_s = \frac{V}{tA} \cdot \frac{L}{H} \tag{2-4}$$

式中，K_s 为饱和导水率($mm \cdot min^{-1}$)；H 为进口端水头(cm)；V 为水分出流量(mL)；t 为水分出流时间(s)；L 为土柱长度(cm)；A 为土柱横截面积(cm^2)。

3) 土壤化学性质测定

土壤化学性质主要分析与优先流形成有关的有机质含量与试验区黄壤和紫色土淋溶性有关的 Al 和 Fe 元素含量，测定样品的重复数均为 3 次。

有机质含量测定采用重铬酸钾容量法(中国科学院南京土壤研究所，1978)；Al 和 Fe 元素在北京林业大学水土保持与荒漠化防治教育部重点实验室，采用氢氟酸–高氯酸消煮，电感耦合等离子体发射光谱法(ICP)测定，仪器型号为 Leeman-Labs ProdigyXP(美国产)。

2.3.2.6　植物样品分析

在挖掘水平剖面时，分拣出土层中所有的植物根系样品，用双层纱布包裹后在水池中以清水冲洗。待根系上附着的泥土冲洗干净后，在遮阴处进行晾晒。

先将根系按照生长根和死亡腐烂根分两类进行分拣，记录死亡腐烂根孔的数量。然后将生长根按其直径状况进行分拣，生长根径级分为≤1 mm、1～3 mm、3～5 mm、5～10 mm 和＞10 mm 等 5 类(梅莉等，2006)。记录不同径级根系的根长，并根据式(2-5)计算根长密度，再在 85 ℃的条件下烘干 12 h，称量不同径级根系的总干重，根据式(2-6)计算其根重密度。

$$q_{rl} = \frac{\sum L_r}{V_{soil}} \tag{2-5}$$

$$q_{rm} = \frac{\sum M_r}{V_{soil}} \tag{2-6}$$

式中，q_{rl} 为根长密度($m \cdot m^{-3}$)；q_{rm} 为根重密度($kg \cdot m^{-3}$)；L_r 为某径级根系长度(m)；

M_r 为某径级根系重量(kg)；V_{soil} 为土壤体积(m^3)。

2.3.2.7　土壤水分运动模拟

在样地内垂直向下打孔安装密封 PVC 管，根据样地土层深度，每管长 40～60 cm，管口出露地表 10 cm，用管堵密封。每日采用手持 FDR 频率反射仪(Diviner2000 型，澳大利亚产)测定土壤水分含量，传感器杆长 1m，杆头连接数据采集器，测定时每隔 10 cm 读一次数，每点重复测量三次。

在 CF1、MF2 样地垂直开挖 1 m 宽、40 cm 深土壤剖面(到基岩)，插入土壤水热自记仪水分传感器和温度传感器(荷兰 Eijkelkamp Agrisearch Equipment 仪器公司生产，数据采集仪为 Eijkelkamp Hog Viewer vs 2-11 式 8 通道自记式数采仪，水分传感器为 Soil moisture sensor ThetaProbe 型，温度采集仪为 Soil temperature sensor 型)(图 2-9)，每 10 cm 深为一层，每层安装一组水分、温度探头，安装好后将剖面回填、平整。数据采集每小时输出一次。

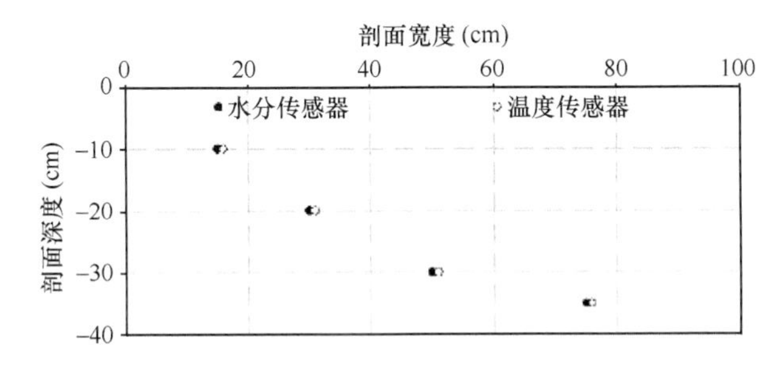

图 2-9　土壤水热自记传感器分布图

第 3 章　土壤优先流形态特征及其空间异质性

土壤优先流的形态特征是认识土壤空间结构，揭示优先流发生机理的基础。通过对 4 种不同类型林地观测样地内土壤剖面壤中流形态垂直染色图像的初步分析，发现紫色砂岩地区阔叶林、针叶林和针阔混交林内土壤优先流发生较为频繁，分布区域主要集中于 10～50 cm 土壤层范围，优先流锋部深度可延伸到紫色砂岩母质层顶部，其流速约为基质流的 4～18 倍。灌丛样地壤中流过程受其土壤结构、植物根系发育以及所处地形位置等因素影响，30 cm 以下的深层土壤中优先流发生不明显。土壤优先流形态主要以垂直方向延伸为主，部分表现一定出侧移或弯曲的形态。随着土壤深度增加，林地壤中流的空间分化程度不断提高，优先流发生区域内水流形态的空间变化更加复杂。优先流形态的空间变异性对试验渗透水量变化的响应敏感程度相对较低。土壤优先流的形态特征及其变化能够反映土壤结构及优先流发生机制。农地中荒地以及柑橘地样地剖面内土壤优先流现象较为明显。土壤剖面中染色面积比的分布类型包括均匀型、单峰型、双峰型和多峰型 4 种。水平剖面内优先路径大多数表现为多峰型，这些均说明优先流形态存在显著分化。

土壤剖面内的多孔连通结构，或是土壤质地的分层差异均可能引起土壤水分的不规则运动，促使部分水分沿着面积狭窄的通道向土壤深层快速运移，从而发生土壤优先流现象(Luxmoore et al.，1990)。地表植物生长、土壤动物活动以及地质条件等因素的差异，使林地土壤的结构与理化性质存在一定的空间异质性，土壤剖面内分布的优先流路径各具特点(Beven and Germann，1982；Zhang et al.，2007)。因此，发生优先流过程时，不同土壤剖面表现出的壤中流形态特征具有一定变化。

土壤优先流的形态特征研究，是认识土壤空间结构，揭示优先流发生机理的基础。近年来，染色示踪观测方法的应用，使土壤优先流形态分析进入到了崭新的阶段(Flühler et al.，1996)。根据土壤实际情况，选用不同性质的示踪溶液，标示出喷洒或积水渗透试验后水分在土壤中的运动痕迹，根据壤中流染色图像，可直观地分析土壤剖面内是否发生优先流现象。配合数字图像解析技术，提取出染色面积比(即染色图像中的体积密度)等形态参数，可进一步分析土壤优先流形态在纵方向与横方向上的变化规律，并揭示林地土壤优先流发生的空间异质性。

3.1　林地壤中流过程与优先流形态特征

采用亮蓝溶液(Brilliant Blue FCF)染色示踪的研究方法，在所设置的 4 类共 16 处林地土壤优先流观测样地内，选择典型土壤剖面进行染色示踪试验，观测剖面的编号与样地编号保持一致。试验中亮蓝溶液浓度为 4 $g·L^{-1}$，分别以 13 L(相当于研究区 25 mm 的大雨雨量，降雨概率 P=0.05)和 30 L(相当于 60 mm 的暴雨雨量，降雨概率 P=0.01)溶液量对不同林地土壤剖面进行积水渗透染色试验。

24 h 后挖掘垂直深度约为 70 cm 的土壤剖面，对其中亮蓝染色的壤中流垂直形态进行图像采集。采用几何校正、光照校正、色彩校正和降噪处理等 4 个步骤(具体方法参见第 2 章 2.3.2.3 节“染色图像处理”)对拍摄的染色图像进行解析处理，得到不同类型林地观测样地土壤剖面中壤中流的垂直形态图像，并据此分析各类型样地林地土壤优先流的发生情况与形态特征。

3.1.1　阔叶林土壤优先流发生与形态特征

本研究中设置的阔叶林土壤优先流观测剖面共 6 处，试验分析后获取的阔叶林壤中流的垂直形态染色图像见图 3-1。在对其进行亮蓝染色示踪试验时，BF1～BF4 土壤剖面施用的亮蓝溶液量为 13 L，用于模拟和分析研究区 5%概率的大雨雨量(25 mm)水平下阔叶林的土壤水分运动过程；BF5 与 BF6 剖面施用的亮蓝溶液量为 30 L，相当于研究区 1%概率的暴雨雨量(60 mm)水平。

根据图 3-1 显示出的不同阔叶林观测样地土壤剖面的壤中流形态的垂直染色图像(图像中的黑色区域为土壤水分运移所经过的区域)，可以观察到各阔叶林土壤剖面经积水渗透试验后，均在不同程度上出现了亮蓝染色溶液沿特定狭窄区域发生垂直运移的现象，即林地壤中流过程中发生了土壤优先流现象。不同阔叶林观测样地内土壤结构差异，以及染色溶液施用量的差别，使不同土壤剖面的优先流过程表现出一定程度的形态变化。

BF1 与 BF2 土壤剖面的壤中流形态较为相似，图像中可清晰地观察到分化度较高、形状狭窄且垂直连通性较强的优先路径。土壤优先流主要集中发生于 10～30 cm 深度范围内，其锋部(即优先流的最大运移深度)可到达 50 cm 深度以下的基岩层顶部。土壤剖面内优先流与基质流的分化界面主要分布于 10～15 cm 深度处，两处剖面 15～30 cm 深度区域均发生一定程度的水流汇集和侧向移动现象。BF2 剖面表层 10 cm 深度土壤层结构较 BF1 样地更为松散，从图像中可发现分布有较为密集的生长根系。基质流和优先流运移深度差异可反映出二者运移速率的差别(李伟莉等，2007b)，可发现 BF1 与 BF2 土壤剖面内土壤优先流流速约为基质流的 4～8 倍。

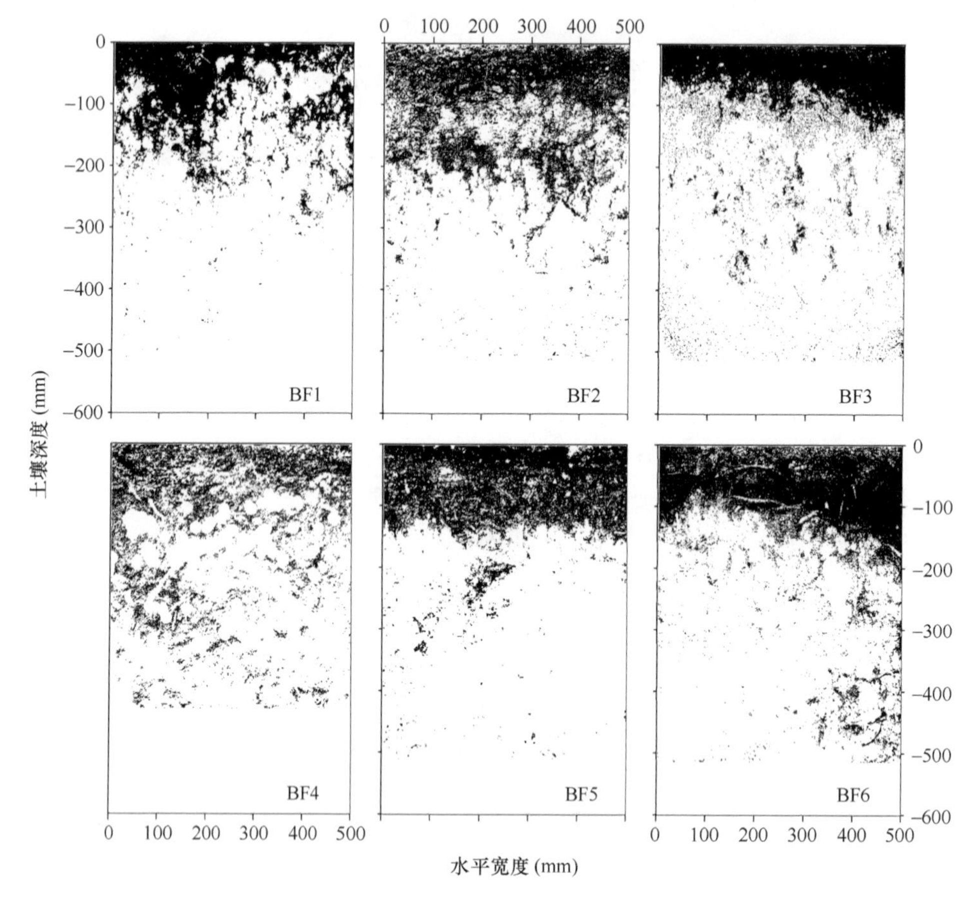

图 3-1　阔叶林壤中流形态的垂直染色图像

BF3 与 BF4 土壤剖面的垂直染色图像中，壤中流形态变化较 BF1 与 BF2 样地则更为复杂，也可明显观察到土壤优先流的发生。剖面内的优先路径多是由较短小的支路径集合而成，其弯曲程度与延伸性较高，尤其以 BF4 样地中左侧 20～40 cm 处的优先路径更为明显。土壤优先流主要集中发生于 10～40 cm 深度范围内，其锋部也可达到 50～60 cm 深度以下区域。BF3 剖面内土壤基质流状况比较明显，平均深度可达到 15 cm，而 BF4 剖面土壤基质流分布于 10 cm 深度范围之内。BF4 土壤剖面 30 cm 深度处也发现有水流侧向移动的现象，这可能与其优先路径的形状弯曲变化有关(Öhrström et al.，2002)。

BF5 与 BF6 土壤剖面的试验渗透水量为 30 L，其壤中流垂直形态染色图像较 BF1～BF4 剖面更加清晰。渗透水量的增加相当于延长了降雨时间，增加了供水势能，水势梯度的提高，提高了土壤水分的均匀下渗速度(Liu and Zhang，2009)。

BF5 与 BF6 剖面土壤基质流的分布深度达到了约 20 cm，优先流运移速度为基质流的 5～7 倍。BF5 剖面内优先流与基质流的分化界面不明显，水分主要沿着中部较明显的优先路径运移，其深度可达到 40 cm，挖掘过程中发现该剖面下部土壤相对其他阔叶林土壤剖面更为紧实，黏性土壤可能形成透水性差的黏滞层而影响水分的下渗运移(Glass and Nicholl，1996)。BF6 土壤剖面内优先流现象明显，亮蓝染色溶液通过剖面右侧的优先路径运移直达剖面底部区域，该剖面土壤层上部发现存在有植物主根生长痕迹。

通过对阔叶林观测样地内土壤剖面壤中流垂直形态染色图像的初步分析，可以发现所研究的紫色砂岩地区阔叶林内土壤优先流现象发生较为频繁，其分布范围可延伸至紫色砂岩母质层顶部区域。阔叶林土壤剖面内基质流和优先流运移深度的差异，反映出其土壤优先流流速约为基质流的 4～9 倍，土壤优先路径主要以垂直方向分布为主，部分优先路径因受支路径组成状况影响，表现出侧移或弯曲的形态。渗透水量的增加使其壤中流的垂直形态染色图像更为清晰，土壤剖面内的优先流现象表现得也更加明显。

3.1.2　针叶林土壤优先流发生与形态特征

CF1～CF3 为针叶林土壤优先流观测样地，其中 CF1 与 CF2 土壤剖面亮蓝溶液渗透水量相当于研究区的大雨雨量水平，CF3 土壤剖面为暴雨雨量水平。试验分析后获取的针叶林土壤剖面壤中流形态的垂直染色图像见图 3-2。

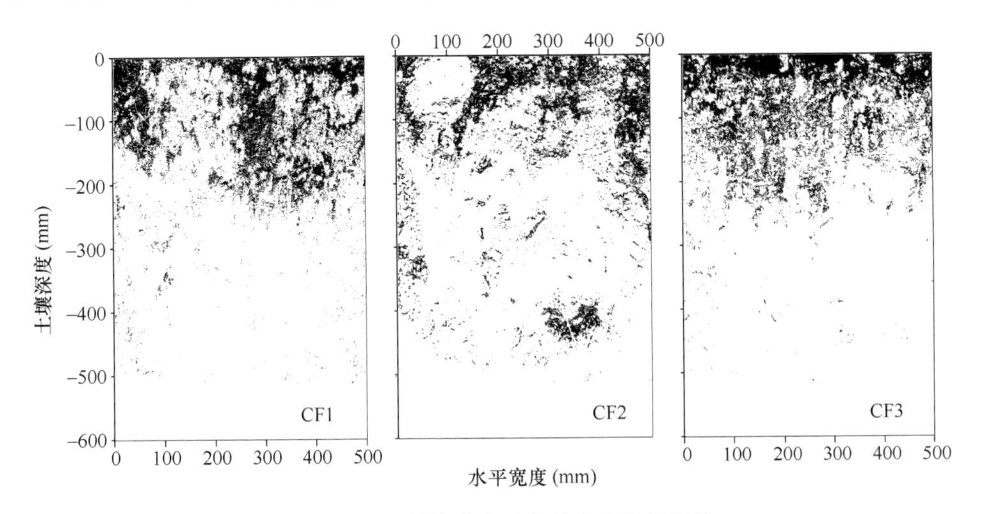

图 3-2　针叶林壤中流形态的垂直染色图像

3 处针叶林土壤剖面的壤中流垂直形态图像表现出了一定的变化差异。其中，CF1 土壤剖面在表层 5 cm 范围内即发生了水分运动的形态分化，水分主要沿剖面左侧和中部的两条明显的优先路径进行垂直运移，图像中所显现的表层土壤基质流现象不明显，反映了该剖面内土壤层顶部可能存在有开放的大孔径优先路径，造成了表层水分沿此集中运移，实际挖掘过程中也在表层土壤中发现了密集的生长根系和大量的枯死根孔。CF1 土壤剖面内优先流主要集中发生于 5～30 cm 范围之内，其锋部也可达到 50 cm 以下深度范围，深层区域内的优先路径形态较为垂直，弯曲与侧移程度较低，优先流流速可达基质流的 18 倍。

CF2 土壤剖面左侧 10 cm 深度范围内存有一块直径约 15 cm 的紫色砂岩块石，可视为土壤表层的斥水性物质(Dekker et al.，2001)。该剖面内壤中流形态较清晰，优先流过程明显，基质流在 5～10 cm 深度即发生了分化。优先路径与剖面内的生长根系分布范围基本一致，其垂直连通性较强。优先流集中发生于 15～45 cm 深度范围，在 40～45 cm 处出现水流积存现象，其流速约为基质流的 11 倍。

CF3 土壤剖面的亮蓝溶液渗透水量达到研究区的 1%概率的暴雨雨量水平，染色图像表现出的壤中流形态变化更为显著，在土壤层 5 cm 深度处水流分散到数量众多的优先路径中发生垂直下渗，平均运移深度可达 35 cm 左右。该剖面表层土壤基质流现象相对 CF1 与 CF2 剖面更加明显，可能也与渗透水量的增加有关。

通过分析针叶林样地土壤剖面壤中流形态的垂直染色图像，可发现针叶林土壤层内优先流发生较为普遍。由于部分优先路径与土壤表层直接连通，抑制了基质流的发展，表层土壤中水分的整体运移现象不明显，其优先流流速约为基质流的 9～18 倍。针叶林优先流一般发生在较为集中的数条孔径较大的优先路径中，且发生范围主要集中于 30 cm 深度区域。CF2 土壤剖面表层存在较大直径的紫色砂岩块石，作为斥水性的物质，影响着土壤剖面内水流的运移和水分的分布，在一定程度上加剧了土壤优先流的发生(Glass et al.，1996)。

3.1.3 针阔混交林土壤优先流发生与形态特征

3 处针阔混交林土壤优先流观测样地中，MF1～MF3 土壤剖面采用 13 L 的亮蓝溶液渗透水量，MF4 土壤剖面的亮蓝溶液渗透水量为 30 L。试验分析后获取的针阔混交林土壤剖面壤中流形态的垂直染色图像见图 3-3。

MF1～MF3 土壤剖面中基质流与优先流的分化界面显示得比较清晰。土壤基质流主要分布在 5～10 cm 深度土壤层范围内，形态较为均匀，说明各剖面水分整体渗透性能较强。其下区域水流形态开始分化，水分沿形态规则的优先路径垂直下渗。优先流主要发生在 10～35 cm 深度范围内，其锋部平均可延伸至 45 cm 深度位置，运移速率约为基质流的 5～14 倍。各剖面中优先流发生区域基本无侧向水分运动，MF3 剖面左侧 20cm 处有部分水流汇集，可能与其下层土壤结构与质地的变化有关。

MF4 土壤剖面显示了暴雨雨量概率下的针阔混交林的壤中流过程，其土壤优先流发生范围较 MF1～MF3 剖面具有一定程度扩大。土壤基质流形态较不稳定，可能是由于剖面顶部具有开放的连通孔隙结构，使水分可以快速通过土壤表层，限制了基质流的发展，图像中也显示出剖面左侧具有直径较大的连通孔隙。该剖面内土壤优先流在 5～60 cm 范围均有分布，其锋部也已达到紫色砂岩母质层顶部。

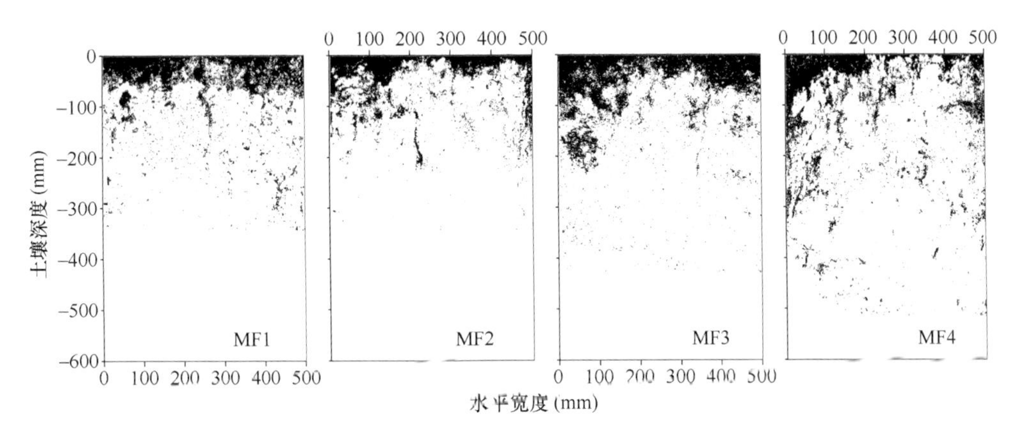

图 3-3 针阔混交林壤中流形态的垂直染色图像

针阔混交林土壤剖面中的壤中流形态垂直染色图像显示，该类型林地内土壤优先流现象发生也较为普遍，优先路径主要沿植物根系方向垂直发展，其形态较为规则，其流速约为基质流的 5～14 倍。针阔混交林内植物种类组成复杂，根系网络分布密集，有利于垂直水分运移通道的形成(程金花等，2006)。表层土壤中基质流与优先流的分化界面一般分布在 5～10 cm 范围内，表层土壤较为松散。暴雨雨量条件下 MF4 剖面土壤优先流的锋部可达到紫色砂岩母质层顶部。

3.1.4 灌丛土壤优先流发生与形态特征

灌丛样地主要由生长根系较浅的山矾、薹草和中华里白等灌木草本植物构成。S1～S3 样地分布在研究区沟底处，水热条件充足，植物生长势良好，植被盖度较大。染色示踪试验中，S1 和 S2 土壤剖面采用 13 L 的亮蓝溶液渗透水量，S3 土壤剖面的渗透水量为 30 L。试验分析后获取的灌丛土壤剖面壤中流形态的垂直染色图像见图 3-4。

S1 土壤剖面中优先流现象不明显，亮蓝染色区域均匀分布于表层 10 cm 范围内，其下层水流形态虽发生一定程度分化，但垂直运移通道的长度一般均小于 5 cm，这可能与 S1 样地所处位置以及其土壤层紧实程度有关。该剖面挖掘过程中，发现表层 10 cm 深度土壤结构松散，植物生长根系分布密集，而 20～30 cm 深度以下土壤表现为黏性质地、透水性差的黏滞层结构。

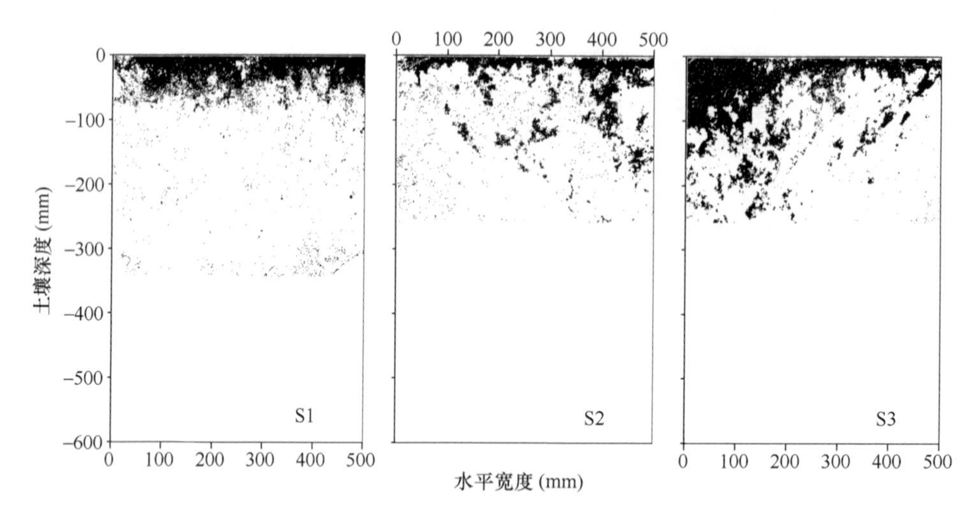

图 3-4　灌丛壤中流形态的垂直染色图像

S2 与 S3 土壤剖面表现出的壤中流形态较为相似，因 S3 剖面的渗透水量较大，其壤中流形态较 S2 剖面更加清晰。二者土壤剖面内存在基质流和优先流的分化界面，分布位置在 5～10 cm 的浅层土壤中。其下水分沿斜侧方向的连通孔隙运动，剖面挖掘过程中发现这些孔隙周围伴随有大量的植物生长根系。土壤剖面内优先流发生区范围集中在 10～30 cm 深度，30 cm 以下区域土壤紧实、黏粒含量高，其透水性较差。

灌丛样地壤中流的过程变化受其土壤结构与植物根系发育影响程度较高。30 cm 深度存在的黏滞层限制了水分向土壤更深处运动，灌草植物根系的垂直分布深度较浅，也抑制了土壤中优先路径的连通与延伸，优先流流速仅约为基质流的 4～8 倍。从灌丛样地壤中流形态的垂直染色图像中可推断，灌丛样地土壤整体透水性低于其他 3 类林地，深层土壤中优先流尤为不明显，这也与灌丛样地分布于研究区沟底而不是坡面具有一定的关系。

3.2　林地土壤优先流形态变化规律

通过直观分析紫色砂岩林地壤中流形态的垂直染色图像，可初步判断不同类型林地土壤优先流的发生状态及其相互间的形态差别，在土壤优先流定性研究阶段中该方法被广泛使用(Bouma and Dekker，1978)。随着土壤优先流研究发展，学者们采用不同方法，通过提取壤中流染色图像中的量化信息，可更准确地对比分析不同土壤剖面中优先流形态特征差异(Droogers et al.，1998)。

目前，土壤剖面一定区域内被染色剂染色的面积占总面积的比率，即染色面积比(dye coverage ratio)，在定量描述土壤优先流形态特征研究中被广泛的采用。根据体视学原理(Weibel，1979)，假设壤中流形态垂直染色图像中土壤是各向均质的，并且假设土壤水平方向结构均一，即可通过垂直染色图像中一定间隔范围内的染色面积比率，分析林地土壤优先流形态变化规律(Weiler and Flühler，2004)。

3.2.1　林地土壤优先流形态的纵向变化规律

土壤中的连通孔隙结构以及土壤质地的分层变化等因素，造成了染色示踪试验过程中土壤水流过程与形态的差异。通过分析染色面积比随土壤深度纵向变化的关系，可以准确地定量分析评价不同类型林地土壤优先流发生的程度与范围，比较不同类型林地优先流形态在土壤纵方向上的差别(Bachmair et al.，2009)。

3.2.1.1　不同类型林地土壤染色面积比的纵向变化

土壤染色面积比的计算方法详见第 2 章 2.3.2.4 节“特征参数解析”部分，根据式(2-1)可计算得到不同类型林地土壤染色面积比在纵方向上的变化状况(参见图 3-5 至图 3-8)。参考对不同类型林地壤中流形态垂直染色图像的定性分析结果发现，亮蓝染色区域主要分布在土壤剖面 0～60 cm 深度范围内，且研究区 50 cm 深度多为紫色砂岩母质层顶部，因此，本研究中主要分析紫色砂岩林地土壤 0～60 cm 深度范围的染色面积比纵向变化状况。

1) 阔叶林土壤染色面积比的纵向变化

阔叶林土壤染色面积比在垂直剖面纵方向上的变化状况见图 3-5。其中，BF1 与 BF2 土壤剖面内染色面积比纵向变化情况较相似，染色区域主要分布在土壤 40 cm 深度范围内，30 cm 内染色面积随土壤深度增加降低得较缓慢，10～20 cm 土壤层中染色面积比较其上下层次出现突增，增长幅度在 0.2 左右。BF3 与 BF4 土壤剖面染色面积比在表层 20 cm 范围内下降迅速，20 cm 以下区域染色面积比仅在 0.1 以下，但其分布深度能够达到 50～60 cm 的剖面底层范围。这种差异说明，与 BF1 和 BF2 相比，BF3 和 BF4 剖面内土壤优先流现象更加明显，在土壤基质流达到的范围以下，水流形态急剧分化，水分沿着占剖面少量面积的狭窄通道向土壤垂直深处移动。

BF5 与 BF6 土壤剖面内表层 15 cm 深度的染色面积比平均可达到 0.8 以上，且染色面积比在 10 cm 范围分布均匀，差异也较小。15～20 cm 深度染色面积比迅速下降，其下部分布情况与 BF3 和 BF4 相似，但染色面积比绝对值相对略高。这说明染色示踪试验中渗透水量的增加有助于表层土壤基质流的发展，且表层土

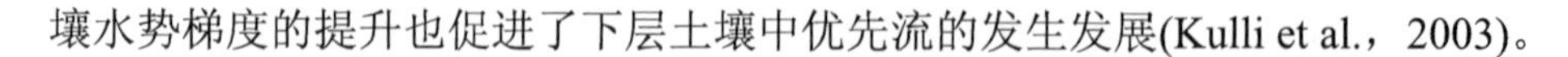

壤水势梯度的提升也促进了下层土壤中优先流的发生发展(Kulli et al.，2003)。

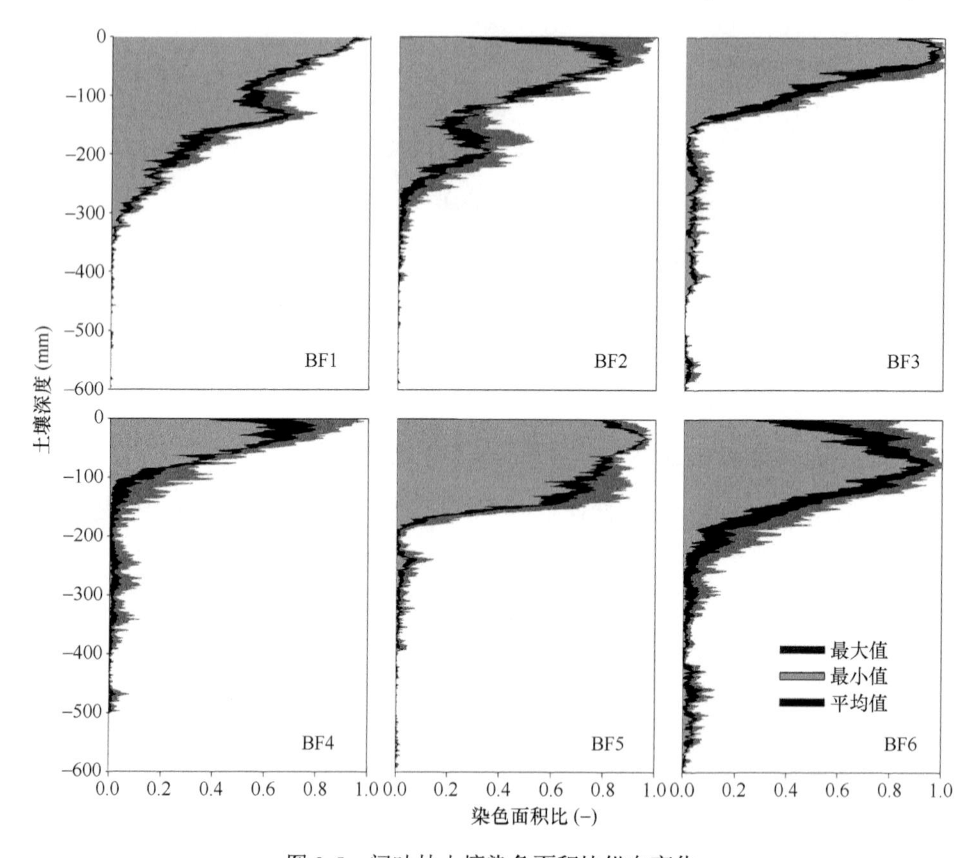

图 3-5　阔叶林土壤染色面积比纵向变化

2) 针叶林土壤染色面积比的纵向变化

图 3-6 显示了 3 处针叶林土壤垂直剖面内的染色面积比的纵向变化状况。从整体上看，针叶林染色面积比随土壤垂直深度增加而减小的幅度相对缓和，0～30 cm 范围内土壤染色面积比下降平缓，染色区域深度最深可以达到剖面底部 60 cm 位置。CF2 土壤剖面的染色面积比纵向分布情况较为特殊，这可能因其表层土壤中存在的紫色砂岩块石作为斥水性物质而影响了水分运动过程，迫使其沿水分传导性更高的优先路径发生下渗，影响了壤中流的形态分化，使下层土壤中的优先流现象更为明显。

针叶林土壤剖面内，表层 10 cm 区域内染色面积比低于 0.8，土壤基质流现象不明显。10～20 cm 范围内，染色面积比维持于 0.4 左右，说明该类型林地土壤表层可能存在大量的开放性连通孔隙结构，优先路径数量和分布较集中，影响了表层土壤水分运动形态。

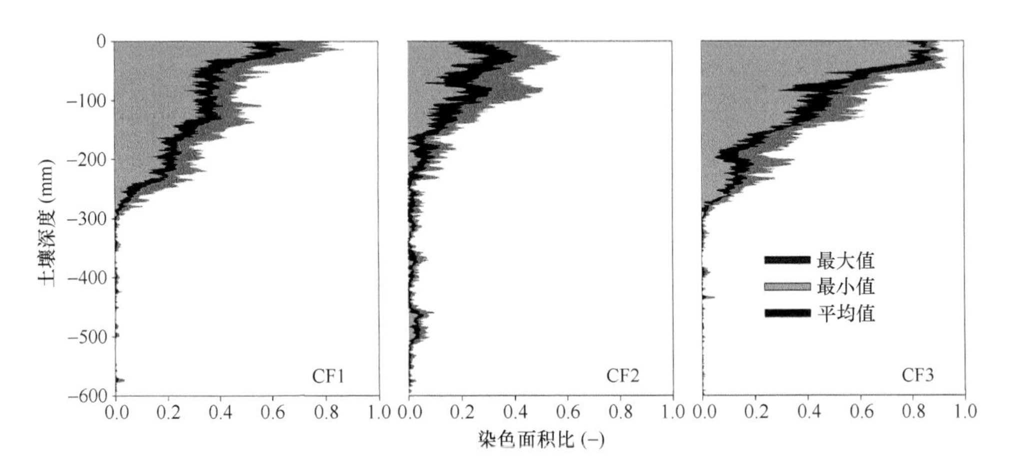

图 3-6　针叶林土壤染色面积比纵向变化

3) 针阔混交林土壤染色面积比的纵向变化

针阔混交林土壤剖面的染色面积比纵向变化状况见图 3-7，其染色面积比随土壤垂直深度的下降趋势较显著，在表层 20 cm 范围染色面积比迅速地由平均 0.9 降至 0.1 左右水平。针阔混交林土壤染色面积的纵向分布范围平均能够达到 40 cm 深度以下，表层 5～10 cm 深度范围内基质流现象明显，其染色面积比高达 0.9 左右，且各剖面中的表层染色区域分布较为均匀。说明针阔混交林土壤优先流现象发生频繁，壤中流过程中基质流与壤中流的形态分化也较明显。

MF2 与 MF3 土壤剖面 20 cm 深度区域均出现了染色面积比增加的情况，说明该区域内可能发生了优先流路径堵塞，或者土壤水分的侧向运移(Wuest，2009)。

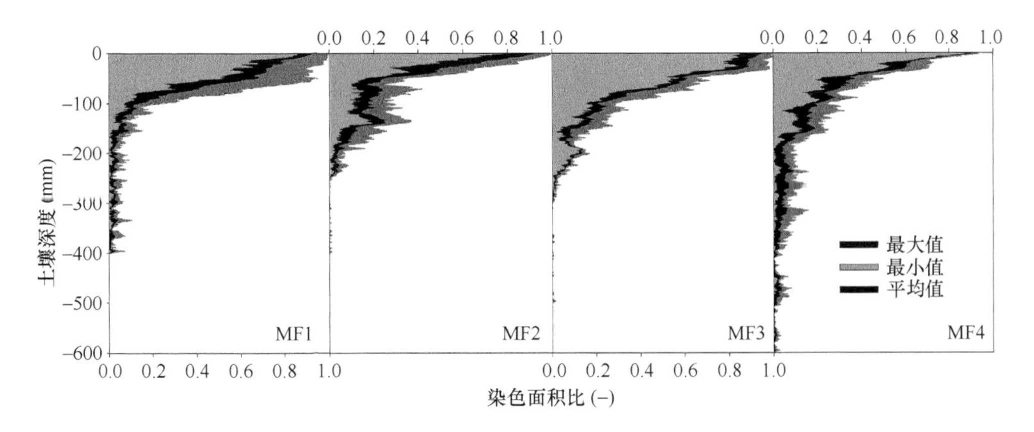

图 3-7　针阔混交林土壤染色面积比纵向变化

4) 灌丛土壤染色面积比的纵向变化

从灌丛土壤剖面的染色面积比的纵向变化可发现(图 3-8)，灌丛样地内土壤优先流主要发生于剖面中表层 10～30 cm 范围内，这与灌木草本植物根系生长的范围基本保持一致，说明灌丛样地中优先流的发生受植物根系影响程度较大。由于灌丛样地内表层土壤结构松散，植物根系分布密集，其表层土壤中水分整体渗透性能较为良好。

3 处灌丛土壤剖面内，S1 所显示的染色面积比纵向变化状况较为特殊，10 cm 深度范围内染色面积比急剧降低，其以下区域的染色面积比基本为 0，土壤水分垂直下渗运动不畅，说明该剖面深层土壤优先流现象不明显。S2 和 S3 剖面，在 30 cm 土壤深度也出现了类似的染色面积比突然降低至接近 0 水平的情况，这可能与该类型样地处于沟底，下层土壤存在不透水的黏滞层有关。

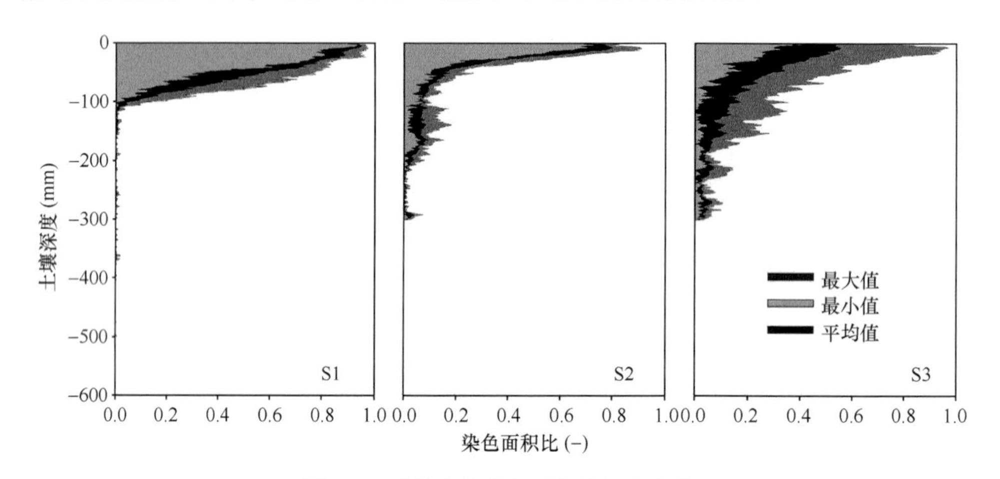

图 3-8　灌丛土壤染色面积比纵向变化

3.2.1.2　染色面积比与土壤垂直深度的回归关系

通过对不同类型林地土壤染色面积比的纵向变化特征分析，可发现在积水条件下，壤中流过程中的土壤优先流现象常伴随基质流一同发生。积水渗透试验过程中，在供水势能压力的作用下，表层土壤水分一般以较为均匀的速度整体下渗，以土壤基质流的形态进行垂直运移；与此同时，一部分水分在水势梯度推动下进入到与表层土壤连通的孔隙结构中，在小面积区域内快速运移至土壤深处，引发土壤优先流过程(Franklin et al.，2007)。因此，林地土壤染色面积比纵向变化图像中，表层土壤内由于发生了基质流过程，其染色面积比相对较高，其数值保持在 0.8 以上。染色面积比在基质流与优先流的形态分化界面内快速下降，到达土壤优先流集中发生区域时，其数值已降低至 0.2 以下。

为了进一步探讨林地壤中流过程中，土壤优先流形态特征的纵向变化规律，将所研究的 4 类共 16 处林地土壤优先流观测剖面染色面积比(y)及其对应的土壤垂直深度(x)数据，采用线性回归的方法进行回归分析，拟合得到二者的对应关系。

回归分析结果表明(n=16)，林地壤中流过程中出现优先流现象时，土壤垂直深度与染色面积比之间显著地呈现出倒数多项式曲线关系，其表达形式如下：

$$y = a + \frac{b}{x} \tag{3-1}$$

式中，y 为染色面积比(–)；x 为土壤垂直深度(cm)；a 和 b 为拟合结果的经验系数。

不同观测剖面中土壤垂直深度与染色面积比的回归关系见表 3-1。在对不同观测剖面相应数据的回归分析过程中，其决定系数(R^2)可达到 0.690～0.997，说明了拟合分析结果较符合土壤优先流发生时染色面积比纵向分布的实际变化状况。二者倒数多项式曲线的形态也证明了林地壤中流过程中，优先流与基质流过程是相互依存同时发生与发展的。

表 3-1　土壤深度与染色面积比的回归关系

林地类型	编号	回归关系	决定系数(R^2)
阔叶林	BF1	$y = -0.044 + 5.329/x$	0.822
	BF2	$y = -0.059 + 4.947/x$	0.882
	BF3	$y = -0.111 + 5.545/x$	0.937
	BF4	$y = -0.091 + 3.881/x$	0.957
	BF5	$y = -0.044 + 5.329/x$	0.789
	BF6	$y = -0.034 + 5.271/x$	0.690
针叶林	CF1	$y = -0.029 + 3.452/x$	0.829
	CF2	$y = -0.023 + 2.148/x$	0.899
	CF3	$y = -0.074 + 5.095/x$	0.928
针阔混交林	MF1	$y = -0.098 + 4.179/x$	0.964
	MF2	$y = -0.072 + 3.270/x$	0.976
	MF3	$y = -0.010 + 4.674/x$	0.983
	MF4	$y = -0.055 + 3.311/x$	0.997
灌丛	S1	$y = -0.119 + 4.330/x$	0.921
	S2	$y = -0.061 + 2.457/x$	0.942
	S3	$y = -0.048 + 2.411/x$	0.994

比较 4 种不同类型林地内土壤垂直深度与染色面积比的回归分析精度发现，针阔混交林与灌丛相对较高，决定系数的平均值分别可以达到 0.98 和 0.95，而阔

叶林相对较低，决定系数均值仅为 0.85。这主要与阔叶林土壤剖面优先流形态变化较为复杂有关，BF1 与 BF2 阔叶林土壤剖面内，优先流发生区域出现了水分的侧流和汇积，在 10～20 cm 土壤层内存在染色面积比的突增(见图 3-5)，从而影响了拟合结果精度；而 BF5 与 BF6 剖面内表层土壤中水分的基质流迁移表现显著，也影响了其回归分析的准确性。

3.2.1.3 土壤优先流形态对试验渗透水量的响应

在对不同类型林地土壤染色面积比的纵向变化特征研究中，可以直观地发现采用 1%概率暴雨雨量进行积水渗透试验的 BF5、BF6、CF3、MF4 和 S3 等 5 处土壤剖面内，其壤中流过程较采用 5%概率大雨雨量进行渗透试验的其他 11 处林地土壤剖面更加清晰，水流形态分化也更为明显。暴雨雨量水平的积水渗透试验剖面内，土壤表层基质流过程更加显著，其下部发生的优先流也可到达更深的土壤区域。

紫色砂岩林地壤中流形态变化的产生，一方面是由于渗透水量的增加，等同于延长了模拟降雨的水分供给时间，增强了水分在表层土壤中的整体下渗运移(Liu and Zhang，2009)；另一方面，渗透水量的增加也相应地加大了供应水分的势能梯度，使得更多的与表层土壤连通的孔隙被直接打通，或者通过基质流过程发展，部分非连通的孔隙路径接合在一起，形成了完整的优先流运移通道，从而也加剧了土壤优先流的产生与发展(Flury and Wai，2003)。

通过以上分析可知，渗透水量在一定程度上决定着土壤剖面内基质流与优先流的分化程度，进而影响其剖面内壤中流垂直形态的整体变化。为了采用量化数据来比较分析不同类型林地优先流形态对渗透水量变化的响应，本研究中采用不同渗透水量水平下，土壤剖面内基质流与优先流分化界面深度作为评价标准。在积水渗透试验中，伴随土壤基质流过程，优先流集中发生区域内的染色面积比的上限一般在 0.2 左右。据此将该数值代入到表 3-1 中不同观测剖面土壤深度与土壤染色面积比的回归方程，计算得到理想状态下，不同的试验渗透水量水平 4 种不同类型林地土壤基质流与优先流分化界面的分布深度，其结果见图 3-9。

模拟大雨雨量的积水渗透试验中，所研究的林地土壤水流形态分化界面的深度平均可达到 14.5 cm，其中阔叶林与针阔混交林土壤剖面内水流形态分化界面深度分别可以达到 18.0 cm 和 16.1 cm，显著高于针叶林和灌丛(分别为 12.3 cm 和 11.5 cm)。而在暴雨雨量的渗透试验中，阔叶林和针叶林土壤剖面内水流形态分化界面深度显著较高，可以达到 21.7 cm 和 18.6 cm，而针阔混交林与灌丛仅分别为 13.0 cm、9.7 cm。在对针叶林与阔叶林土壤剖面的积水渗透试验中，渗透水量的增加提高了水流形态分化界面深度，尤其是针叶林土壤剖面中分化界面深度受渗透水量增加的影响其数值提高了近 50%。而在对针阔混交林和灌丛的积水渗透试验中，渗透水量的增加反而造成了土壤剖面内水流形态分化界面的深度降低。这说明不同类型林地土壤水分运动过程对渗透水量的响应方式具有一定区别。

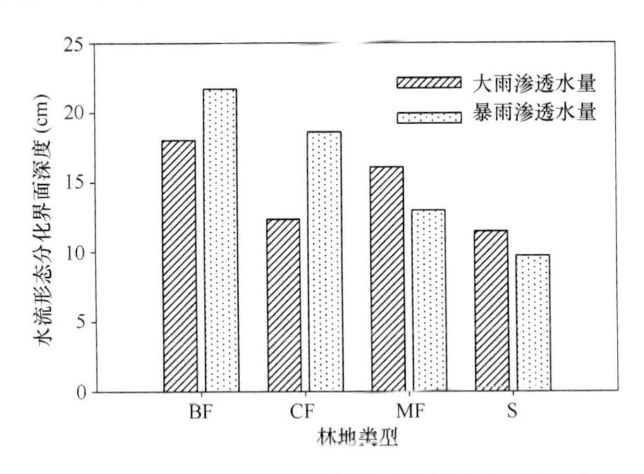

图 3-9　不同类型林地土壤水流形态分化界面深度

阔叶林和针叶林样地内，渗透水量的增加一方面加强了土壤剖面中基质流运移，土壤水分整体下渗范围扩大；另一方面这两类林地内植物根系分布密集，土壤孔隙结构分布广泛，在渗透水量增加后，原有的一些非连通的孔隙被水势梯度打通，形成了完整的水分运移的优先路径，使其纵向范围内的染色面积比有所提高，并使水流形态分化界面深度随渗透水量增加而提高。

而对于针阔混交林和灌丛样地而言，低渗透水量时其土壤基质流发生较为明显。该两类林地内浅根系灌草植物数量较多，较大的渗透水量增加了水势梯度，提高了表层土壤孔隙结构的连通性，加剧了土壤优先流的发生，一些水分直接绕过表层土壤，沿优先路径发生集中运移，降低了原有纵向范围的染色面积比数值，也使水流形态分化界面深度随渗透水量增加反而有所降低。灌丛样地中土壤 20～30 cm 深度的黏滞层，也对不同渗透水量下优先流和基质流的分化具有一定影响。

总体而言，渗透水量的增加促进了土壤中水分的整体入渗下移，使表层土壤中基质流形态更为明显，而且提升的供水势能梯度加剧了水流形态的分化，提高了水分运动速率，造成土壤优先流的快速发展。随着积水渗透试验中水量的增加，不同类型林地由于其土壤垂直结构和根系状况的差异，其优先流发生过程与形态表现出了不同的响应方式。

3.2.2　林地土壤优先流形态的横向变化规律

染色面积比随土壤垂直深度的纵向变化状况，准确地反映了紫色砂岩地区林地土壤优先流发生的程度与范围。而林地土壤优先流的发生与形态变化在一定程度上还取决于优先路径在林地土壤层内的水平分布状况。在一些研究中，学者们通过提取在土壤剖面水平宽度范围的染色面积比数值，研究与分析了染色面积比的横向分布形态，以此说明土壤优先流在土壤层水平方向上的形态变化规律(Lipsius and Mooney，2006)。

3.2.2.1 不同类型林地染色面积比的横向分布

在对林地土壤优先流形态的横向变化规律研究中，土壤剖面水平宽度内的染色面积比分布情况依然采用第 2 章 2.3.2.4 节“特征参数解析”中式(2-1)所提供的方法进行计算。为了减少土壤剖面内壤中流轻度的侧移和弯曲对分析结果的影响，研究中以 5 cm 水平宽度为间隔，分析不同类型林地土壤染色面积比的横向分布状况，其结果见图 3-10 至图 3-13。采用单因素方差分析与多重比较的方法(Duncan，P=0.05)，统计各土壤剖面壤中流垂直形态染色图像中不同水平宽度范围染色面积比的差异情况，以此说明林地土壤优先流的横向分布规律。

1) 阔叶林土壤染色面积比的横向分布

阔叶林土壤的染色面积比随剖面水平宽度的横向分布状况见图 3-10。根据

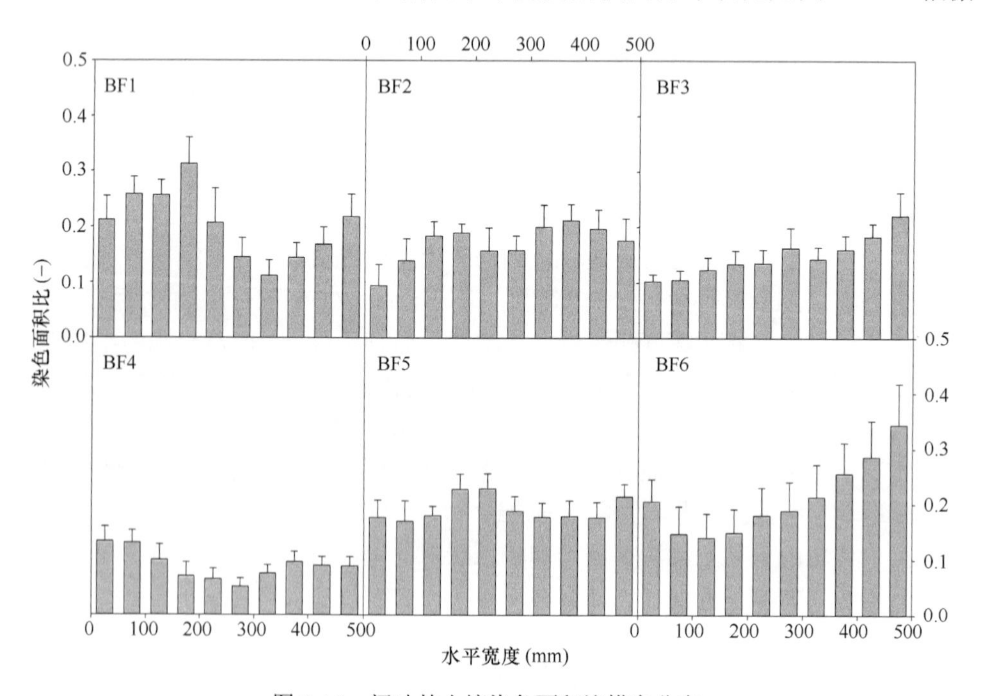

图 3-10 阔叶林土壤染色面积比横向分布

方差分析结果显示，不同阔叶林土壤剖面的染色面积比主要分布于 0.15～0.30 之间，受植物土壤环境、试验渗透水量差异等因素影响，彼此表现出不同的横向分布规律。

BF1 与 BF4 土壤剖面染色面积比的横向分布表现出双峰形态，即土壤剖面中某两处水平宽度位置，壤中流过程中的水分范围较其他区域更为显著。这种横向分布状态也反映了林地土壤水分主要沿着两条传导能力显著较强的优先路径进行垂直迁移。特别是在 BF1 土壤剖面中，水平位置 20 cm 处的染色面积比达到了 0.31，50 cm 位置也达到了 0.22，而 35 cm 位置处染色面积比仅为 0.11，如果将该位置作为土壤水分整体均匀运移的下限，那么说明染色面积比横向分布的峰部范围内发生了土壤优先流现象。BF1 土壤剖面中横向分布峰部位置的染色面积比数值的标准差较大，说明了该范围内水平方向染色面积比随土壤垂直深度变化较大，也反映了土壤优先流形态变异程度较高(de Rooij，2000)。

BF3 与 BF6 土壤剖面染色面积比的横向分布状况较为接近，表现出右偏的单峰形态，说明剖面水平右侧位置的壤中流过程中，水分运移范围明显高于其他位置，其土壤水分传导能力较强，土壤优先流的发生与发展更为活跃。由于 BF6 土壤剖面试验渗透水量相比 BF3 剖面更高，使得这种右偏的染色面积比横向分布情况更为明显。另外，BF6 土壤剖面中水平宽度的染色面积比标准差较大，也反映了渗透水量的增加使土壤优先流形态变化更加剧烈。

与单峰型和双峰型分布状况不同，BF2 与 BF5 土壤剖面染色面积比的横向变化较为平稳，表现出均匀分布形态，说明剖面水平宽度内壤中流运移和分布的范围较为平均，土壤水平方向上水分传导力的空间变异程度较小，水分的整体迁移趋势较强。与 BF3 与 BF6 的情况相似，由于 BF5 土壤剖面的试验渗透水量也显著高于 BF2，因此从染色面积比的横向分布图像中表现出更为明显的土壤水分的整体迁移形态。

2) 针叶林土壤染色面积比的横向分布

受表层土壤状况影响，针叶林土壤染色面积比的横向分布变化较为复杂，其不同样地剖面内土壤染色面积比的横向分布状况见图 3-11。CF1～CF3 土壤剖面中，沿水平方向染色面积比最低值与最高值的变化在 0.10～0.21 之间，说明了针叶林壤中流过程中优先流现象发生较为频繁。而不同水平宽度间隔位置染色面积比的标准差较大，也说明针叶林土壤优先流形态变化和水流分化程度较高。

CF1 土壤剖面 30 cm 水平位置处的染色面积比为 0.25，显著高于其他位置，存在水分传导力显著较强的优先路径。20 cm 位置处染色面积比仅为 0.04，相比其他剖面土壤基质流的发展受到了影响，这可能与其下层土壤结构过于紧实，影

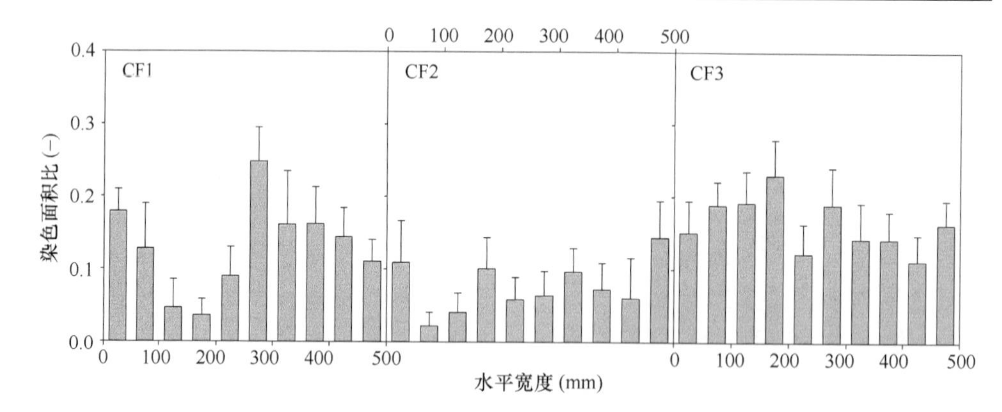

图 3-11　针叶林土壤染色面积比横向分布

响了水分下渗有关。由于该位置染色面积比较其周围突降，使得 CF1 土壤剖面染色面积比的横向分布表现出了双峰形态，但图像水平宽度 5 cm 峰处的染色面积比仅为 0.18，其水分传导力也较显著地低于 30 cm 位置，说明该剖面内两条主要优先路径的水分运移过程存在一定的差异。

CF2 土壤剖面的表层存在斥水性的紫色砂岩块石，影响了其土壤水分运动过程，加剧了壤中流形态的分化和优先流现象的发生发展。从该剖面土壤染色面积比的方差分析结果可知，其横向分布状态表现出多峰形态。CF2 土壤剖面 5 cm、20 cm 和 50 cm 处的染色面积比达到 0.1 以上，显著高于其他位置，但其相互间差异不显著，说明针叶林土壤水分传导力的水平变异程度较高，优先路径分布较为分散。CF3 土壤剖面染色面积比的横向分布基本也呈现出多峰状态，且由于其试验渗透水量较大，其染色面积比标准差增大，优先流形态变化也较 CF2 剖面更复杂。

3) 针阔混交林土壤染色面积比的横向分布

分别对 4 处针阔混交林土壤剖面的染色面积比进行方差分析，其横向分布状态表现出两类不同形态。针阔混交林土壤染色面积比的横向分布状况见图 3-12，其中，MF1 与 MF2 土壤剖面表现出均匀分布的形态，而 MF3 与 MF4 土壤剖面的染色面积比横向分布呈现出双峰形态。MF2 土壤剖面中水平宽度内染色面积比的变异程度显著高于其他 3 处剖面，说明 MF2 土壤水分运移不稳定，壤中流的形态分化程度较为复杂。

MF1 与 MF2 土壤剖面染色面积比平均可达 0.10 与 0.05，水平宽度内染色面积比分布较为均匀，说明水平方向上两处针阔混交林土壤水分传导能力差异不大，水分的整体迁移水平较高，优先路径在土壤中的分布较为均匀。MF3 与 MF4 土

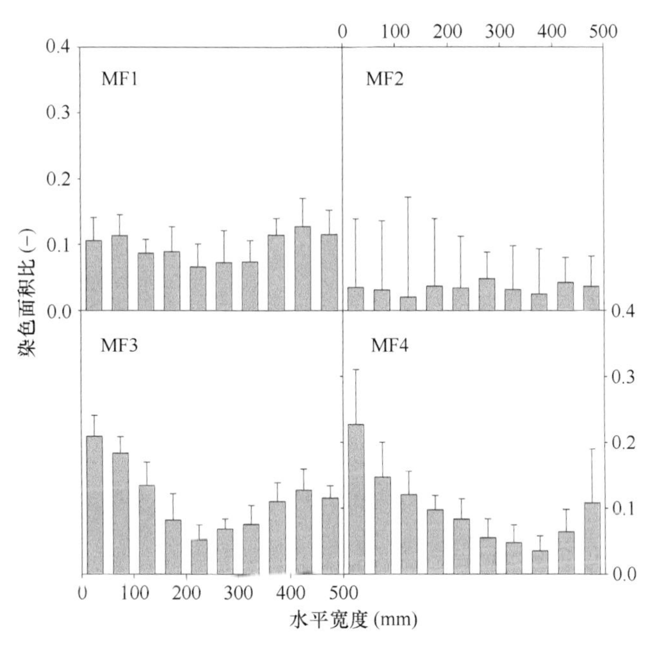

图 3-12　针阔混交林土壤染色面积比横向分布

壤剖面均表现出水平宽度两侧染色面积比较高的现象，其中 MF4 剖面还表现出一定染色面积比横向左偏的现象，说明二者剖面内优先流现象发生较明显，存在有水分传导能力显著较强的优先路径，使得壤中流形态发生分化和偏移，土壤基质流以下区域水分多集中沿一定的优先路径发生垂直运移。MF4 土壤剖面中，土壤染色比峰值的变异较高，说明该剖面内优先流的形态变化较大，可能峰值处的优先路径是由不同的支路径连接而成的整体。

4) 灌丛土壤染色面积比的横向分布

灌丛剖面内土壤染色面积比的横向分布状况见图 3-13，其染色面积比主要集中分布在 0.05～0.10 之间，显著低于其他 3 种类型林地。反映出灌丛样地壤中流过程中，基质流与优先流分化程度较低，土壤优先流发生的范围较小。

根据灌丛土壤染色面积比的方差分析结果，S1 剖面内土壤染色面积比横向分布状况表现为均匀形态，仅 5 cm 水平宽度位置的染色面积比相对其他位置较低，这可能与该区域内土壤结构的变化有关。S2 与 S3 土壤剖面内染色面积比横向分布变化复杂，表现为多峰形态。特别在 S3 土壤剖面内，受到更多的试验渗透水量影响，染色面积比的横向分布较 S2 更加复杂，其数值的标准差的变异性也更大，尤其是在该剖面水平方向左侧，土壤优先流形态的变异性显著高于其他位置，这可能也与该位置根系生长发育和土壤结构的差异有关。

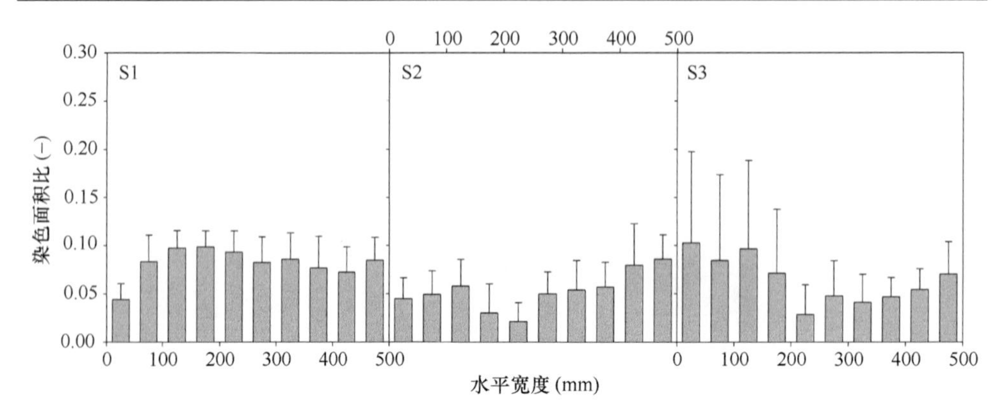

图 3-13　灌丛土壤染色面积比横向分布

3.2.2.2　优先流形态的横向变化及其影响因素

林地土壤剖面染色面积比的横向分布状况反映了壤中流水分在土壤水平方向上的分布差异以及土壤优先流形态的横向变化特点。根据对 4 类 16 处紫色砂岩林地优先流观测剖面壤中流垂直染色图像的解析结果，采用方差分析的方法，发现土壤剖面中染色面积比的横向分布可以归结为均匀型、单峰型、双峰型和多峰型等 4 种主要类型，不同的分布状态也反映了土壤剖面内优先流形态在土壤水平方向上的差异。

均匀型分布可表现为两种不同的壤中流过程。其中一种情况，土壤优先流发生不明显，土壤水分主要以基质流的形态均匀下渗(如 S1 剖面显示的壤中流过程)；另一种情况，壤中流过程中基质流与优先流的形态分化不显著，优先路径数量密集且不同优先路径的水分传导性差异不大(如 BF2 剖面显示的壤中流过程)。在均匀型分布状态下，优先流形态的横向变化主要表现为优先路径数量多、染色宽度较小、排列紧密，优先路径中水分的运移深度基本一致。

单峰型分布说明了土壤剖面内水流形态分化程度显著，土壤优先流过程明显，如 BF6 剖面中所显示的壤中流状况。土壤剖面内分布有独立的水分传导能力显著高于周围区域的优先路径(或众多的支路径连接为一体的优先路径集合)，其染色宽度和水分运移深度均显著高于其他优先路径。此时，土壤优先流形态主要以集中垂直延伸为主，基本不出现侧移和弯曲。

双峰型分布情况也说明了土壤剖面内优先流现象明显。与单峰型相比，该情况出现时，土壤剖面内存在两处水分运动能力相对较高的优先路径，二者的优先流形态较为接近(如 CF1 剖面所显示的情况)。另外，双峰型分布的形成也可能与水平位置土壤渗透性的突降有关，使得较均匀分布状况发生变化(如 BF4 剖面的情况)。

多峰型分布情况反映了土壤剖面内优先流发生时，其水流形态分化显著。一般情况下，其优先路径分布较密集、形态变化程度较高，可能发生水流侧移或弯曲，土壤剖面水分的整体迁移性能较强。这种形态的产生也可能与土壤表层斥水性物质的存在有关(如CF2剖面的情况)。

结合各类型林地壤中流过程(见图3-1至图3-4)与不同林地土壤染色面积比横向分布情况(见图3-10至图3-13)，优先流形态的横向变化与林地植物根系和土壤物理性质有密切关系。均匀型分布状况的土壤剖面中，表层土壤一般较松散，可以发现存在有分布密集和数量众多的浅根系生长痕迹，在这样的环境中土壤水分传导能力在水平方向上差异不大，即使发生了土壤优先流过程，其形态变化程度也较低；单峰型与双峰型分布状态下，峰部水平位置的优先路径中多可以观察到生长根系的存在，处于峰部的优先路径还是可能由数量较多的支路径组成的整体；多峰型分布状况的出现一般与土壤质地和结构的分层变化情况有关，表层的斥水性物质的存在也可能导致这种情况的发生。

因此，可初步推断优先流形态的横向变化主要与植物根系生长分布状况、土壤质地与结构的水分层次差异、优先流路径连通状况和土壤表层斥水性物质的存在等因素密切相关。

3.3　林地土壤优先流形态的空间异质性

受地质条件、植物生长状况等影响，林地土壤的结构与其理化性质往往是非均匀的，在空间上存在着显著的异质性。天然降水过程的改变，影响着林地土壤水分运动的形式与发展过程，加剧了土壤优先流发生及其形态特征的变化。作为林地壤中流的一种特殊形式，土壤优先流的形态受土壤环境与降水状况等因素的影响，一般情况下往往也会表现出显著的空间异质性(Kung，1990a，1990b)。

在研究土壤优先流形态变化规律时，常采用染色示踪渗透试验方法，通过采集林地壤中流垂直形态的染色图像，以体视学原理为基础，根据染色面积比的纵向变化与横向分布情况，分析研究林地土壤优先流的形态变化规律。这种被广泛应用的土壤优先流形态研究方法是以假设垂直形态染色图像中土壤是各向均质的，并且假设土壤水平方向结构均一(Weiler and Flühler，2004)。为了进一步研究林地土壤优先流形态在空间层面上的变化规律，在染色剖面的挖掘过程中，也采集了不同土壤深度的壤中流水平分布状态的染色图像，并对其染色面积比进行了计算。

本研究中通过计算一定土壤深度范围内，垂直图像与水平图像染色面积比的空间变异系数，据此分析林地壤中流过程和优先流形态的空间异质性。其中，染

色面积比的空间变异系数计算方法为

$$CV_P = \frac{|DC_{Vi} - DC_{Hi}|}{DC_{Hi}} \tag{3-2}$$

式中，CV_P 为林地土壤染色面积比的空间变异系数(–)；i 为土壤深度位置(cm)；DC_V 为垂直染色图像中 i 深度处的染色面积比(–)；DC_H 为 i 深度的水平染色图像染色面积比(–)。

3.3.1　林地壤中流过程及优先流形态的空间变化

染色面积比的空间变异系数表明了林地壤中流在水平空间内的变异程度(McBratney et al.，1992)。将 4 类 16 处土壤剖面垂直和水平图像的染色面积比进行计算，分别得到 0～10 cm、10～20 cm、20～30 cm、30～40 cm 和 40～50 cm 深度范围内，染色面积比的空间变异系数，其结果显示：林地染色面积比的空间变异系数随土壤深度改变表现出逐渐增长的变化趋势(见图 3-14)。这说明随着土壤深度增加，林地壤中流的空间分化程度不断提高，优先流发生区域内水流形态的空间变化更加复杂。图 3-14 还反映出阔叶林、针叶林和针阔混交林 3 类林地土壤优先流形态的空间异质性变化趋势较为相似，而灌丛土壤优先流形态的空间异质性变化趋势表现出不同的特点。

0～10 cm 深度的表层土壤层中，各类型林地土壤剖面内的水分均主要以基质流形态进行整体运移，其水流形态的空间异质性相对低于深层土壤。所研究的阔叶林、针叶林和针阔混交林表层土壤染色面积比的空间变异系数分别为 0.23、0.38 和 0.35，但灌丛表层土壤中的空间变异系数较高，达到 0.71。这主要是因为表层土壤的水分渗透性能与植物浅根系的生长和分布状况密切相关，灌丛样地由于缺失了乔木层的遮蔽，山矾、薹草和中华里白等浅根性的灌木草本植物生长良好，表层土壤更加松散，其壤中流形态的变异性更高。

各类型林地 10 cm 以下深度范围内，土壤水分形态开始发生分化，一些样地内的土壤层中发生了水分的优先流现象，并且优先流过程随土壤深度提高不断发展，其形态也发生了空间变化。该区域内染色面积比的空间变异系数较表层土壤具有显著的提高，各样地空间变异系数平均可达到 0.6～1.0，随土壤深度的变化空间变异系数逐渐增加。这说明土壤优先流的空间形态是随着土壤深度的增加而不断分化的，上层土壤中的优先路径在延伸过程中不免会发生一定的侧移和弯曲，在下层土壤中逐渐汇聚在一起(程金花，2005)。在这种情况下，优先流水分能够到达土壤最底部的位置一般是随机的，其空间变异程度也应是剖面中最高的。本研究中，各类型林地底层 40～50 cm 深度土壤中空间变异系数均接近 1.0，证明了以上推论的准确性。

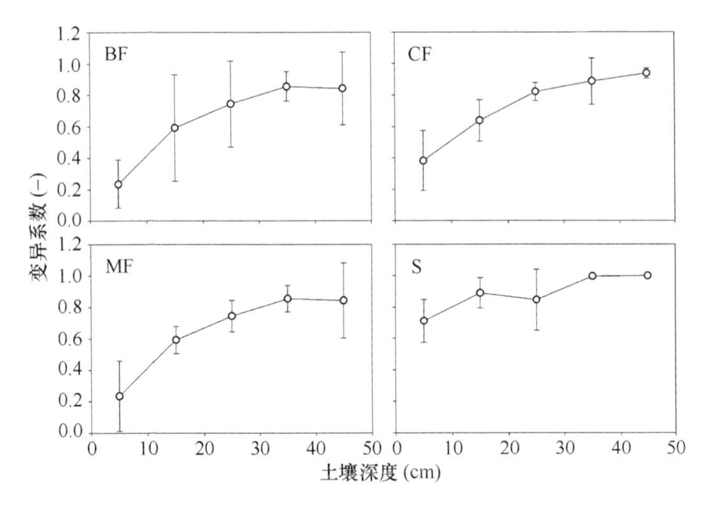

图 3-14　不同类型林地土壤染色面积比的空间变异系数

阔叶林样地内土壤剖面间的优先流空间变异系数变化程度较高，在 10～30 cm 深度的土壤优先流主要发生范围内，其空间变异系数的标准差较大。这可能是由于阔叶林内植物种类较丰富，样地之间植物组成状况具有较为显著的差异。不同植物的根系生长状况和对土壤结构的改良能力具有一定差别，影响着阔叶林地内土壤优先流形成和发生形态。灌丛样地土壤剖面内 20～30 cm 范围出现了空间变异系数降低的特殊状况，这可能是由于该样地 30 cm 土壤层内黏粒含量较高，影响了土壤水分进一步的下渗运移所致。

3.3.2　渗透水量对土壤优先流空间异质性的影响

在对紫色砂岩林地壤中流垂直形态染色图像的解析研究中发现，不同类型林地的土壤优先流形态对渗透水量变化的响应表现不同。因此，空间水平范围内渗透水量变化对林地土壤优先流形态也会产生一定的影响。不同渗透水量下林地土壤染色面积比的空间变异系数见表 3-2，依据表中数据可以看出，渗透水量的变化对不同类型林地壤中流空间异质性具有一定影响，但从林地整体而言，不同的渗透水量变化对林地优先流形态的空间异质性影响差异较小。这说明了渗透水量的增加虽然显著地提高了垂直剖面内土壤优先流发生水平，但同时也提高了优先流在土壤水平方向上分布范围，因此，优先流形态的空间变异性对试验渗透水量变化的响应敏感程度相对较低。

表层 0～10 cm 深度土壤层中，渗透水量的增加提高了土壤基质流的发展程度，在暴雨雨量水平下，林地表层土壤水流形态的空间变异性比较大雨雨量水平有一定降低。而在土壤优先流集中发生的 10～40 cm 深度范围内，由于暴雨雨量渗透过程中，表层土壤供水水势有了一定提升，部分非连通的优先路径被打通连接成整体，或是加剧了原有优先路径的水分运移量，都使得该范围内土壤优先流形态的空间变化更加复杂，异质性程度也相应地上升。10～20 cm 范围内，不同类型林地空间变异系数已经达到 0.6 以上的水平，而到达 30～40 cm 范围，空间变异系数已提升至 0.85 以上。渗透水量的提高促使水分沿优先路径向更深范围内移动，在一定程度上增加了水分运移的范围，因此底层 40～50cm 深度范围内，暴雨雨量水平下不同林地土壤优先流的空间异质性反而比大雨雨量水平时有所降低。

表 3-2　不同渗透水量下林地土壤染色面积比的空间变异系数

林地类型	不同深度(cm)的染色面积比空间变异系数					渗透水量(L)
	0～10	10～20	20～30	30～40	40～50	
阔叶林	0.29	0.60	0.67	0.85	0.92	a
	0.12	0.58	0.89	0.86	0.68	b
针叶林	0.48	0.65	0.85	0.85	0.94	a
	0.18	0.61	0.76	0.96	0.94	b
针阔混交林	0.25	0.72	0.90	0.94	0.99	a
	0.65	0.83	0.79	0.85	0.51	b
灌丛	0.72	0.93	0.96	0.99	1.00	a
	0.69	0.81	0.62	1.00	1.00	b
平均	0.44±0.22	0.72±0.15	0.85±0.12	0.91±0.07	0.96±0.04	a
	0.41±0.30	0.71±0.13	0.77±0.11	0.92±0.07	0.78±0.22	b

注：渗透水量 a 表示 5%降水概率的大雨雨量水平(25 mm)，b 表示 1%降水概率的暴雨雨量水平(60 mm)

比较大雨(25 mm)与暴雨(60 mm)雨量下 4 种不同类型林地染色面积比的空间变异系数的变化程度，试验渗透水量的变化对阔叶林和针阔混交林优先流空间异质性的影响相对较高，也说明了这两类土壤中优先流发生和发展受植物、土壤环境的影响程度较大。

3.4　农地土壤优先流形态特征

3.4.1　水平染色剖面优先流形态特征

3.4.1.1　荒地水平剖面土壤优先流形态特征

荒地土壤水平剖面图像染色面积比率见图 3-15 和图 3-16，壤中流的水平形态染色图像见图 3-17 和图 3-18(图像中的黑色区域为土壤水分运移所经过的区域)。由图 3-15 和图 3-16 可知，随土壤深度的增加，土壤剖面染色区面积比率呈显著降低趋势，未染色区面积比率显著增加，其中，0～10 cm 土壤大部分被亮蓝染色，W-1 和 W-2 样地染色面积比率分别达到 92.99%和 86.75%；10～30 cm 层土壤染色区面积比率逐渐降低，在 41.52%～81.27%之间；30cm 以下染色区面积比率迅速下降，30～40cm 层低于 31%；40～50cm 层低于 15%，其中 W-1 层土壤几乎未被染色，染色面积比率仅有 1.81%。

表层 0～10 cm 土层，由于基质流的影响，亮蓝分布均匀，无明显的优先流现象，这符合 Öhrström 等(2002)的研究结论，染色面积比率在表层 5～10 cm 土壤内几乎达到 100%，并且随着土壤深度增加而减小，Gjettermann 等(1997)也发现较小灌溉强度下，表层 0～25 cm 土层染色面积比率较大，说明表层土壤水分运动主要是通过土壤基质中的一些孔隙进行的。10 cm 以下土壤由于优先路径的存在，染色区域集中分布于根孔、虫孔和根系生长等形成的裂隙周围(图 3-17、图 3-18)，且相邻土层染色区间有着较好的联通性。

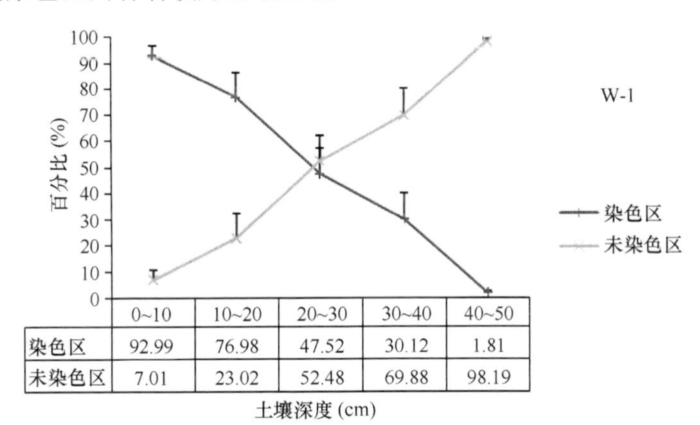

	0~10	10~20	20~30	30~40	40~50
染色区	92.99	76.98	47.52	30.12	1.81
未染色区	7.01	23.02	52.48	69.88	98.19

图 3-15　荒地(W-1)水平图像染色面积比

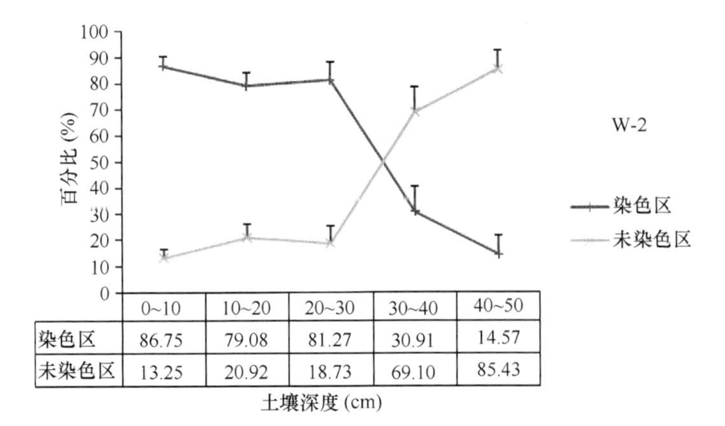

	0~10	10~20	20~30	30~40	40~50
染色区	86.75	79.08	81.27	30.91	14.57
未染色区	13.25	20.92	18.73	69.10	85.43

图 3-16　荒地(W-2)水平图像染色面积比

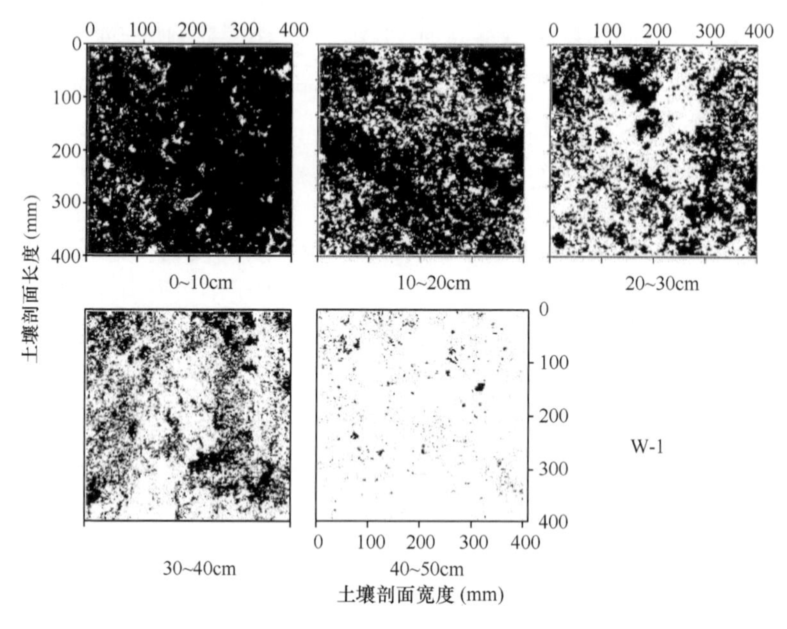

图 3-17 荒地(W-1)壤中流形态的水平染色图像

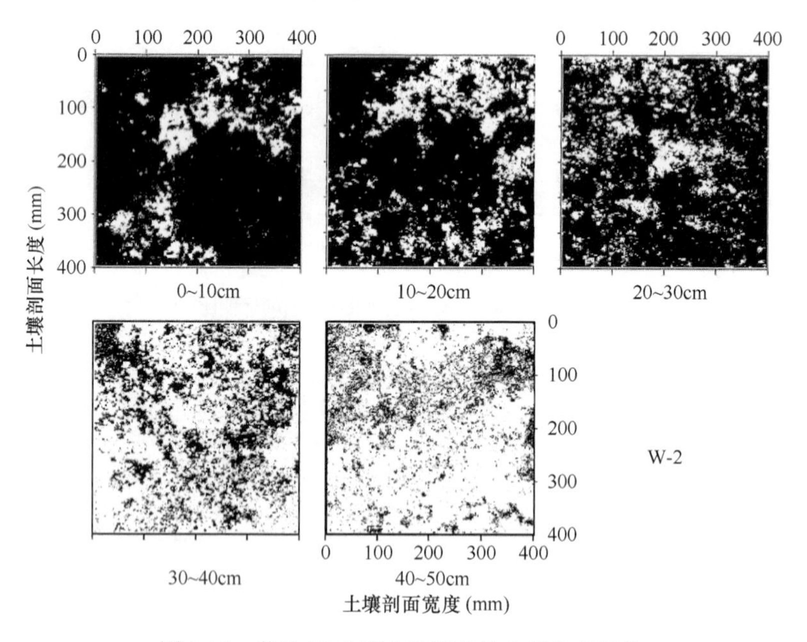

图 3-18 荒地(W-2)壤中流形态的水平染色图像

3.4.1.2 玉米地水平剖面土壤优先流形态特征

玉米地土壤水平剖面图像染色面积比率见图 3-19 和图 3-20，壤中流的水平形态染色图像见图 3-21 和图 3-22。由图 3-19 和图 3-20 可知，和荒地相同，随土壤深度的增加，土壤水平剖面染色区面积比率呈显著降低趋势，未染色区面积比率显著增加，0～10 cm 土壤染色区面积比率高达 90%以上；10～20 cm 层土壤染色区面积比率同样较高，在 83.81%～91.83%之间；M-1 和 M-2 两个样地 20～30cm 染色区面积比率差异较大，M-2 高达 78.57%，而 M-1 仅有 32.97%；30～50 cm 依然显著低于以上土层，染色区面积比率低于 2.5%。

玉米地表层 0～20cm 土层，由于耕作影响存在较多裂隙，这导致该层土壤优先路径数量增加，这和 Hangen 等(2002)的研究一致，在表层 5cm 土壤内染色面积比率较高，表明该层优先路径受到水平方向分布的裂缝的影响。10 cm 以下亮蓝染色区域同样集中分布于孔穴或根系周围(图 3-21、图 3-22)。

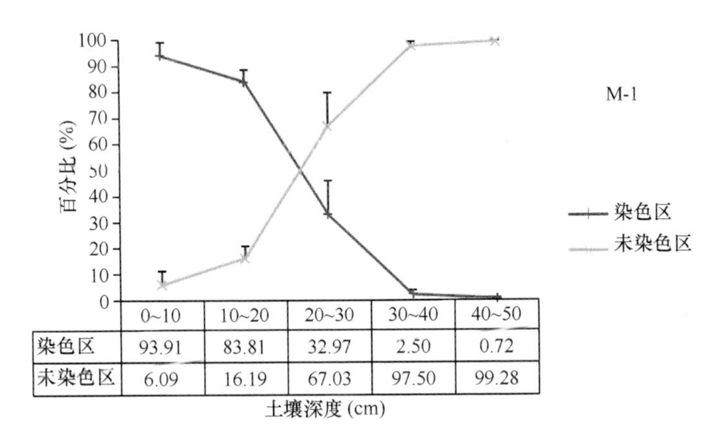

图 3-19　玉米地(M-1)水平图像染色面积比

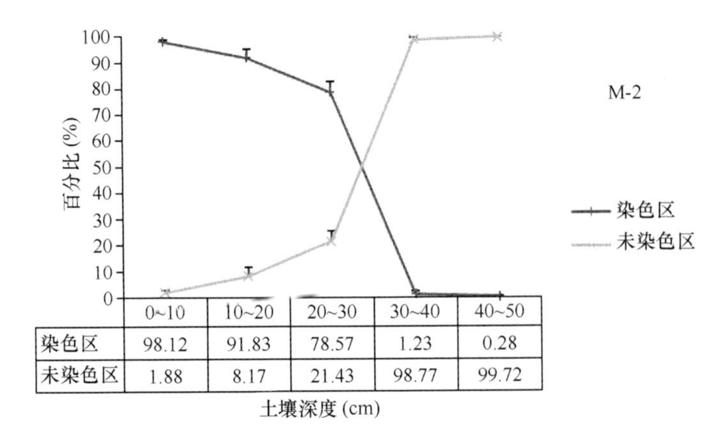

图 3-20　玉米地(M-2)水平图像染色面积比

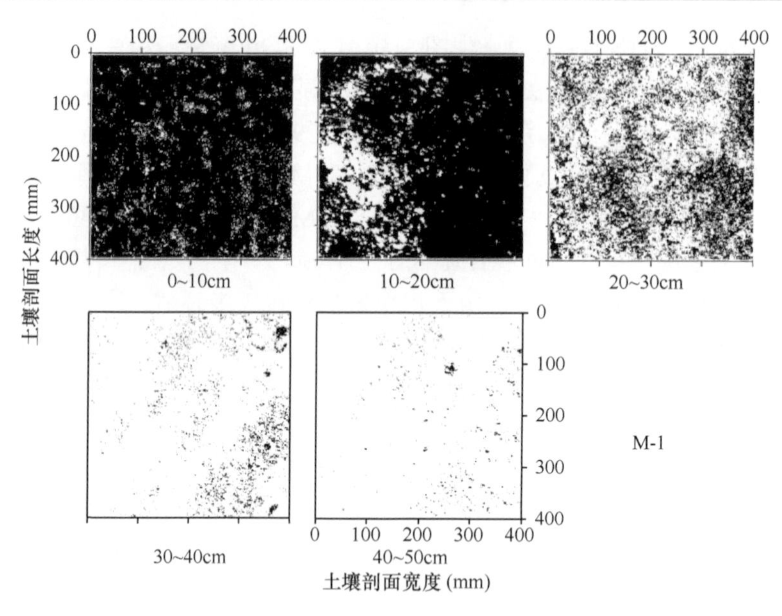

图 3-21　玉米地(M-1)壤中流形态的水平染色图像

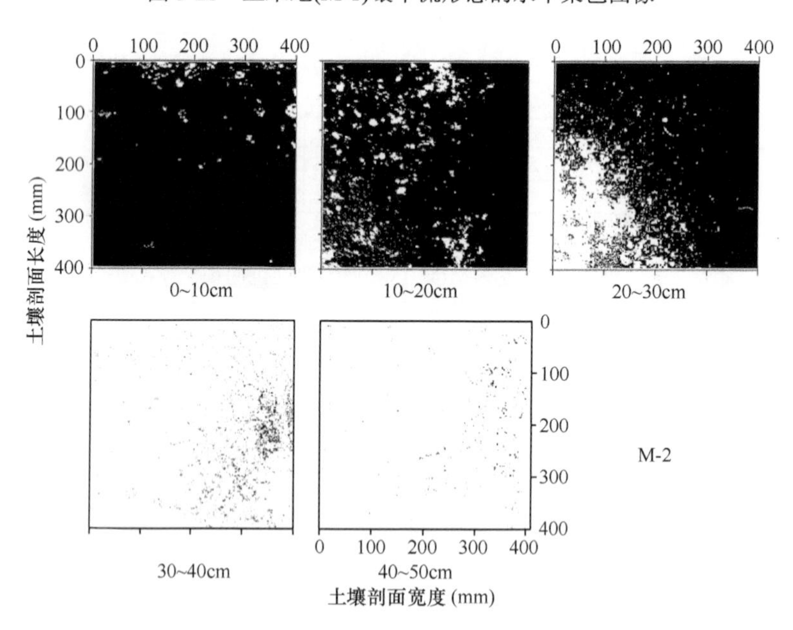

图 3-22　玉米地(M-2)壤中流形态的水平染色图像

3.4.1.3　柑橘地水平剖面土壤优先流形态特征

柑橘地土壤水平剖面图像染色面积比率见图 3-23 和图 3-24，壤中流的水平形态染色图像见图 3-25 和图 3-26。由图 3-23 和图 3-24 可知，柑橘地土壤水平剖面染色区面积比率随土壤深度的增加呈逐渐降低趋势，0～10 cm 土壤染色区面积比率分别达到 90.09%和 86.64%；10～20 cm 层土壤染色区面积比率依然高于 60%；C-1 和 C-2 两个样地 20～30 cm 染色区面积比率存在较大差异，分别为 0.2%和 52.82%。

由于柑橘地表层 0～20 cm 土层存在大量根系，该层土壤优先路径数量显著大于底层土壤。20～30 cm 层染色区面积比率存在较大差异，这主要是由于 C-1 样地柑橘林龄(10 年)较小，根系主要分布于 10～20 cm 表层土壤；而 C-2 剖面柑橘样地林龄(20 年)较大，根系较发达，且纵向生长可延伸至 30 cm 土层深度。林龄的差异，导致 C-2 样地较 C-1 样地增加了 10～30 cm 较深层次土壤优先路径数量，进而导致底层土壤染色区面积比率增加(图 3-25、图 3-26)。

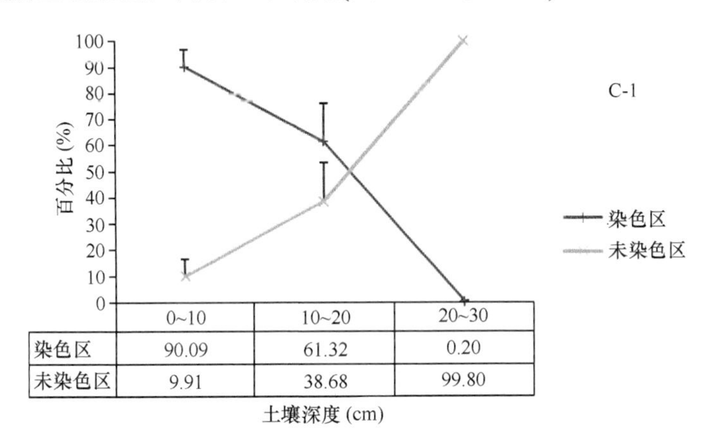

	0~10	10~20	20~30
染色区	90.09	61.32	0.20
未染色区	9.91	38.68	99.80

图 3-23　柑橘地(C-1)水平图像染色面积比

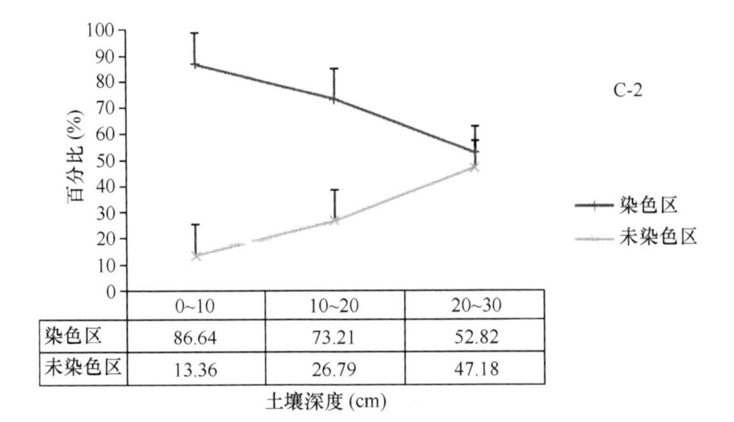

	0~10	10~20	20~30
染色区	86.64	73.21	52.82
未染色区	13.36	26.79	47.18

图 3-24　柑橘地(C-2)水平图像染色面积比

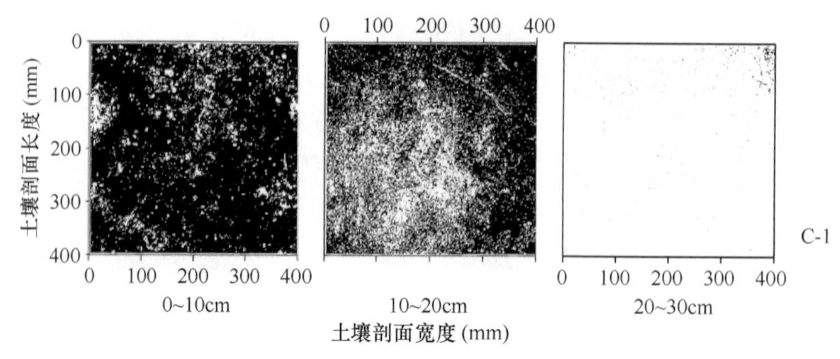

图 3-25　柑橘地(C-1)壤中流形态的水平染色图像

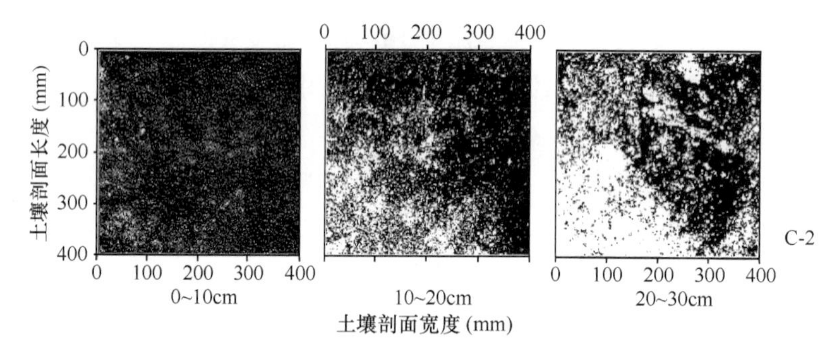

图 3-26　柑橘地(C-2)壤中流形态的水平染色图像

3.4.2　竖直染色剖面优先流形态特征

三种土地利用方式土壤竖直剖面图像染色面积比率见图 3-27，壤中流的竖直形态染色图像见图 3-28。由图 3-27 可知，柑橘地土壤竖直剖面染色区面积比率最大，分别为 20.14%和 50.25%；玉米地次之，分别为 15.12%和 18.40%；荒地最小，分别为 8.71%和 19.95%。

W-1、W-2、C-1、C-2 样地土壤竖向剖面的图像中可观察到形状狭窄、连通性较好的优先路径，其余剖面优先流现象不明显，土壤基质流状况比较明显，平均深度可达到 8 cm。由图 3-28 可见，土壤优先流区域主要存在于 10～30 cm 土层深度内，其中 C-2 样地优先流运移的距离最远，到达基岩层。优先流与基质流的分界线位于 3～5 cm 深土层位置处，W-1、W-2 与 C-2 三处剖面 5～10 cm 深度范围均出现侧移和水流汇集现象。C-2 样地中左侧 10～25 cm 处的优先路径较短小且分布密集，具有较好的延伸性和较高的弯曲程度。该处水流还发生了侧移，可能与此处优先路径的形状变化有关(Öhrström et al.，2002)。

M-1、M-2 剖面内优先流与基质流的分界线较模糊，水分运移深度较浅，仅达到 10 cm 左右，这主要是由于玉米地底层土壤质地较为紧实，黏重土壤透水性差，进而影响水分的运移(Glass and Nicholl，1996)。

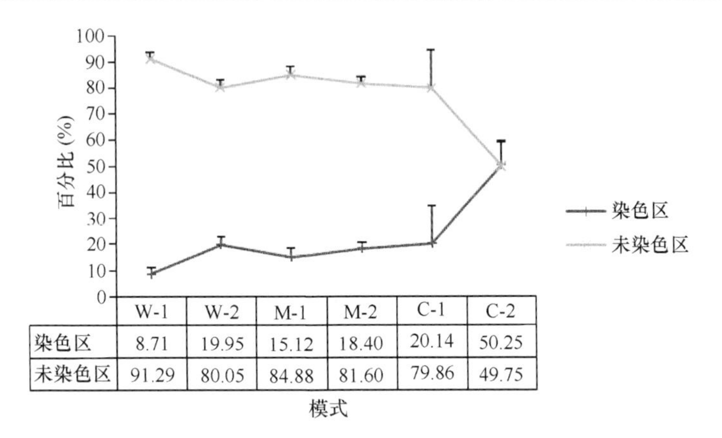

	W-1	W-2	M-1	M-2	C-1	C-2
染色区	8.71	19.95	15.12	18.40	20.14	50.25
未染色区	91.29	80.05	84.88	81.60	79.86	49.75

图 3-27　三种土地利用方式竖直剖面图像染色面积比率

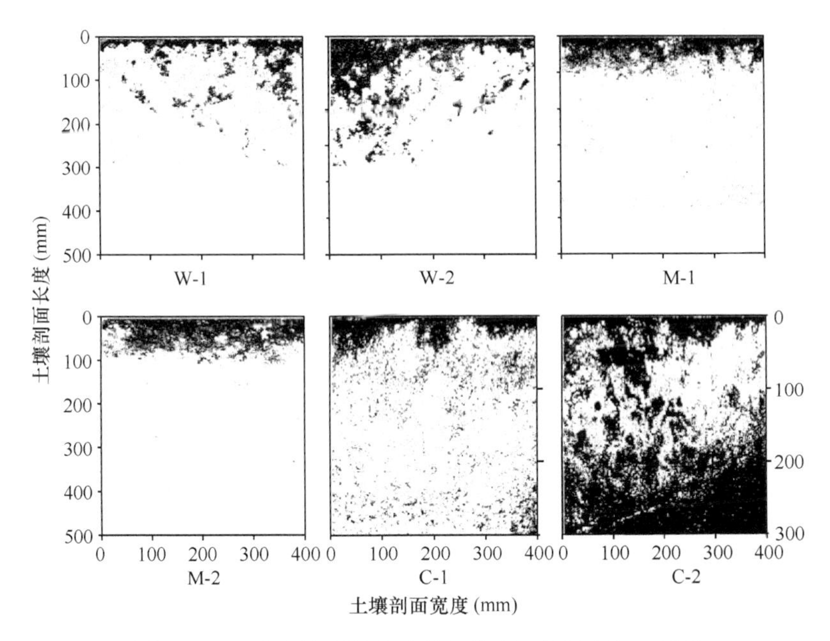

图 3-28　三种土地利用方式壤中流形态的竖直染色图像

3.5　农地土壤优先流形态变化规律

3.5.1　水平染色剖面优先流形态变化规律

3.5.1.1　水平剖面染色面积比的纵向变化

1) 荒地染色面积比纵向变化

荒地不同深度水平剖面染色面积比纵向分布状况见图 3-29 和图 3-30。0～

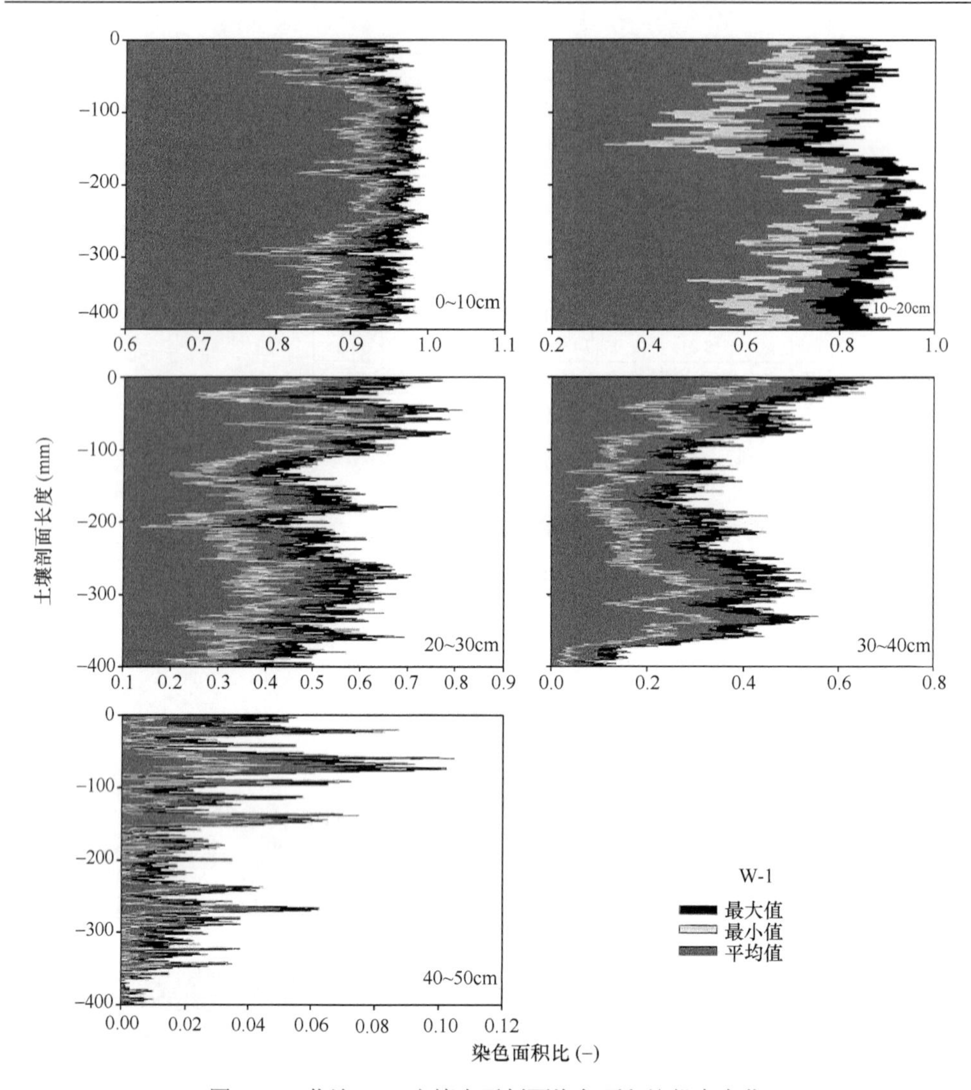

图 3-29　荒地(W-1)土壤水平剖面染色面积比纵向变化

10cm 层土壤水平剖面纵向的染色面积比主要分布于 0.53～1.00 之间，其中，W-1 样地该土层染色面积比纵向变化整体较缓和且数值较大，只在纵向位置–50 mm、–100 mm、–200 mm 三处出现较小波动，波动范围在 0.84～0.94 之间，说明 W-1 样地 0～10 cm 土层由于基质流的影响，分布形态较为均匀，基质流现象明显。而 W-2 样地该土层染色面积比变化较剧烈，土壤剖面染色面积比的横向分布表现出多峰形态，分别在纵向位置–80 mm、–200 mm、–350 mm、–390 mm 四处出现波峰，染色面积比分别达到 0.99、1.00、0.95、0.97，而处于波谷的纵向位置–110 mm、–320 mm、–380 mm 染色面积比分别仅为 0.53、1.00、0.75，这说明 W-2 样地表层土壤水分分布

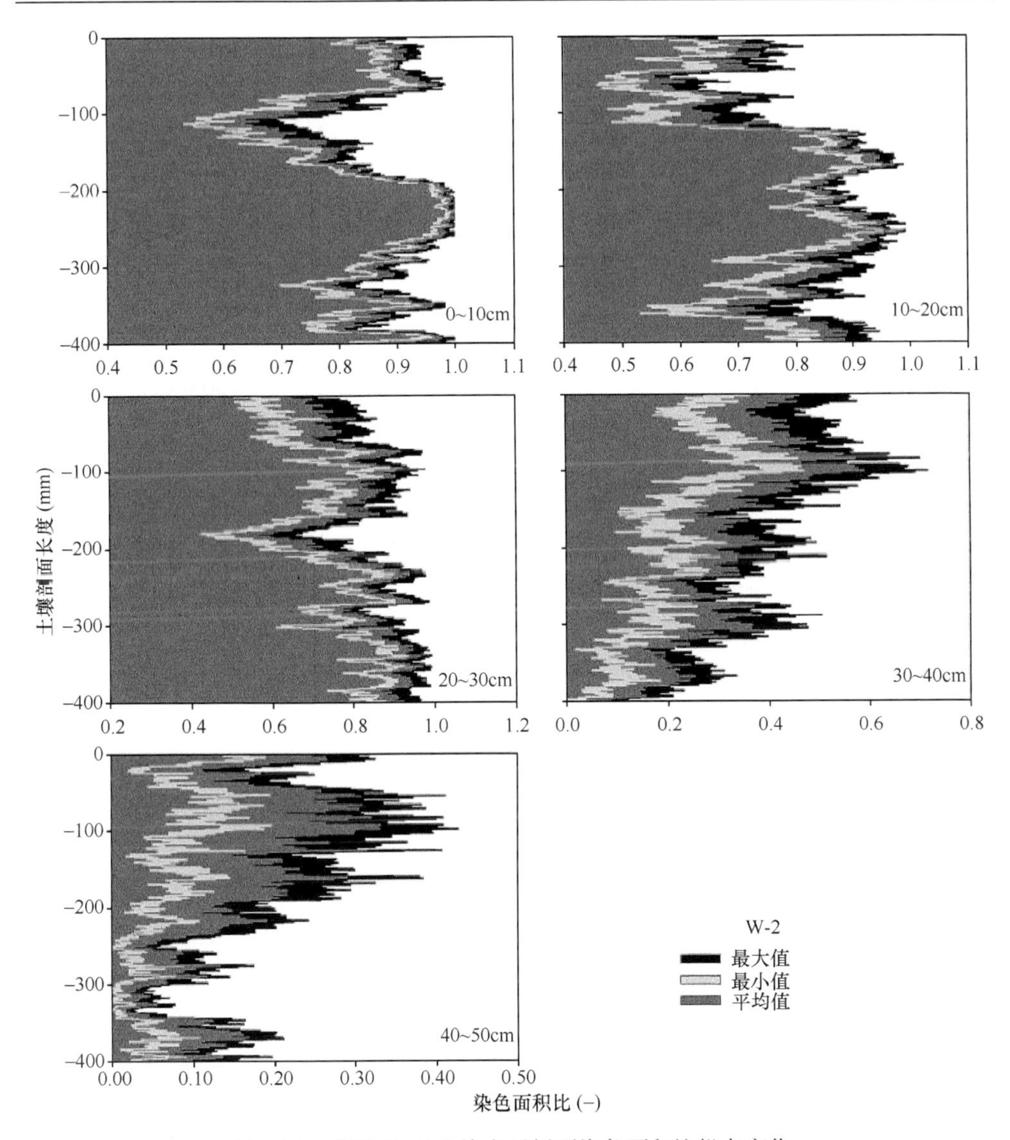

图 3-30　荒地(W-2)土壤水平剖面染色面积比纵向变化

不均匀，主要集中分布在水平剖面纵向位置−80 mm、−200 mm、−350 mm、−390 mm 四处，但不是优先流现象，这可能与 W-2 样地剖面表层土壤不够平整有关。

10～20 cm 层土壤水平剖面纵向的染色面积比主要分布于 0.30～0.99 之间，其中，W-1 样地该土层染色面积比纵向变化表现出双峰形态，在纵向位置−45 mm、−230 mm 两处出现波峰，染色面积比分别达到 0.76、0.89，说明 W-1 样地 10～20 cm 层土壤水分主要沿着集中分布在水平剖面纵向位置−45 mm、−230 mm 两处的优先路径流动。

而 W-2 样地表现出多峰形态，分别在纵向位置–15 mm、–170 mm、–255 mm、–390 mm 四处出现波峰，染色面积比分别达到 0.81、0.95、0.98、0.84，同样说明该四处优先路径数量分布最多。而处于最低波谷的纵向位置–64 cm 处染色面积比仅为 0.46。

20～30 cm 层土壤水平剖面纵向的染色面积比较 0～20 cm 两层有所降低，主要分布于 0.13～0.99 之间，其中，W-1 样地该土层染色面积比纵向变化表现出多峰形态，在纵向位置–5 mm、–45 mm、–180 mm、–270 mm 四处出现波峰，染色面积比分别达到 0.77、0.81、0.68、0.71，说明 W-1 样地 20～30 cm 层土壤水分主要沿着水平剖面纵向位置–5 mm、–45 mm、–180 mm、–270 mm 四处优先路径数量较多位置分布。W-2 样地同样表现出多峰形态，分别在纵向位置–100 mm、–270 mm、–350 mm 三处出现波峰，染色面积比分别达到 0.98、0.99、0.99，而处于最低波谷的纵向位置–180 cm 处染色面积比仅为 0.42。

30～40 cm 层土壤水平剖面纵向的染色面积比显著低于 0～30 cm 土层，主要分布于 0.002～0.72 之间，其中，W-1 样地该土层染色面积比纵向变化表现出明显的双峰形态，主峰出现在纵向位置–5 mm 处，染色面积比为 0.67，次峰出现在纵向位置–330 mm 处，染色面积比为 0.56，说明 W-1 样地 30～40 cm 层土壤水分主要沿着集中分布在水平剖面纵向位置–5 mm、–330 mm 两处的优先路径流动。W-2 样地整体上表现出上偏单峰形态，在纵向位置–100 mm 处出现波峰，染色面积比达到 0.72，而在染色面积比由波峰向波谷发展过程中，分别在纵向位置–210 mm、–290 mm、–370 mm 三处出现小幅震荡，染色面积比分别为 0.52、0.51 和 0.30。

40～50cm 层土壤水平剖面纵向的染色面积比最小，显著低于 0～40 cm 土层，主要分布于 0.00～0.43 之间，W-1、W-2 样地该土层染色面积比十分相似，纵向变化整体上均表现出明显的上偏单峰形态，峰值分别出现在纵向位置–60 mm、–100 mm 处，染色面积比分别为 0.10 和 0.43，这说明 W-1 样地和 W-2 样地 40～50 cm 层土壤水平剖面优先流分别主要沿着纵向位置–60 mm 和–100 mm 两处优先路径集中区域流动。同时在染色面积比由波峰向波谷发展过程中，分别在纵向位置–270 mm 和–370 mm 两处出现突然升高现象，染色面积比分别为 0.06 和 0.21。

2) 玉米地染色面积比纵向变化

玉米地不同深度水平剖面染色面积比纵向分布状况见图 3-31 和图 3-32。0～10 cm 层土壤水平剖面纵向的染色面积比分布于 0.68～1.00 之间，其中，M-1 样地该土层染色面积比纵向变化十分较缓和且染色面积比接近 1，只在纵向位置–100 mm 处出现较小波动，说明 M-1 样地 0～10 cm 土层几乎全部染色，分布形态较为均匀，以基质流为主，无明显的优先流现象。M-2 样地该土层染色面积比变化同样整体较平缓，仅在纵向位置–2 mm、–20 mm、–100 mm 三处出现波谷，染色面积

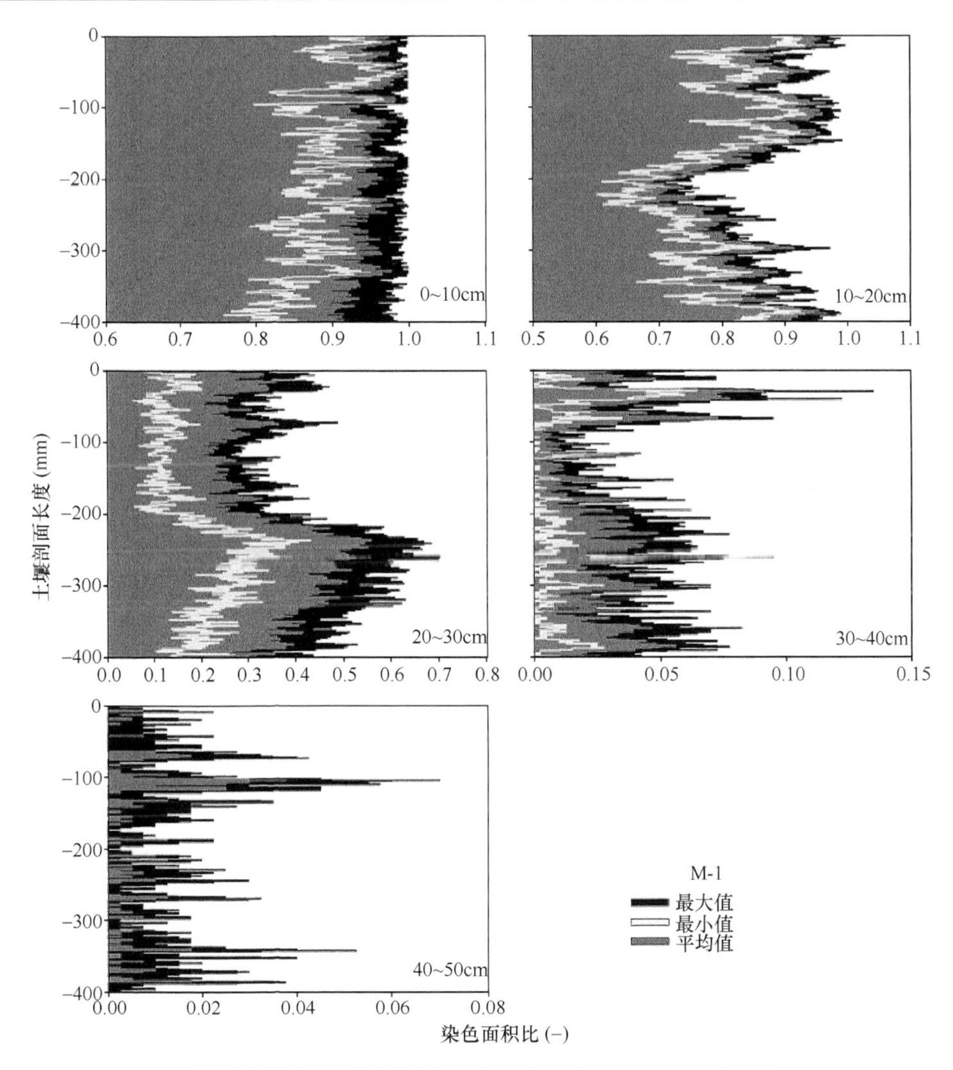

图 3-31　玉米地(M-1)土壤水平剖面染色面积比纵向变化

比分别为 0.68、0.86、0.84，这种波动不是优先流现象，可能与 M-2 样地剖面表层土壤剖面纵向不够平整有关。

10～20 cm 层土壤水平剖面纵向的染色面积比主要分布于 0.60～1.00 之间，整体染色面积依然较大。其中，M-1 样地该土层染色面积比纵向变化表现出多峰形态，在纵向位置–5 mm、–55 mm、–110 mm、–390 mm 四处出现波峰，染色面积比分别高达 0.99、0.96、0.94、0.99，而最低值出现在纵向位置–220 mm 处，仅有 0.60，说明 M-1 样地 10～20 cm 层土壤水分主要沿着水平剖面纵向位置–5 mm、–55 mm、–110 mm、–390 mm 四处优先路径数量较多位置分布。而 M-2 样地该层

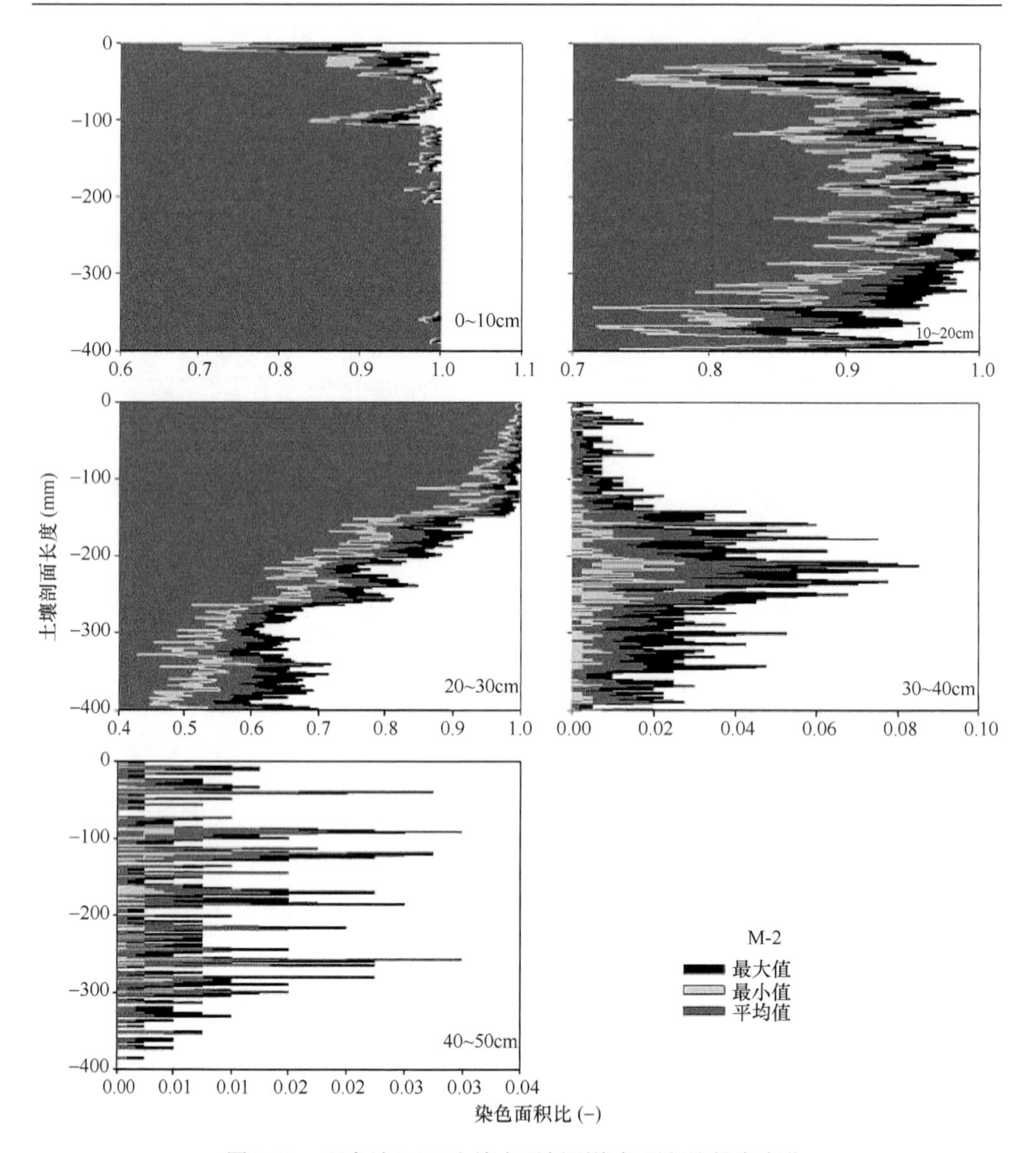

图 3-32　玉米地(M-2)土壤水平剖面染色面积比纵向变化

土壤整体上表现出单峰形态，峰值出现在纵向位置–200 mm 处，染色面积比为1.00，但接近峰值区域延续较长，从纵向位置–100 mm 处延伸到–300 mm 处，而在纵向位置–400 mm 和–370mm 两处染色面积比出现突降，分别仅为 0.74 和 0.72。

20～30 cm 层土壤水平剖面纵向的染色面积比较 0～20 cm 两层有所降低，主要分布于 0.05～1.00 之间，其中，M-1 样地该层土壤整体上表现出显著单峰形态，峰值出现在纵向位置–260 mm 处，染色面积比为 0.71，说明 M-1 样地该层土壤水分主要沿着水平剖面纵向–260 mm 处优先路径数量较多的位置进行流动。M-2 样地则表现出显著上偏单峰形态，峰值区域延伸较远，从纵向位置 0 mm 延伸至–140 mm 处，染色面积比均在 1 左右波动，而–140 mm 以下位置出现突降，至–300mm 处变化开始趋于平缓。

30～40 cm 层土壤水平剖面纵向的染色面积比显著低于前三个土层，染色面积比出现骤降，主要分布于 0.00～0.14 之间。其中，M-1 样地该土层染色面积比纵向变化整体上表现出双峰形态，主峰出现在纵向位置–30 mm 处，染色面积比为 0.13，次峰出现在纵向位置–260 mm 处，染色面积比为 0.10，说明 M-1 样地 30～40cm 层土壤水分主要沿着水平剖面纵向位置–30 mm、–260 mm 两处优先路径数量较多位置进行迁移。M-2 样地该层纵向的染色面积比整体上表现出显著单峰形态，在纵向位置–230 mm 处出现波峰，染色面积比达到 0.08。

40～50 cm 层土壤水平剖面纵向的染色面积比最小，主要分布于 0.00～0.08 之间，M-1 纵向变化整体上表现出双峰形态，峰值分别出现在纵向位置–105 mm、–340mm 两处，染色面积比分别为 0.07 和 0.05。M-2 纵向变化整体上表现出多峰形态，且出现骤升骤降现象，不同峰值间距离很近，且均小于 0.03，分别出现在纵向位置–50 mm、–100 mm、–120 mm、–185 mm、–215 mm、–260 mm 六处。

3) 柑橘地染色面积比纵向变化

柑橘地不同深度水平剖面染色面积比纵向分布状况见图 3-33 和图 3-34。0～10 cm 层土壤水平剖面纵向的染色面积比分布于 0.50～1.00 之间，其中，C-1、C-2 样地该土层染色面积比纵向变化均较缓和，在接近 1 处波动，几乎全部染色，只分别在纵向位置–110 mm、–200 mm 处轻微降低，说明柑橘地 0～10 cm 土层以基质流为主。

10～20 cm 层土壤水平剖面纵向的染色面积比较 0～10 cm 层土壤有所降低，主要分布于 0.18～1.00 之间。其中，C-1 样地该土层染色面积比纵向变化表现出显著双峰形态，峰值出现在纵向位置–10 mm、–390 mm 两处，染色面积比分别高达 1.00、0.93，而最低值出现在纵向位置–280 mm 处，仅有 0.18，说明 C-1 样地 10～20 cm 层土壤水分主要沿着水平剖面纵向位置–10 mm、–390 mm 两处优先路径数量较多位置分布。而 C-2 样地该层土壤整体上表现出单峰形态，峰值延伸距离较长，从纵向位置 0 mm 处延伸至–100 mm 处，染色面积比接近 1.00，随后下降，而在纵向位置 150 cm、–240 mm 和–340 mm 三处染色面积比出现小幅升高，分别为 0.99、0.88 和 0.85。

20～30 cm 层土壤水平剖面纵向的染色面积比显著低于 0～20 cm 两层，主要分布于 0.00～0.93 之间，其中，C-1 样地染色面积比显著低于 C-2 样地，这主要是由于 C-2 样地林龄较大，根系延伸较深，20～30 cm 层土壤优先路径较多所致。C-1 样地该层土壤染色面积比整体上表现出显著上偏单峰凹曲线形态，峰值出现在纵向位置 0 mm 处，染色面积比为 0.005，除此处以外，染色面积比均低于 0.1，

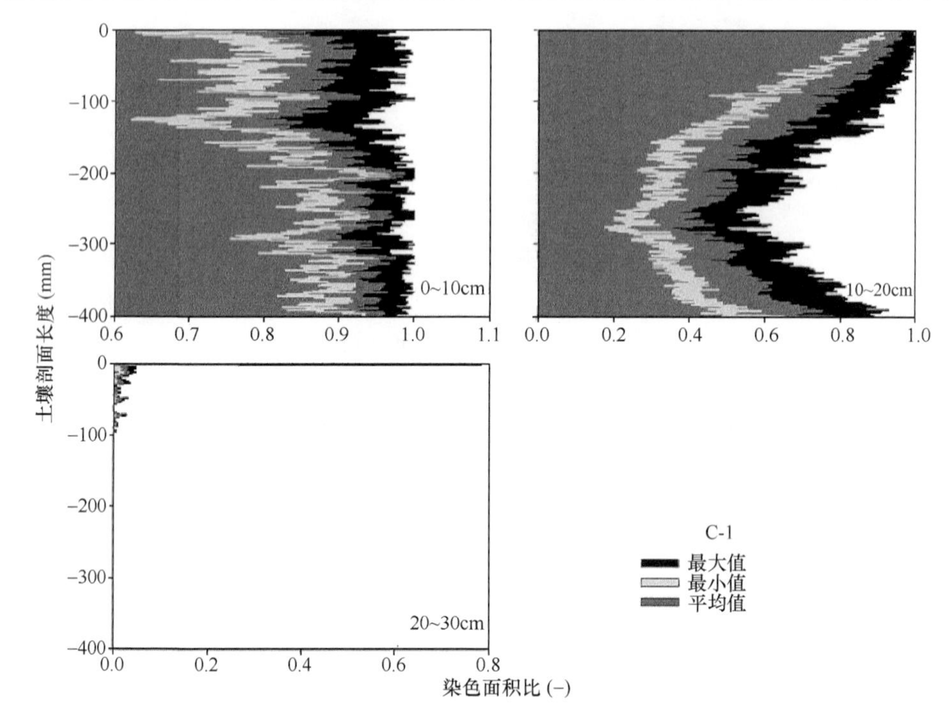

图 3-33　柑橘地(C-1)土壤水平剖面染色面积比纵向变化

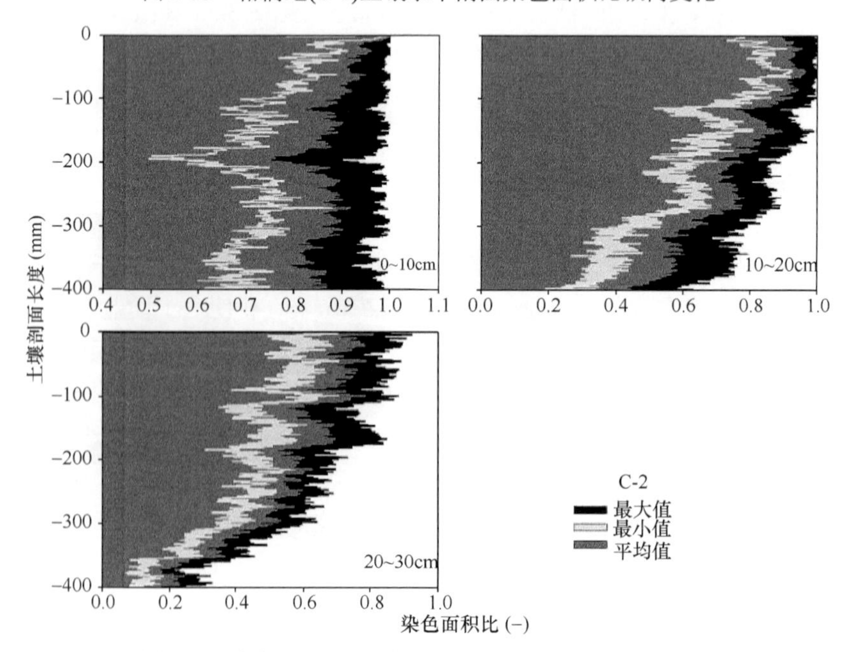

图 3-34　柑橘地(C-2)土壤水平剖面染色面积比纵向变化

说明C-1样地该层土壤水分主要沿着水平剖面纵向0mm处优先路径数量较多的位置进行流动。C-2样地则表现出显著上偏单峰凸曲线形态，从纵向位置0mm处下降至–370 mm处，染色面积比呈下降趋势，从0.93降至0.07。

3.5.1.2　水平剖面染色面积比的横向变化

1) 荒地染色面积比横向变化

荒地不同深度水平剖面染色面积比横向分布状况见图3-35和图3-36。0～10cm

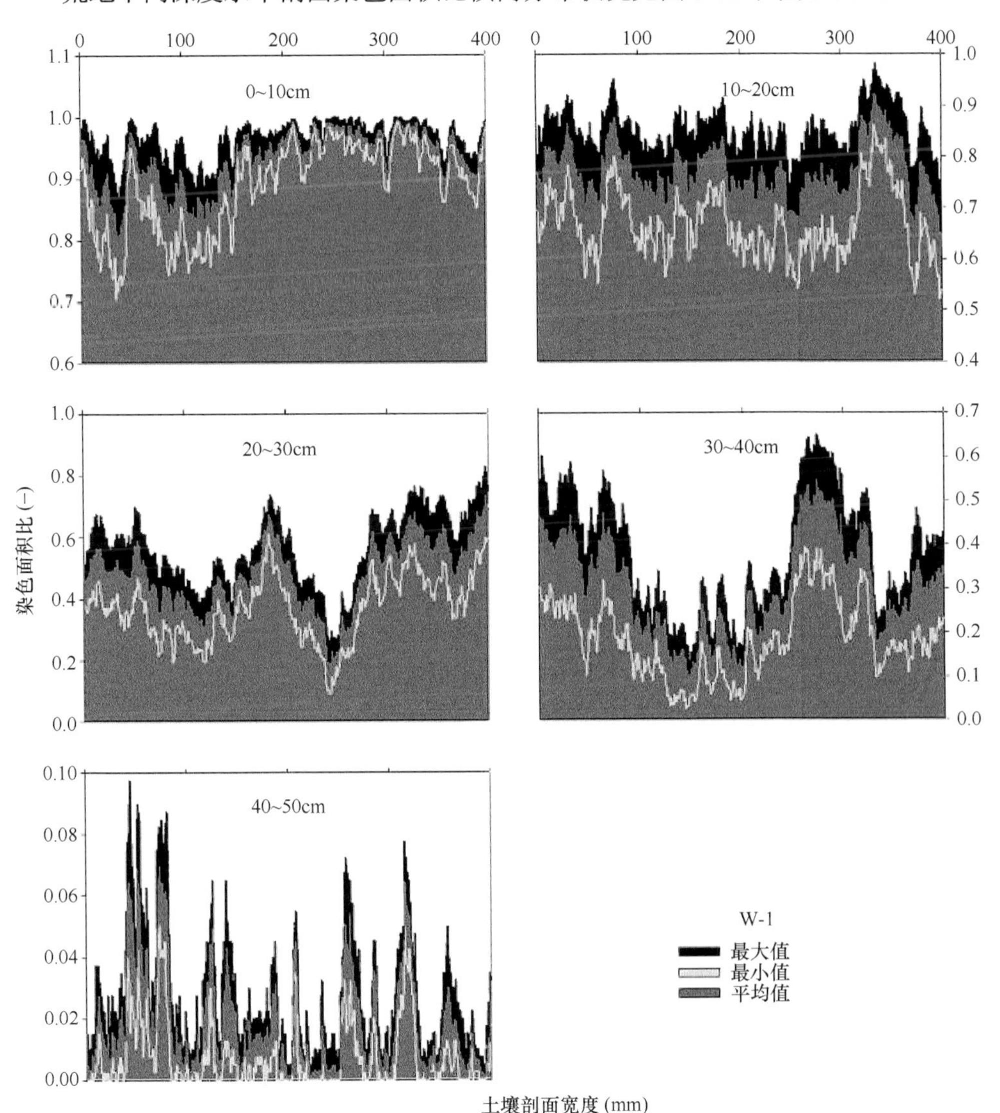

图3-35　荒地(W-1)土壤水平剖面染色面积比横向变化

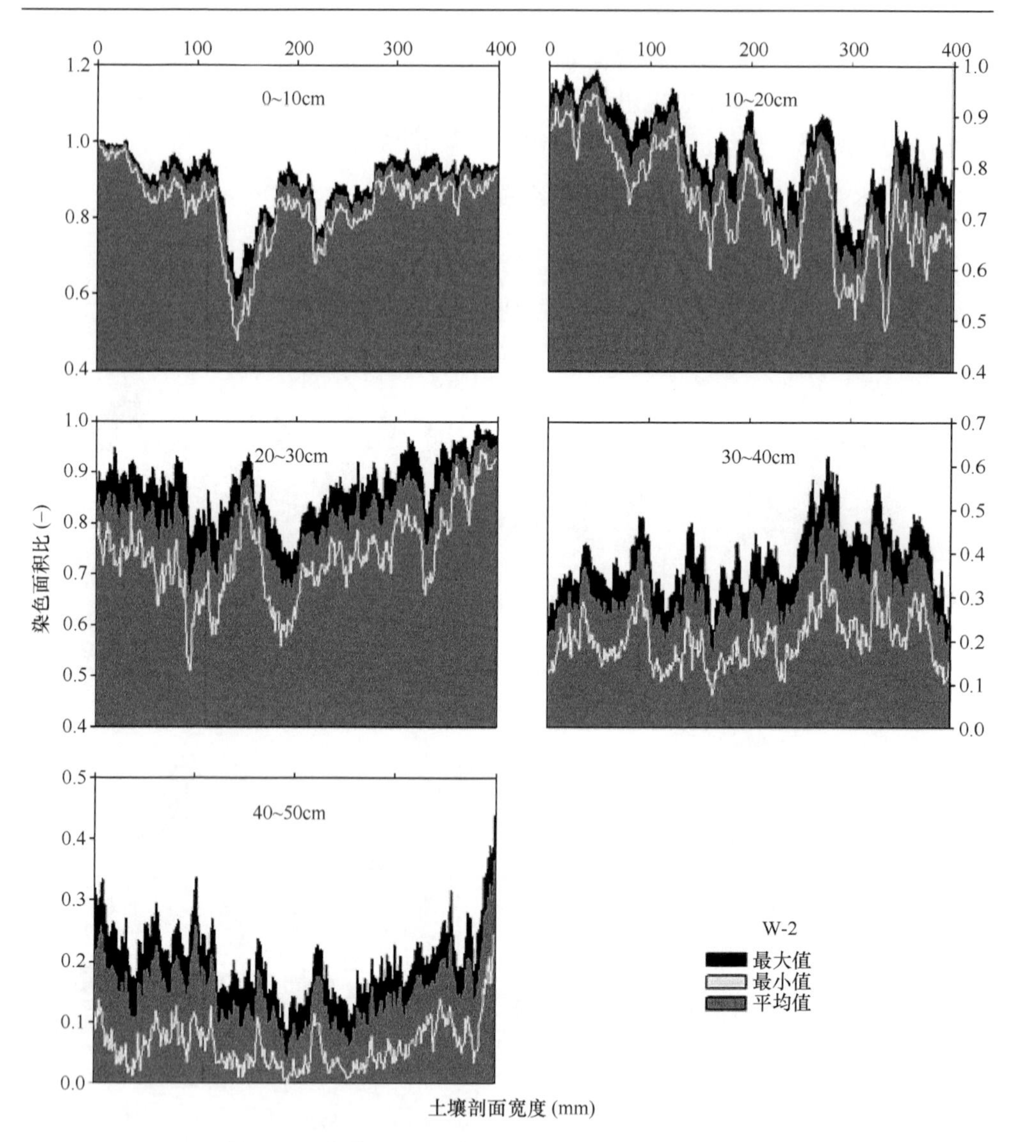

图 3-36　荒地(W-2)土壤水平剖面染色面积比横向变化

层土壤水平剖面横向的染色面积比主要分布于 0.48～1.00 之间，其中，W-1 样地该土层染色面积比横向变化整体较缓和且数值较大，只在横向位置 30 mm、100 mm 两处出现突降，染色面积比分别降至 0.72 和 0.74。而 W-2 样地该土层染色面积比变化较剧烈，染色面积比数值仍然较大，在横向 100～300 mm 之间染色面积比较小，在横向位置 150 mm 处出现最小值，染色面积比仅有 0.51。说明荒地 0～10 cm 土层由于基质流的影响，染色面积比横向分布形态较为均匀，局部位置出现染色面积比突降现象，这可能与样地剖面表层土壤不够平整有关。

10～20 cm 层土壤水平剖面横向的染色面积比主要分布于 0.48～0.99 之间，其中，W-1 样地该土层染色面积比横向变化整体较缓，且数值仍然较大，仅在横向 335 mm 处，染色面积比出现突增，达到 0.98，说明此处优先路径突然增多。而 W-2 样地剖面横向从左到右染色面积比逐渐降低，表现出多峰形态，分别在横向位置 15 mm、130 mm、170 mm、270 mm、340 mm 五处出现波峰，染色面积比分别达到 0.82、0.93、0.98、0.92、0.91，同样说明该五处优先路径数量分布最多。

20～30 cm 层土壤水平剖面横向的染色面积比较 0～20 cm 两层有所降低，主要分布于 0.09～0.99 之间，其中，W-1 样地该土层染色面积比横向变化表现出多峰形态，在纵向位置 5 mm、180 mm、330 mm、400 mm 四处出现波峰，染色面积比分别达到 0.78、0.74、0.75、0.83，说明 W-1 样地 10～20 cm 层土壤水分主要沿着水平剖面纵向位置 5 mm、180 mm、330 mm、400 mm 四处优先路径数量较多位置分布。W-2 样地同样表现出多峰形态，染色面积比横向变化总体上表现为左右两侧较大，中间 100～200 mm 范围内较低，并在此范围内出现较大波动。

30～40 cm 层土壤水平剖面横向的染色面积比显著低于 0～30 cm 土层，主要分布于 0.08～0.65 之间，其中，W-1 样地该土层染色面积比横向变化表现出多峰形态，波峰分别出现在横向位置 40 mm、280 mm 和 360 mm 处，染色面积比分别为 0.42、0.62 和 0.49，说明 W-1 样地 30～40 cm 层土壤水分主要沿着集中分布在水平剖面横向位置 40 mm、280 mm 和 360 mm 三处的优先路径流动。W-2 样地整体上变化较为缓和，仅在横向位置 280 mm 处出现突增，染色面积比达到 0.62，说明此处优先路径数量最多。

40～50 cm 层土壤水平剖面横向的染色面积比最小，显著低于 0～40 cm 土层，主要分布于 0.00～0.44 之间，尤其是 W-1 样地，所有位置染色面积比均低于 0.1。W-1 样地该土层染色面积比横向变化表现出多峰形态，波峰分别出现在横向位置 45 mm、140 mm、260 mm 和 320 mm 处，染色面积比分别为 0.10、0.07、0.07 和 0.07，说明 W-1 样地 40～50 cm 层十壤水分主要沿着集中分布在水平剖面横向位置 45 mm、140 mm、260 mm 和 320 mm 四处的优先路径流动。W-2 样地同样表现出多峰形态，染色面积比横向变化总体上表现为左右两侧较大，分别达到 0.32 和 0.44，中间 100～300 mm 范围内染色面积比较低，并在此范围内出现较大波动。

2) 玉米地染色面积比横向变化

玉米地水平剖面染色面积比横向变化见图 3-37 和图 3-38。0～10 cm 层土壤水平剖面横向的染色面积比主要分布于 0.71～1.00 之间，其中，M-1、M-2 样地该土层染色面积比横向变化整体较缓和且数值较大，接近于 1。只在个别位置出现突降，说明玉米地 0～10 cm 土层由于基质流的影响，染色面积比横向分布形态较为均匀，局部位置出现染色面积比突降现象，这可能与样地剖面表层土壤不够平整有关。

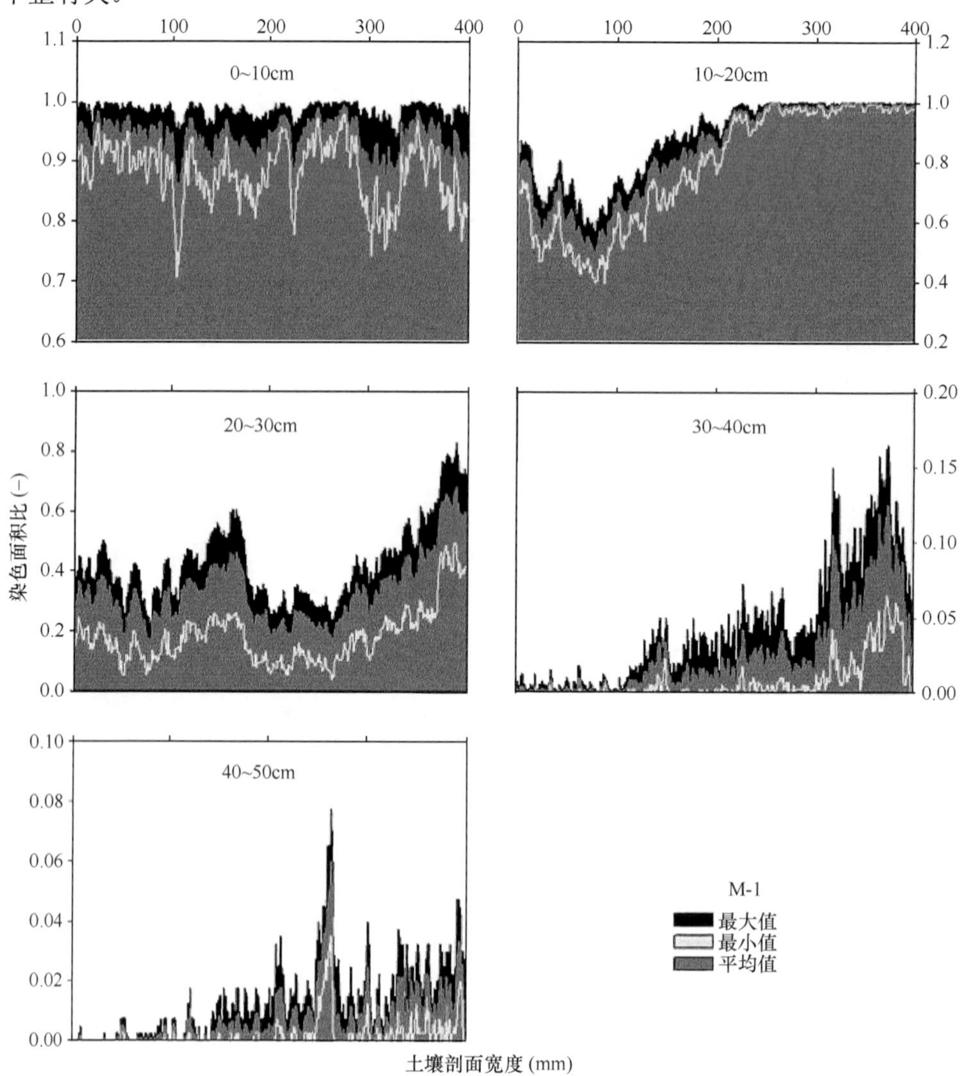

图 3-37　玉米地(M-1)土壤水平剖面染色面积比横向变化

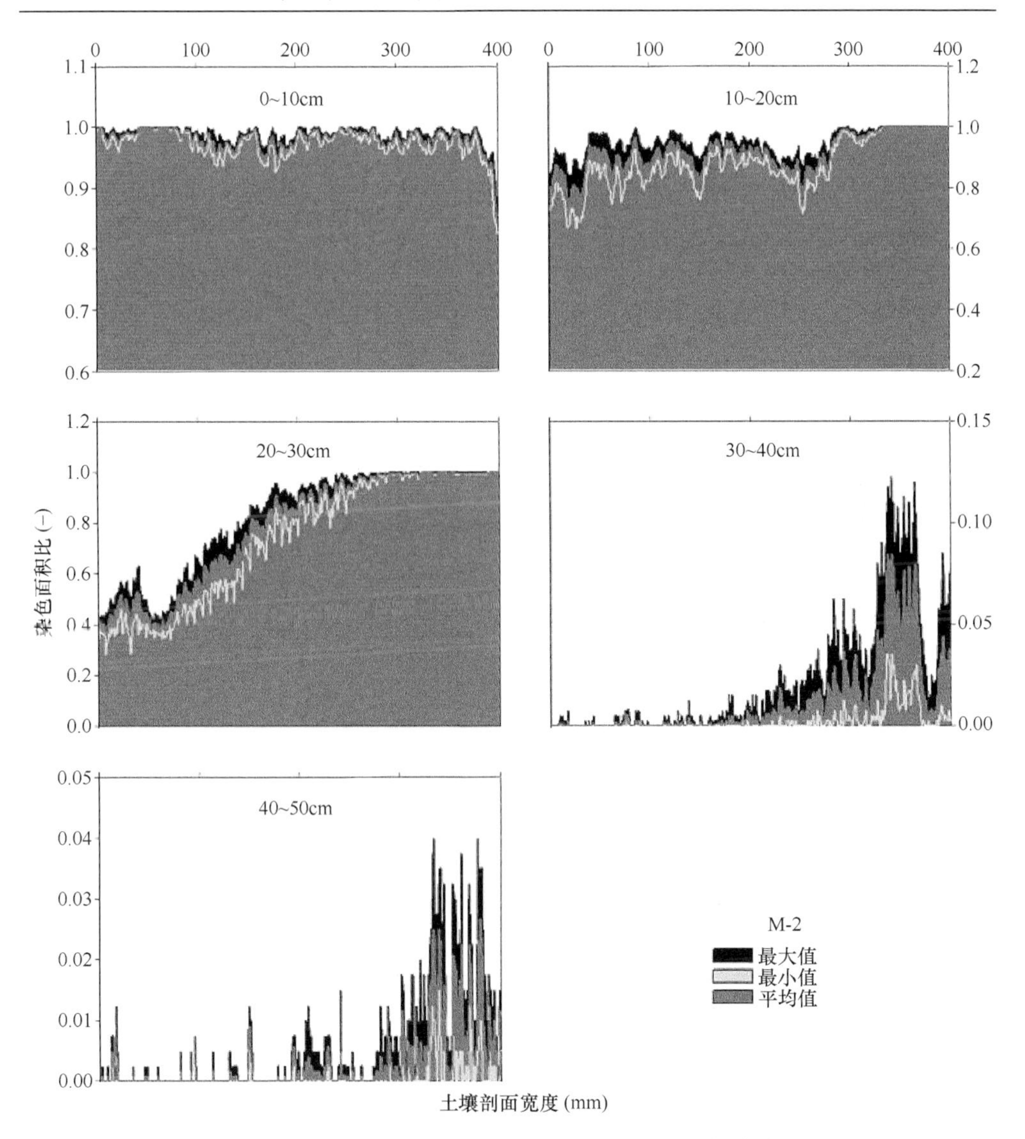

图 3-38　玉米地(M-2)土壤水平剖面染色面积比横向变化

10～20 cm 层土壤水平剖面纵向的染色面积比主要分布于 0.40～1.00 之间，其中，M-1 样地该土层染色面积比横向变化较为剧烈，染色面积比在 0～200 mm 范围内先降低后增加，200 mm 右侧区域变化趋势较为缓和，接近于 1。而 M-2 样地剖面横向在 0～300 mm 范围内，从左到右染色面积比先升高后降低，300 mm 右侧区域变化趋势较为缓和，接近于 1。

20～30cm 层土壤水平剖面横向的染色面积比较 0～20 cm 两层有所降低，主要分布于 0.04～1.00 之间，其中，M-1 样地该土层染色面积比横向变化表现出双峰形态，在纵向位置 170 mm、390 mm 两处出现波峰，染色面积比分别达到 0.67、0.83，说明 M-1 样地 20～30 cm 层土壤水分主要沿着水平剖面纵向位置 170 mm、390 mm 两处优先路径数量较多位置分布。M-2 样地整体上表现出右偏单峰形态，染色面积比横向变化总体上表现为在 0～300 mm 范围内从左到右逐渐升高，300 mm 右侧区域变化趋势较为缓和，接近于 1。

30～40 cm 层土壤水平剖面横向的染色面积比显著低于 0～30 cm 土层，主要分布于 0.00～0.17 之间，M-1、M-2 样地整体上该土层染色面积比横向变化均表现右偏单峰形态，波峰均出现在横向位置 380 mm 处，染色面积比分别为 0.17 和 0.12，说明 M-1、M-2 样地 30～40 cm 层土壤水分主要沿着集中分布在水平剖面横向位置 380 mm 处的优先路径流动。

40～50 cm 层土壤水平剖面横向的染色面积比最小，显著低于 0～40 cm 土层，主要分布于 0.00～0.08 之间，同 30～40 cm 层土壤，M-1、M-2 样地整体上该土层染色面积比横向变化也均表现右偏单峰形态，波峰均出现在横向位置 260 mm 和 330 mm 处，染色面积比分别为 0.08 和 0.04，说明 M-1、M-2 样地 40～50 cm 层土壤水分主要沿着集中分布在水平剖面横向位置 260 mm 和 330 mm 处的优先路径流动。

3) 柑橘地染色面积比横向变化

柑橘地不同深度水平剖面染色面积比横向分布状况见图 3-39 和图 3-40。0～10 cm 层土壤水平剖面横向的染色面积比主要分布于 0.45～1.00 之间，其中，C-1、C-2 样地该土层染色面积比横向变化整体较缓和且数值较大，接近于 1。只在 C-1 样地 200 mm 处和 C-2 样地 10 mm 处出现突降。说明柑橘地 0～10 cm 土层由于基质流的影响，染色面积比横向分布形态较为均匀，局部位置出现染色面积比突降现象可能与样地剖面表层土壤不够平整有关。

10～20cm 层土壤水平剖面纵向的染色面积比主要分布于 0.40～1.00 之间，其中，C-1 样地该土层染色面积比横向变化表现出双峰形态，以横向位置 220 mm 处为界限，染色面积比分别向左右递增。C-2 样地整体上表现出右偏单峰形态，染色面积比横向变化总体上表现为从左到右逐渐升高，380 mm 右侧区域变化趋势较为缓和，接近于 1。

20～30 cm 层土壤水平剖面横向的染色面积比较 0～20 cm 两层有所降低，主要分布于 0.00～0.97 之间，其中，C-1 样地仅在 300～400 mm 之间存在染色区域，该土层染色面积比表现为右偏单峰曲线，在横向 380mm 处出现峰值，为 0.07。而 C-2 样地土壤水平剖面横向的染色面积比出现明显右偏单峰曲线形态，在 300 mm 处出现峰值。说明 C-1、C-2 样地 20～30 cm 层土壤水分主要沿着集中分布在水平剖面横向位置 380 mm 和 300 mm 处的优先路径流动。

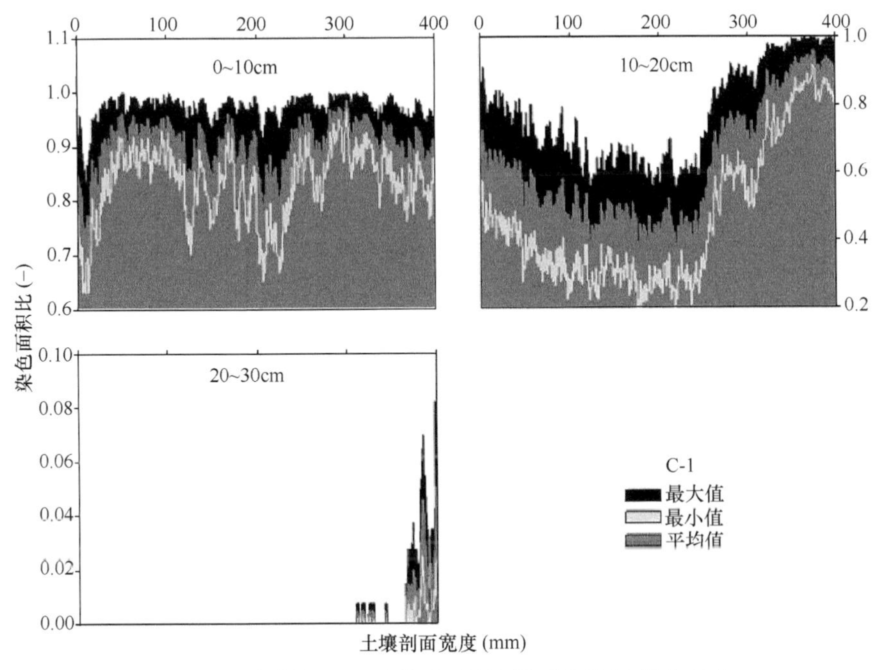

图 3-39　柑橘地(C-1)土壤水平剖面染色面积比横向变化

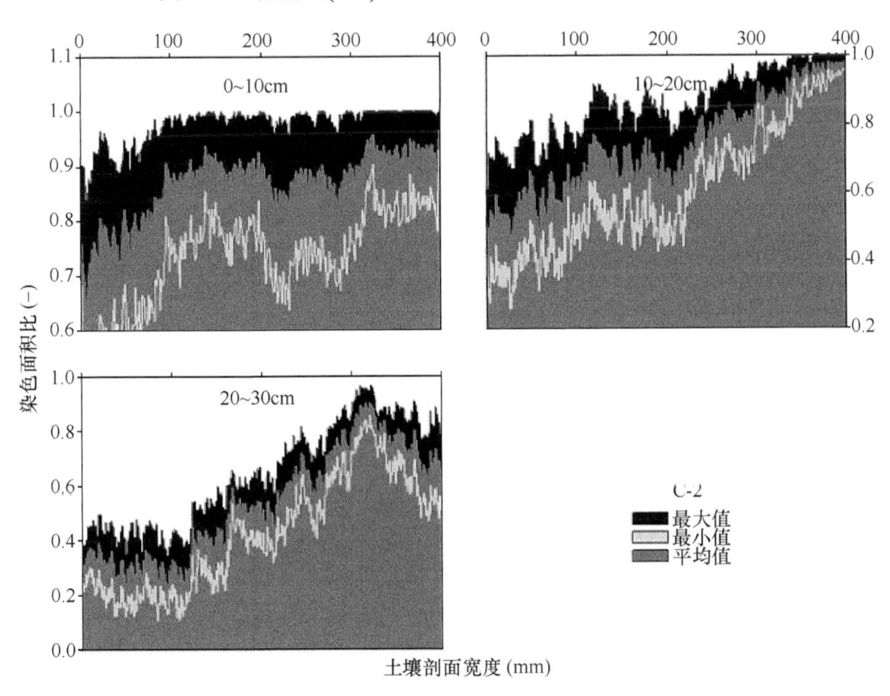

图 3-40　柑橘地(C-2)土壤水平剖面染色面积比横向变化

3.5.2　竖直染色剖面优先流形态变化规律

3.5.2.1　竖直剖面染色面积比的纵向变化

根据三种土地利用方式壤中流形态垂直染色图像的分析结果可知，荒地和玉米地两个处理亮蓝染色区域主要分布在土壤剖面 0～50 cm 深度范围内，柑橘地亮蓝染色区域主要分布在土壤剖面 0～30 cm 深度范围内，基岩母质层深度分别为 50 cm 和 30 cm 深度，因此，本研究中主要分析荒地和玉米地两个处理土壤 0～50 cm 深度范围和柑橘地 0～30 cm 深度范围。三种土地利用方式土壤染色面积比在竖直剖面纵向上的变化状况见图 3-41。

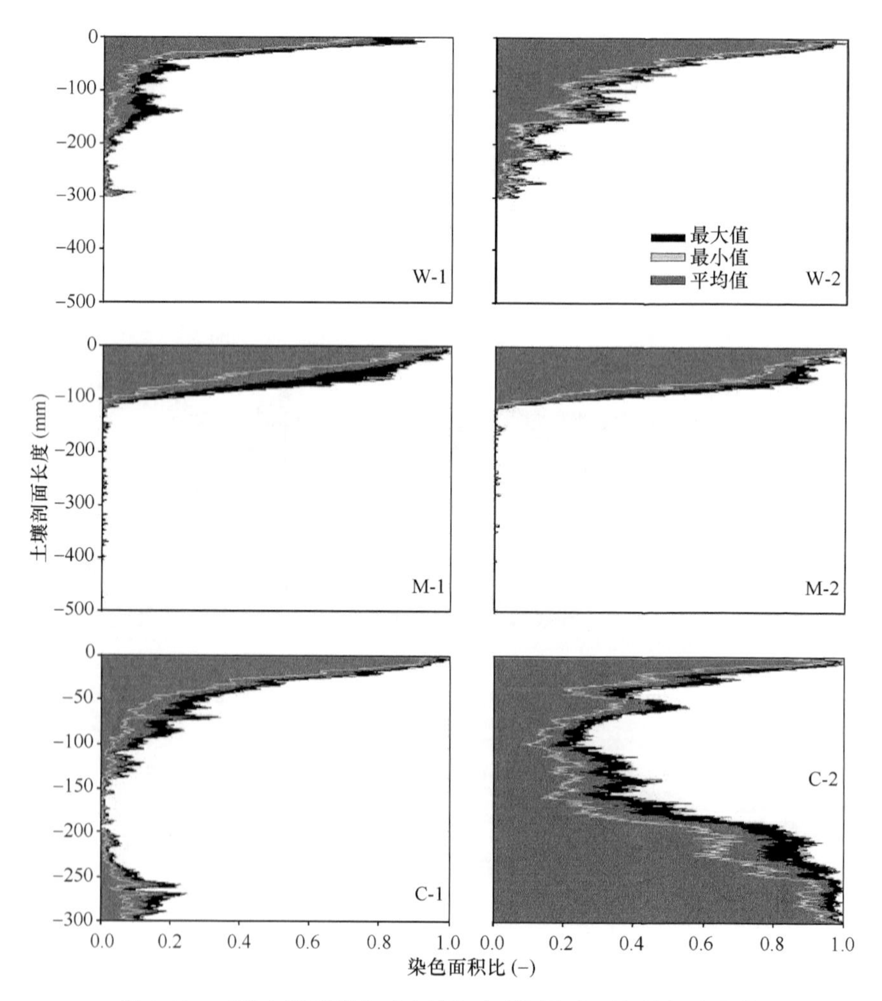

图 3-41　三种土地利用方式土壤竖直剖面染色面积比纵向变化

1) 荒地染色面积比的纵向变化

W-1 与 W-2 土壤剖面内染色区域均分布于土壤 30 cm 深度范围内，其中，W-1 样地 70 mm 内染色面积随土壤深度增加降低得较快，70～300 mm 土壤层中染色面积比随土壤深度增加降低得较缓和，70 mm 以下土壤范围染色面积比小于 0.1；W-2 样地 180 mm 内染色面积随土壤深度增加降低得较快，180～300 mm 土壤层中染色面积比随土壤深度增加降低得较缓和，180 mm 以下土壤范围染色面积比小于 0.1。在染色面积比下降趋势缓和的土壤深度范围内，W-1 样地出现两次突增，幅度分别在 0.1 和 0.15 左右，W-2 样地同样出现两次突增，幅度均在 0.15 左右。W-2 样地 200～300 mm 土层范围染色面积比略高于 W-1 样地，说明 W-2 样地优先流现象比 W-1 明显。

2) 玉米地染色面积比的纵向变化

M-1 与 M-2 土壤剖面染色面积比在表层 10 cm 范围内下降迅速，10 cm 以下区域染色面积比小于 0.1，但其分布深度能够达到 40～50 cm 基岩顶部。这说明 M-1 与 M-2 剖面内土壤优先流现象较为明显，剖面底层土壤内存在狭窄通道，水流形态急剧分化，水分主要沿着通道向土壤底部移动。

3) 柑橘地染色面积比的纵向变化

C-1 土壤剖面内表层 10 cm 范围内染色面积比下降迅速，10 cm 以下区域染色面积比仅在 0.1 以下，但在 250～300 mm 土壤深度范围内出现了突增，幅度在 0.20 左右。而与 C-2 土壤剖面内表层 10 cm 范围内染色面积比下降迅速，最低值为 0.15，10～30 cm 范围内染色面积比又迅速升高，增幅达到 0.85，这主要是由于 C-2 样地柑橘林龄较大，10 cm 以上范围土壤内根系主要是竖向延伸，10 cm 以下土壤范围根系开始向侧向延伸，根系穿插挤压土体，形成大孔隙，因此染色溶液沿着大孔隙侧向流动。

3.5.2.2　竖直剖面染色面积比的横向变化

1) 荒地染色面积比的横向变化

三种土地利用方式土壤的染色面积比随剖面水平宽度的横向变化见图 3-42。荒地土壤竖直剖面横向的染色面积比主要分布于 0.00～0.41 之间，表现出多峰形态，其中，W-1 样地该土层染色面积比横向变化，在横向位置 20 mm、80 mm、220 mm、300 mm、370 mm 五处出现峰值，370 mm 处达到最大值，为 0.28，说

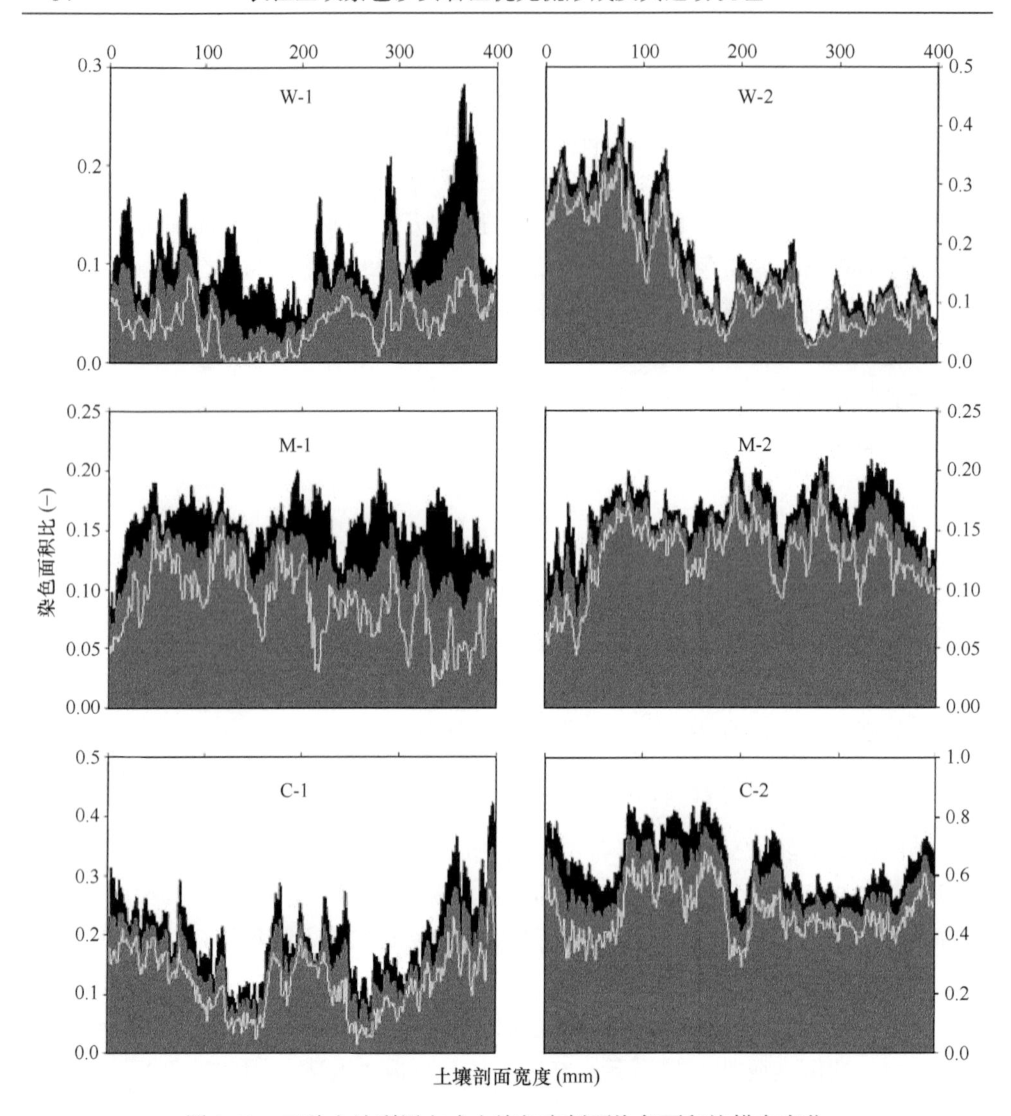

图 3-42　三种土地利用方式土壤竖直剖面染色面积比横向变化

明 W-1 样地土壤水分主要沿着上述五条传导力较强的优先路径进行传导，剖面水平方向右侧位置的水分传导能力较强。而 W-2 样地该土层染色面积比变化较剧烈，土壤剖面染色面积比的横向分布表现出多峰形态，分别在纵向位置 80 mm、120 mm、250 mm、300 mm、380 mm 五处出现波峰，染色面积比分别达到 0.41、0.36、0.20、0.15、0.16，剖面水平宽度从左到右，染色面积比逐渐减小，这说明 W-2 剖面水平方向左侧位置的水分传导能力较强，土壤优先流现象比较明显。

2) 玉米地染色面积比的横向变化

玉米地土壤剖面表现出均匀分布的形态，M-1 与 M-2 土壤剖面染色面积比平均值分别为 0.12 与 0.15，横向染色面积比变化较小，分布较为均匀，说明 M-1 与 M-2 样地土壤水分横向传导力较为相似，水分的整体迁移能力较低，优先路径在土壤中的分布较为均匀。

3) 柑橘地染色面积比的横向变化

柑橘地土壤竖直剖面横向的染色面积比主要分布于 0.01～0.84 之间，表现出多峰形态，其中，C-1 样地该土层染色面积比横向变化，在横向位置 5 mm、180 mm、390 mm 三处出现峰值，390 mm 处达到最大值，为 0.42，说明 C-1 样地土壤水分主要沿着上述三条传导力较强的优先路径进行传导，剖面水平方向左右两侧位置的水分传导能力较强，中间较弱。而 C-2 样地该土层染色面积比变化较剧烈，土壤剖面染色面积比的横向分布表现出多峰形态，分别在纵向位置 10 mm、100 mm、230 mm、390 mm 四处出现波峰，染色面积比分别达到 0.78、0.84、0.75、0.73，剖面横向 100～200 mm 范围内，染色面积比最大，这说明 W-2 样地剖面横向 100～200 mm 范围内的水分传导能力较强，优先路径联通性最好。

3.5.3　优先流形态变化及其影响因素

土壤水平剖面染色面积比的纵向和横向分布状况反映了优先路径以及壤中流水分在土壤水平剖面纵向和横向方向上的数量分布差异、变化特点。土壤竖直剖面染色面积比的纵向分布状况反映了染色面积比随土壤深度的变化规律，反映了土壤优先流的范围与程度(Bachmair et al.，2009)。土壤竖直剖面染色面积比的横向分布状况反映了壤中流水分在土壤竖直剖面横向方向上的差异以及变化特点。

根据对三种土地利用方式 6 块优先流观测剖面染色图像的解析结果，发现土壤剖面中染色面积比的分布类型包括均匀型、单峰型、双峰型和多峰型 4 种，不同的分布状态反映了土壤剖面内优先流形态的差异。

水平剖面染色面积比纵向、横向变化均匀型分布说明优先路径位置分布均匀，壤中流主要沿着优先路径的分布流动，这种情况主要发生在三种土地利用方式表层土壤，说明基质流的影响，壤中流分布形态较为均匀。竖直剖面染色面积比横向变化均匀型分布说明土壤无明显优先流现象，土壤水分以基质流为主，均匀下渗(如 M-1、M-2 剖面)。

水平剖面染色面积比纵向、横向变化单峰型分布说明了土壤剖面内优先路径主要在某处集中分布，土壤水分也沿着该处流动(如 C-1 剖面 20～30 cm 层)。竖直剖面染色面积比纵向变化单峰型分布说明了土壤剖面内存在一条水分传导能力、染色宽度和水分运移深度均显著高于其他优先路径的独立优先路径，土壤优先流形态表现为以沿该路径纵向延伸为主，几乎不发生弯曲和侧向流动(如 M-1、M-2 剖面)。

水平剖面染色面积比纵向、横向变化双峰型分布情况也说明了优先路径主要在两处集中分布，土壤水分也沿着两处流动(如 W-1 剖面 10～20 cm 层水平剖面染色面积比纵向变化)。竖直剖面染色面积比纵向变化双峰型分布同样说明了优先流现象较为明显，该情况存在两处水分传导力较高的优先路径，比单峰型水分传导更快，二者的优先流形态比较相似(如 C-2 竖直剖面染色面积比纵向变化)。

水平剖面纵向、横向及竖直剖面横向染色面积比大多数均表现为多峰型，这些均说明优先流形态存在显著分化，优先路径密集分布，水流易于出现弯曲、侧向流动现象，土壤剖面有着较强的整体水分传导能力。

结合各土壤水平、竖直剖面壤中流变化过程，水平剖面中优先流分布与优先路径位置分布一致，这些优先路径主要由根系、根孔、虫孔构成。竖直剖面横向优先流形态变化与根系和土壤结构有关。染色面积比表现为均匀型分布的，土壤表层结构较为松散，存在数量大、分布密集的浅根系，因此其优先流现象不明显，水分传导能力在水平方向上差异较小；染色面积比表现为单峰和双峰状态的，其峰部横向位置多存在根系，或者由多条支路径组合而成；染色面积比表现为多峰型状态的，主要与土壤质地和结构特征随土壤深度的变化有关。竖直剖面纵向优先流形态变化以左偏单峰形态为主，只有 C-2 样地表现为双峰形态，主要与根系纵向延伸有关。

第 4 章　优先流发生类型及其对水分条件的响应

以林地试验样地为基础，分析优先流发生类型及其对水分条件的响应。不同类型林地壤中流过程与类型有所差别。阔叶林壤中流过程的趋势为“均质基质流→非均质指流→混合作用大孔隙流→低相互作用大孔隙流”，土壤优先流主要发生于 10 cm 以下范围内；针叶林壤中流过程相对较为简单，表层土壤中均质基质流过程不显著，而土壤剖面整体优先流过程明显，并主要以“高相互作用大孔隙流→混合作用大孔隙流→低相互作用大孔隙流”的趋势发生水分运移；针阔混交林壤中流过程表现出“均质基质流→混合作用大孔隙流→低相互作用大孔隙流”的发展趋势。林地土壤初始含水量、水分梯度以及外部降雨状况等，对壤中流的水分通量、水力性质等均有不同程度的影响。土壤优先流的发生与发展变化主要与其所处区域的土壤结构性质和植被生长状况等环境因素有关。

通过亮蓝染色示踪试验，可清晰地标示出紫色砂岩林地壤中流的发生过程与形态变化。借助计算机图像解析方法，对积水渗透试验后拍摄得到的壤中流垂直染色图像和水平染色图像进行数学分析，可提取出染色面积比作为描述壤中流过程整体形态变化的参数。根据染色面积比的纵向变化、横向分布和空间变异系数，可以从整体上对林地壤中流过程中优先流的发生范围、形态变化规律以及空间异质性等特征进行半量化的分析，这为林地土壤优先流发生机理研究奠定了基础(Flury and Flühler，1994)。

优先流类型的划分标准与划分方法一直是近年来优先流研究中的热点问题。一些学者尝试根据优先流发生的空间尺度对其类型进行定性划分，也有学者从优先流的水力学特征对其类型进行分类(北原曜，1992；Niu et al.，2007)。Weiler 和 Flühler(2004)将体视学理论引入到采用染色示踪方法的优先流特征研究中，通过分析林地壤中流垂直剖面的染色图像，计算出独立染色路径分割而形成的染色剖面表面积密度，以此说明壤中流中独立的水流路径，也就是染色路径的总数量分布状况。再通过制定一定的路径宽度标准(或用图像中的像素数量表示)，将不同宽度的染色路径进行归类，分析染色路径宽度在土壤剖面水平总宽度内所占比重，结合拍摄的壤中流垂直染色形态，将壤中流具体划分为均匀基质流、指流与非均匀基质流、低相互作用大孔隙流、混合作用大孔隙流和高相互作用大孔隙流等 5 种类型。

基于染色路径宽度的优先流类型划分方法，使得在染色示踪试验中可更加系统地认识壤中流中的优先流过程。通过对不同类型优先流发生环境的比较与分析，可更准确地揭示出土壤优先流的形成和发生机理。目前这种研究方法被各国学者们普遍接受，并被广泛地应用于在不同立地条件土壤优先流特征与形成机制等研究中(Bachmair et al.，2009)。

本研究对紫色砂岩地区 4 种不同类型林地垂直染色剖面进行数学分析，采用计算机方法统计得到各土壤垂直剖面染色路径的表面积密度，通过分析土壤染色路径宽度特征，将壤中流形态与染色路径宽度紧密联系，划分出各林地土壤优先流具体类型。为进一步研究紫色砂岩林地土壤优先流特征和揭示优先流形成机理提供依据。

4.1 垂直染色剖面表面积密度与染色路径宽度分布

三维空间中的表面积密度是指结构体表面被分割成的相关体积数量，它与一维空间的截距密度与二维空间的周长密度具有一定的关系(Weibel，1979)。在假设水平方向土壤均质的前提下，垂直染色剖面的表面积密度可以用一定深度染色和未染色像素的截距点数量表示，表面积密度表示了独立的染色路径在土壤剖面中的数量特征，也反映了壤中流的分化程度。

土壤中不同类型优先流的水力传导性质是具有一定差异的，渗透过程中通过优先路径的水量也有所差别。因此，在不同的积水渗透试验过程中，水流经过的染色路径的水平宽度表现出不同的状况。通过具体分析一定深度范围内不同宽度染色路径的数量状况，揭示染色路径宽度的分布规律，可量化说明壤中流形态的具体变化，为优先流类型划分奠定基础。

4.1.1 林地土壤垂直染色剖面的表面积密度

林地土壤结构和物理性质的异质性导致了积水渗透试验中壤中流形态差异，而不同数量的独立染色路径则具体地反映了壤中流的形态变化状况(Kramers et al.，2009)。垂直染色剖面的表面积密度代表了水分运移过程中土壤剖面被水流染色路径分割成的体积数量，经亮蓝染色溶液运移分割后，不同类型林地土壤垂直染色剖面内表现出了具有一定差异的表面积密度分布状况，说明了不同林地剖面内的独立染色路径的总体数量特征具有一定的差别。

林地土壤垂直染色剖面的表面积密度的计算方法可参见第 2 章 2.3.2.4 节“特征参数解析”中的式(2-2)。由于垂直染色图像数值矩阵中所包含的数据量巨大且较为复杂，因此本研究中采用 VB 计算机语言编写宏命令的方法，对一定深度土层中染色与未染色像素的截距点总数进行统计，计算出不同类型林地垂直染色剖面的表面积密度。

4.1.1.1　阔叶林土壤垂直染色剖面的表面积密度

阔叶林垂直染色剖面的表面积密度数值分布在 0～0.8 个·cm^{-1} 范围内，不同阔叶林土壤垂直染色剖面的表面积密度分布情况见图 4-1。BF1～BF5 土壤剖面内，表面积密度在表层 0～10 cm 土壤内呈现逐渐升高的趋势。说明表层土壤水分运移较均匀，水流路径的分割与分化不明显。随着土壤深度提高，壤中流逐渐发生了分化，下层土壤中水分被分配到一些集中的流路中进行迁移，提高了下层土壤中独立染色路径的总数量。BF6 土壤剖面内，表面积密度在 0～10 cm 土壤层中表现出了与其他剖面相反的下降趋势，这可能是由于该样地内表层土壤较为松散，增加了剖面顶部范围的染色路径数量所致。

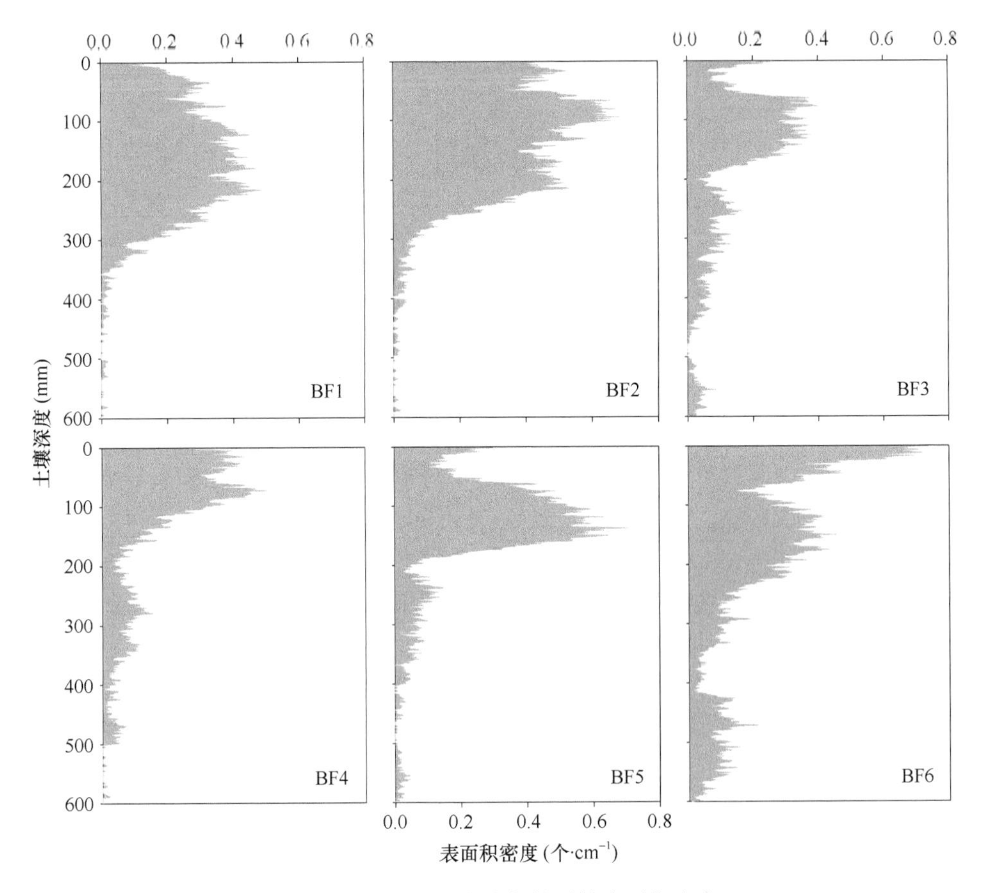

图 4-1　阔叶林垂直染色剖面的表面积密度

如果不考虑 BF6 剖面的表层土壤情况，阔叶林垂直染色剖面的表面积密度的最高值一般分布在土壤 10~25 cm 深度处，6 处剖面可分别达到 0.48 个·cm^{-1}、0.69 个·cm^{-1}、0.40 个·cm^{-1}、0.47 个·cm^{-1}、0.65 个·cm^{-1} 和 0.41 个·cm^{-1}。这说明阔叶林土壤中 20 cm 范围壤中流形态分化最为显著，其中独立染色路径的数量达到了峰值。25cm 以下深度范围，阔叶林土壤染色剖面的表面积密度急剧下降，反映了下层土壤中水分是沿着几条主要染色路径发生运移的。

4.1.1.2 针叶林土壤垂直染色剖面的表面积密度

所研究的 3 处针叶林土壤垂直染色剖面内的表面积密度分布状况差异较大，具体可参见图 4-2，这可能是与阔叶林样地的表层土壤性质差异有关。

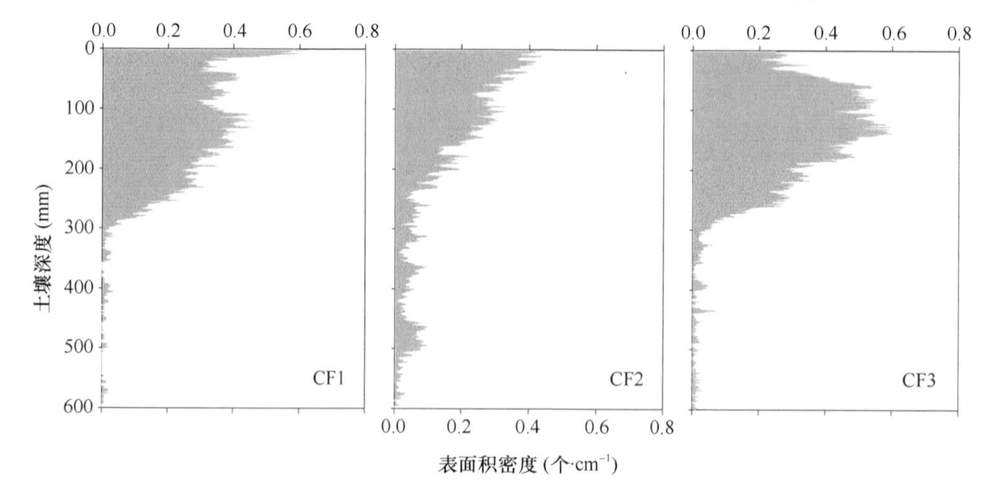

图 4-2 针叶林垂直染色剖面的表面积密度

CF1 剖面的表面积密度在土壤表层较高，其数值可达到 0.61 个·cm^{-1}。在 0～10 cm 深度范围内，表面积密度逐渐下降至 0.32 个·cm^{-1}，随后再逐渐上升。至 15 cm 左右深度，达到 0.43 个·cm^{-1} 水平的另一峰值，最后在 15～30 cm 范围内表面积密度迅速下降至接近 0 值水平。CF1 土壤剖面的表面积密度表现出较为典型的双峰型变化特点，反映出该类型林地内可能存在大量与表层顶部土壤连通的孔隙结构，使表层范围内独立染色路径的数量增多，而出现了表面积密度的第一峰值；由于 15 cm 深度壤中流过程发生了基质流与优先流的分化，从而使该范围内独立染色路径的数量增加，出现了表面积密度的第二峰值。CF1 剖面两处表面积密度峰值的差异说明了针叶林土壤表层中独立染色路径的数量更多，基质流过程不显著，水流分化现象剧烈。

CF2 土壤剖面的表面积密度在土壤表层至 60 cm 深度底部范围中表现出了逐渐降低趋势，没有出现明显的峰值现象，这可能是由于该土壤剖面上层中存在紫色砂岩块石，影响了水分在土壤剖面中的分布所致。0～30 cm 深度范围内表面积密度降低幅度较快，由表层的 0.41 个·cm^{-1}，降低至 30 cm 处的 0.06 个·cm^{-1}，这可能是因为该范围内部分垂直染色路径发生堵塞，或者一些路径向下延伸中连接成集合，使独立染色路径总数量在该范围内逐渐减低。

CF3 土壤剖面的表面积密度状况与 CF1 样地较为相似。由于该样地内渗透试验水量增加，提高了表层水分的整体运移性能，使其表面积密度在表层土壤降低为 0.23 个·cm^{-1}，限制了表层土壤表面积密度峰值的出现。该剖面内表面积密度最大值出现在 5～15 cm 范围内，可达到 0.62 个·cm^{-1}，较 CF1 剖面其独立染色路径总数量和峰值出现位置均有所提高，这也证明了渗透水量的增加加剧了壤中流的形态分化，促进了土壤优先流现象的发生与发展。

4.1.1.3　针阔混交林土壤垂直染色剖面的表面积密度

针阔混交林 4 处土壤垂直染色剖面内表面积密度均表现出了单峰形态的变化趋势，其表面积密度状况可参见图 4-3。针阔混交林剖面表面积密度在土壤剖面顶

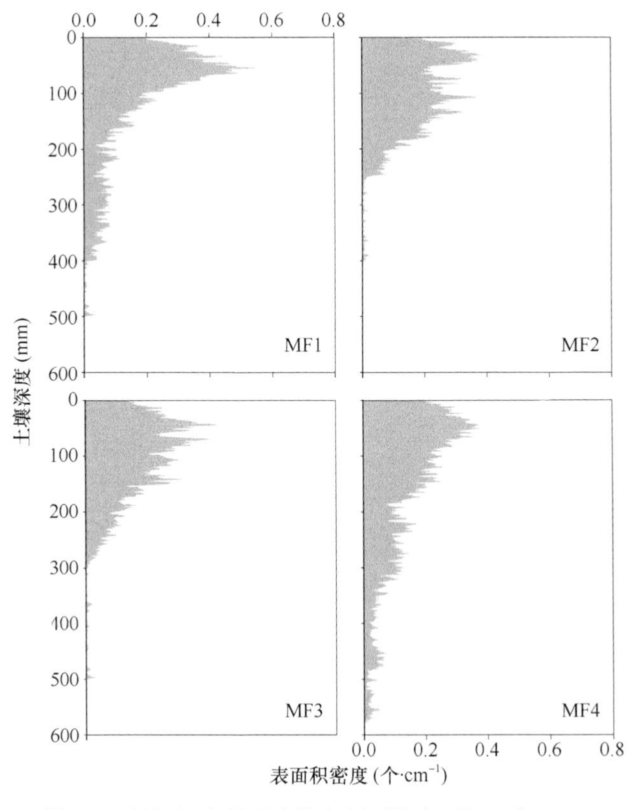

图 4-3　针阔混交林垂直染色剖面的表面积密度

部范围数值较低，MF1～MF4 剖面中分别为 0.18 个·cm^{-1}、0.21 个·cm^{-1}、0.16 个·cm^{-1}和 0.22 个·cm^{-1}，说明针阔混交林表层土壤的水分整体运移性能较高，土壤基质流过程发展明显。随着土壤深度的提高，壤中流形态开始发生分化，在 5～10 cm 深度范围内，表面积密度达到峰值，其中 MF1 样地最高达 0.58 个·cm^{-1}，MF2～MF4 样地也分别达到了 0.38 个·cm^{-1}、0.42 个·cm^{-1}和 0.39 个·cm^{-1}。10 cm 深度以下范围内表面积密度逐渐下降，而且 MF4 下降速度缓于 MF1～MF3 剖面，这可能是由于渗透水量的增大使土壤剖面内的优先流过程加剧，从而增加了 MF4 下层土壤中的独立染色路径数量。

从针阔混交林表面积密度延伸的范围可以发现，MF1～MF3 土壤剖面内壤中流均未达到土壤剖面底部 60 cm 范围，而 MF4 剖面 60 cm 深度的表面积密度为 0.03 个·cm^{-1}，这也证实了渗透水量的增加加剧了土壤优先流的发展。

4.1.1.4 灌丛土壤垂直染色剖面的表面积密度

灌丛土壤垂直染色剖面的表面积密度主要分布在 0～30 cm 深度范围内(见图 4-4)，说明灌丛壤中流过程集中发生于土壤的表层区域。这可能与灌草植物的浅根系分布状况有关，也可能是因灌丛样地内 30 cm 存在着土壤黏滞层，透水性较差，抑制了水分的垂直运移。

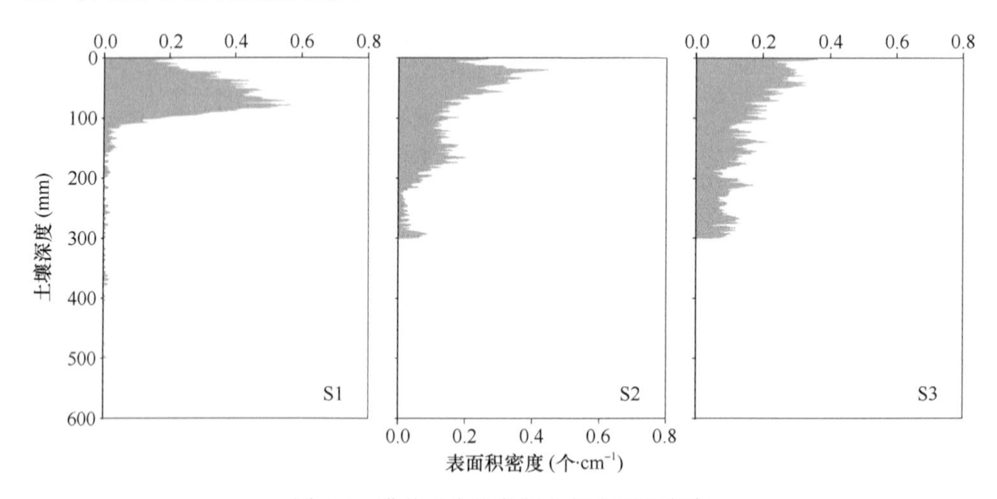

图 4-4 灌丛垂直染色剖面的表面积密度

S1 土壤剖面在 10 cm 深度出现了明显的表面积密度峰值，达到了 0.58 个·cm^{-1}。说明该位置的独立染色数量在剖面中相对分布最多，也反映出该位置壤中流过程形态分化最为剧烈。10～20 cm 土壤范围内表面积密度迅速下降，接近 0 水平，也反映出了该样地内深层水分是通过土壤优先流进行运移。

S2 与 S3 土壤剖面表面积密度变化较为相似，出现了由表层向下部逐渐波动降低的趋势。而在相同的土壤深度范围内，S3 土壤剖面的表面积密度的绝对值略高于 S2 剖面，也反映出了渗透水量的增加有助于壤中流过程的形态分化，增加了独立染色路径的总数量。

4.1.2 林地土壤染色路径数量的垂直变化规律

土壤垂直染色图像的表面积密度是染色和未染色像素节点数，因此可以据此计算出一定深度范围内土壤染色路径的总数量。表面积密度的分布情况实际上说明了林地土壤剖面中独立染色路径数量变化特点，而这种变化反映了壤中流形态的分化程度。

为了进一步揭示林地土壤染色路径数量随土壤垂直深度的变化规律，本研究中将 4 类林地中的 16 处土壤垂直染色剖面表面积密度数值转化为独立染色路径的总数量，并将其与土壤深度进行回归分析。其结果显示，所研究的林地土壤染色剖面中表面积密度随土壤深度的增加显示出偏态高斯曲线形态，其表达式为

$$S_{\mathrm{V}} = a\mathrm{e}^{\left[-0.5\left(\frac{d_{\mathrm{s}}-x_0}{b}\right)^2\right]} \tag{4-1}$$

式中，d_{s} 为土壤深度(mm)；S_{V} 为表面积密度(个·cm^{-1})；x_0 为曲线形态的偏移程度系数(–)；a 与 b 为回归系数(–)。

4 种不同类型林地垂直染色剖面表面积密度与土壤深度垂直变化关系的回归分析结果见表 4-1。

表 4-1 土壤深度与表面积密度的回归关系

林地类型	编号	回归系数			决定系数 R^2
		a	b	x_0	
阔叶林	BF1	1.891E+07	1.13	–5.18	0.728
	BF2	2.182E+06	1.41	–5.76	0.866
	BF3	5.408E+02	0.05	0.02	0.761
	BF4	1.476E+07	0.55	–2.48	0.864
	BF5	5.765E+02	0.09	–0.03	0.787
	BF6	8.962E+02	0.32	–0.30	0.795
针叶林	CF1	3.327E+04	0.78	–2.28	0.880
	CF2	2.733E+06	0.63	–2.58	0.899
	CF3	7.115E+06	1.27	–5.55	0.804
针阔混交林	MF1	4.440E+06	0.49	–2.07	0.937
	MF2	8.083E+05	0.05	–0.17	0.581
	MF3	2.676E+06	0.61	–2.54	0.873
	MF4	1.539E+06	0.52	–2.07	0.958
灌丛	S1	5.540E+06	0.04	–0.18	0.837
	S2	3.333E+06	0.45	–1.89	0.877
	S3	1.030E+03	0.20	–0.25	0.899

由于垂直染色剖面的表面积密度与其对应的染色路径总数量存在一定数值关系：

$$n_{\mathrm{p}} = (S_{\mathrm{V}} + 1)L \tag{4-2}$$

因此，垂直染色剖面中的染色路径总数量随土壤深度变化的关系为

$$n_{\mathrm{p}} = \{a\mathrm{e}^{\left[-0.5\left(\frac{d_{\mathrm{s}}-x_0}{b}\right)^2\right]} + 1\}L \tag{4-3}$$

式中，n_{p}为染色路径总数量(个)；L为土壤剖面总宽度(cm)。

整体上，紫色砂岩地区林地土壤染色路径数量随土壤深度变化依然表现出偏态高斯曲线形态关系。染色路径在土壤剖面顶部范围内总数量相对较低，这可能是由林地表层土壤在积水渗透过程中多以基质流的形态发生水分迁移所致。不同类型林地表层土壤染色路径数量不同，这可能与其植物浅根系的生长有关。染色路径数量在表层土壤中以上升趋势为主，一般至 5～20 cm 左右范围内可达到峰值，这说明基质流底部的水流形态逐渐发生分化，优先流现象开始出现。峰值区域以下的土壤层中，染色路径数量迅速降低，在 30 cm 深度范围内，各剖面的染色路径总数量一般降低至 0.1 个·cm^{-1}的数值水平，这说明所研究的林地深层土壤主要依靠少量的水分传导能力较强的染色路径发生水分运移，这些路径中出现了较为显著的优先流过程。

林地染色路径数量的垂直变化规律也说明了壤中流的形态是与其水流分化程度密切相关的。通过进一步分析染色宽度路径的数量变化规律，可以对壤中流和土壤优先流的类型进行更具体的分析。

4.1.3　林地土壤染色路径宽度分布特征

林地垂直染色剖面的表面积密度仅说明了一定深度范围内染色路径的总体数量状况，而在对其进行垂直分布规律研究中，也没有考虑不同独立染色路径个体水力性质的差异。染色路径的水分传导能力与其形态变化具有一定联系，在此基础上一些学者通过分析独立染色路径的宽度分布状况，根据染色路径实际形态确定适合的宽度分类范围标准(即染色路径宽度，stained path width，SPW)，统计分析不同宽度范围内染色路径数量的分布规律，为优先流形态类型划分研究提供了参考(Jarvis，2007)。

根据第 3 章内容中对林地壤中流过程与土壤优先流发生形态特征分析结果，并综合 Weiler 和 Flühler(2004)研究中对垂直染色剖面中染色路径宽度的划分标准，本研究中将染色路径按照其宽度实际长度划分为＜10 mm、10～100 mm 和＞100 mm 等 3 种级别。

采用 VB 计算机语言编辑统计程序，对不同林地土壤垂直染色剖面内一定深度土壤层中的染色路径宽度进行处理与运算。并依据所制定的染色路径宽度标准，统计出不同宽度级别的优先路径数量。所研究的紫色砂岩地区针叶林、阔叶林、针阔混交林和灌丛的土壤垂直染色剖面中，不同宽度的染色路径数量分布情况分别参见图 4-5～图 4-8。研究结果显示，不同类型林地垂直染色剖面中，3 种不同宽度级别的染色路径在数量分布上表现出了一定的异同。

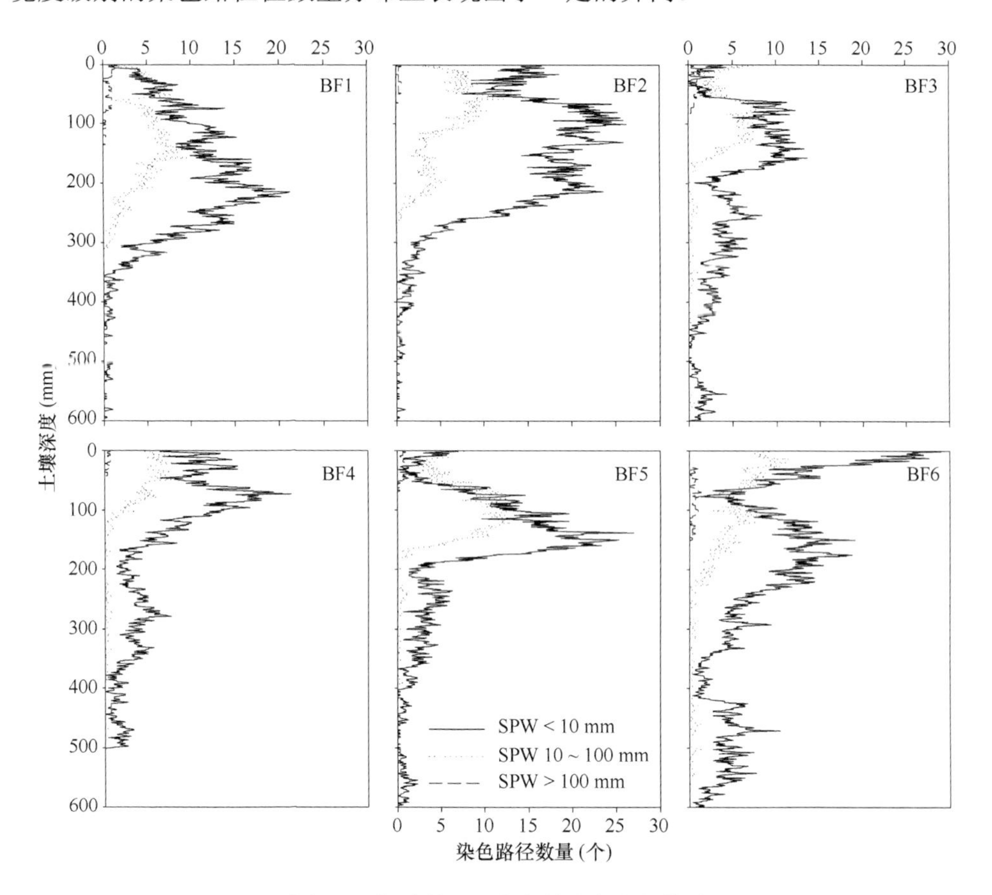

图 4-5　阔叶林不同宽度的染色路径数量

不同类型林地垂直染色剖面中，染色路径宽度小于 10 mm 的染色路径垂直延续性最优，一般均可从土壤剖面顶部延伸至壤中流发生区域的底部。在所研究的 50 cm 总宽度的土壤剖面内，小于 10 mm 宽度的染色路径数量的最高值可以达到 30 左右。小于 10 mm 宽度的染色路径数量随土壤深度分布表现出复杂的多峰形态，其整体分布趋势与所对应垂直染色剖面的表面积密度分布形态较为接近，说明该级别的染色路径是林地壤中流过程中染色路径的主要组成部分。

从其表现出的路径形态上也可以判断出，该宽度级别的染色路径多以发生土壤优先流过程为主。

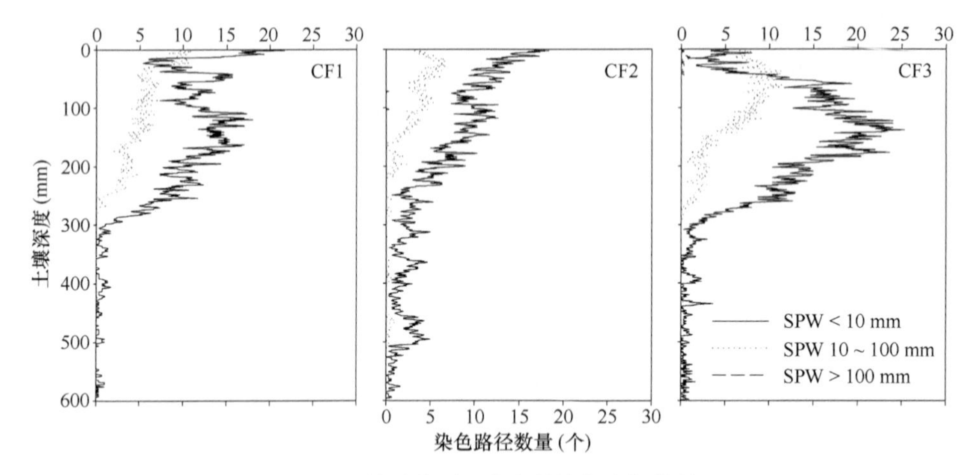

图 4-6　针叶林不同宽度的染色路径数量

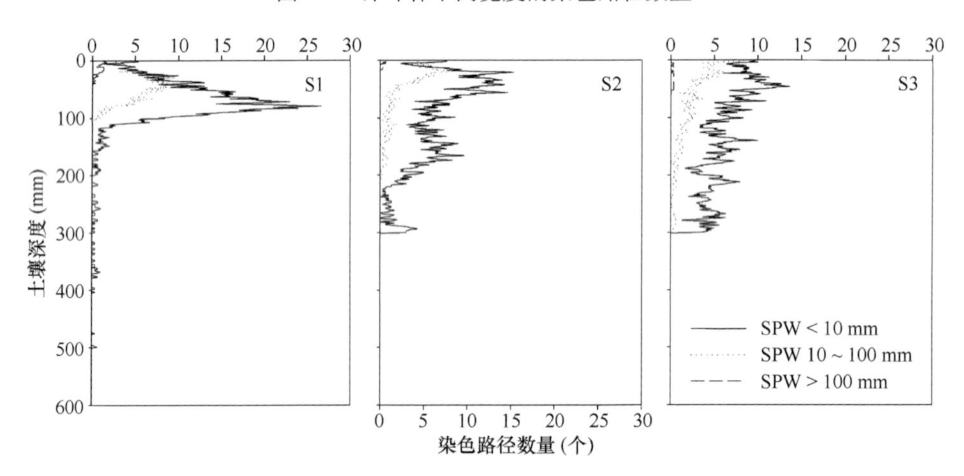

图 4-7　灌丛不同宽度的染色路径数量

染色路径宽度大于 100 mm 的染色路径分布范围相对最小。不同类型林地剖面内，该宽度级别染色路径主要分布在 0～10 cm 深度范围的土壤层中，50 cm 总宽度的土壤剖面中该宽度级别的染色路径数量一般低于 3 个，且变化幅度较低。这说明大于 100 mm 宽度的染色路径主要与林地土壤水分的整体运移过程密切相关，多出现于以基质流形态发生土壤水分运移的表层土壤范围内。另外，由于一些情况中壤中流的渗透锋发生不均匀分化时可能产生指流形态的优先流过程(Rezanezhad et al., 2006)，因此，大于 100 mm 宽度的染色路径的出现主要与土壤基质流或指流过程有关。

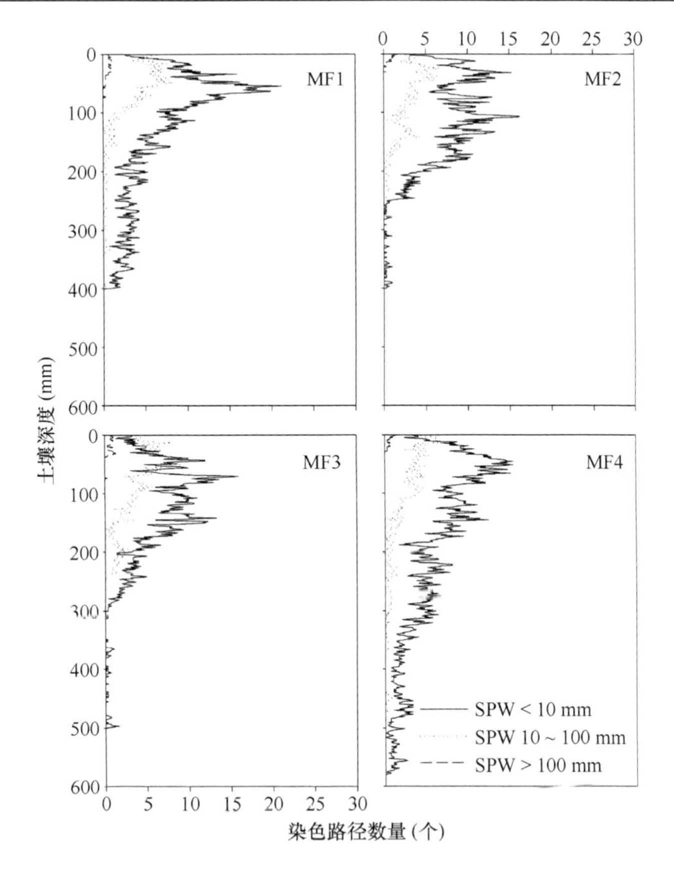

图 4-8　针阔混交林不同宽度的染色路径数量

染色路径宽度在 10～100 mm 的染色路径的分布范围一般在 0～30cm 土壤深度范围内。其分布规律与小于 10 mm 宽度的染色路径基本保持一致，但变化幅度相对较小。在 50 cm 总宽度的土壤剖面内，该宽度级别的染色路径数量一般低于 10 个，且形态上既显示出了部分水流整体运移的特征，同时也在一定程度上反映出了水流快速垂直变化的特点，据此推断 10～100 mm 宽度的染色路径是基质流向优先流分化的过渡形态。处于此宽度级别的染色路径与其周围土壤环境的相互作用相对较高，路径中的部分水分有可能向管壁四周扩散，从而使染色宽度有一定的提高。

根据以上分析结果不难发现，3 种不同宽度级别的染色路径在形态变化和水分传导性质中均与不同类型的壤中流过程有一定联系。因此，可采用染色路径宽度为标准，分别研究不同壤中流过程中不同级别染色路径宽度在土壤剖面整体中的比率关系，以此为基础，补充和完善形态学研究方法，对林地壤中流过程和优先流类型进行具体划分。

4.2 壤中流过程中的优先流发生类型判定

受不同环境条件影响，林地壤中流过程中水流形态不断地发生变化，不同形态的水流过程其水力特征和发生机制具有一定差别。目前的研究中主要将壤中流划分为基质流与优先流两种类型，而优先流过程还可进一步地细化为大孔隙流、指流等具体类别(Allaire et al.，2009)。采用一定量化标准对林地壤中流过程中水流类型进行划分，明确不同空间位置发生的土壤优先流的具体类型，这既是对优先流形态特征研究的重要补充，又是对其发生与形成机理进行研究的基础工作。

4.2.1 基于染色路径宽度的壤中流类型划分标准

本研究中沿用了 Weiler 和 Flühler(2004)所提出的基于染色路径宽度的壤中流类型划分方法。由于本研究中垂直染色剖面的总宽度为 50 cm，垂直图像分辨率为 10 pixel·cm^{-1}，与 Weiler 的研究情况有一定差别。因此，首先需要根据所研究的垂直剖面内染色路径形态的具体变化，对染色路径宽度的分布比例判定标准进行修正和调整，才能对壤中流类型进行精确划分。

通过 4.1.3 节对染色路径宽度分布规律研究结果发现，宽度小于 10 mm 和大于 100 mm 的染色路径分布状况与所显示的水流形态具有明显差异，联系第 3 章中 3.1 节对壤中流过程与优先流形态特征的分析结果，可确定本研究中染色路径宽度比率的统计范围为＜10 mm 和＞100 mm。

以此为标准计算出 50 cm 土壤剖面宽度范围内，宽度小于 10 mm 和大于 100 mm 的染色路径占剖面总宽度的比率，采用表 4-2 中所提出的壤中流类型判定标准，对紫色砂岩地区分布的 4 种类型林地土壤水分的运动过程进行壤中流类型划分，以揭示林地土壤优先流的发生范围和发生类型。

表 4-2 中所提供的划分标准可将壤中流过程具体划分为 5 种类型，即均质基质流、非均质指流、高相互作用大孔隙流、混合作用大孔隙流和低相互作用大孔隙流，其中指流和大孔隙流属于土壤优先流类型。

4.2.2 不同类型林地土壤优先流的发生类型

通过计算 4 种类型林地内垂直染色剖面中，染色路径宽度在剖面总宽度上的分布比率，按照表 4-2 中的类型划分标准，对 4 类不同林地的 16 处土壤剖面壤中流过程进行分析，确定了各剖面内土壤优先流发生的类型和发生区域，并以柱形图表示。研究中，林地壤中流类型及其所对应的图例见表 4-3。

表 4-2　基于染色路径宽度(SPW)的壤中流类型判定标准

壤中流类型	染色流态	染色路径宽度(SPW)统计比率	
		＜10 mm	＞100 mm
低相互作用大孔隙流		＞50%	＜20%
混合作用大孔隙流		20%～50%	＜20%
高相互作用大孔隙流		＜20%	＜30%
非均质指流		＜20%	30%～60%
均质基质流		＜20%	＞60%

表 4-3　林地壤中流类型及其所示图例

图例	壤中流类型名称
	均质基质流(homogeneous matrix flow)
	非均质指流(heterogeneous fingering flow)
	高相互作用大孔隙流(macropore flow with high interaction)
	混合作用大孔隙流(macropore flow with mixed interaction)
	低相互作用大孔隙流(macropore flow with low interaction)
	无水流区域(no flow occurs)

4.2.2.1　阔叶林壤中流过程与土壤优先流发生类型

根据染色路径宽度分布比率，所研究的 6 处阔叶林壤中流过程的类型划分结果见图 4-9，不同的阔叶林垂直染色剖面内均显著地发生了土壤优先流现象。受土壤结构与渗透水量差异的影响，不同阔叶林土壤剖面间优先流发生范围与类型又表现出了一定的差异。

BF1、BF3 与 BF5 阔叶林土壤剖面的壤中流过程类型状况较为相似。表层 10～15 mm 深度范围内，土壤水分以均质基质流的形态发生整体迁移；15 mm 以下层土壤中，基质流的渗透锋逐渐不稳定，发生水流的分化，出现了范围为 5 cm 左右的非均质指流过程，水分通过不稳定的湿润锋(或为指流通道)发生快速运移；指流发生区域下层中水分被分散进入大小不均的孔隙结构，发生混合作用大孔隙流过程，至此水分开始沿孔隙结构体发生垂直运移；在土壤 20 cm 深度位置以下，水分主要以低相互作用大孔隙流形态运动，这时水分与大孔隙壁内土壤颗粒的相互作用程度较低，水分在大孔隙内向水平方向扩散不显著，表现出沿独立狭窄的优先路径运动的形态。由于 BF5 土壤剖面试验过程中的渗透水量高于 BF1 和 BF3 剖面，因此，其表层土壤中均质基质流发生范围更广泛，达到了 0～10 cm 范围。

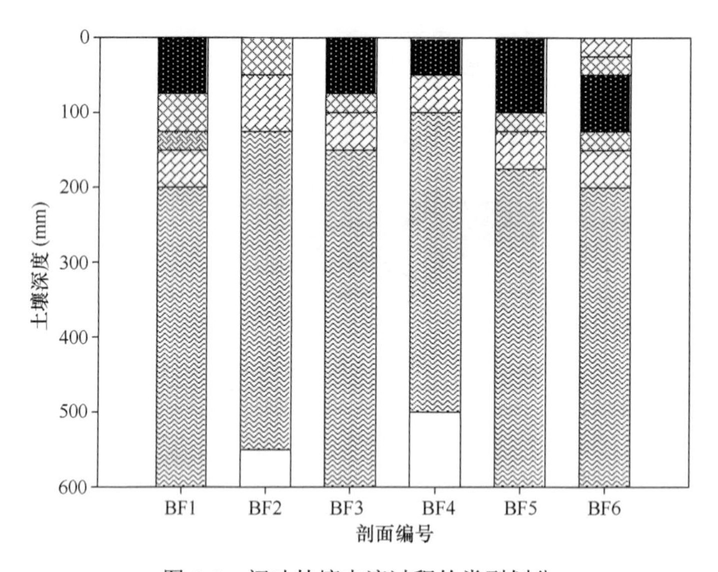

图 4-9　阔叶林壤中流过程的类型划分

BF2 土壤剖面中基质流过程不明显，表层土壤水分主要以非均质指流形态，随不稳定的湿润锋快速运移。在达到土壤 5 cm 深度位置处，指流水分逐渐开始进入分散的孔隙通道中，出现混合作用大孔隙流过程，随后至 15 cm 左右深度位置时，壤中流以低相互作用大孔隙流形式运动到 55 cm 深的紫色砂岩母质层顶部。BF2 土壤剖面上部基质流现象不明显以及指流过程的出现，可能与土壤表层植物根系分布及土壤结构非均质性等因素有关。

BF4 土壤剖面中均质基质流发生后，没有出现非均质指流过程作为过渡过程。在 5 cm 深度范围内，土壤水分直接进入到部分形态差异较大的孔隙结构中，发生混合作用大孔隙流过程。随后壤中流过程进一步分化，以低相互作用大孔隙流形式运移达到 50 cm 紫色砂岩母质层的顶部。

除 5 cm 深度位置内的表层土壤外，BF6 土壤剖面的壤中流分布类型状况与 BF5 剖面相似。BF6 剖面表层土壤水分主要以优先流的形式进行运移，这可能与该剖面顶部植物根系分布密集程度有关。

从整体上看，阔叶林壤中流过程的趋势为“均质基质流→非均质指流→混合作用大孔隙流→低相互作用大孔隙流”，土壤优先流主要发生于 10 cm 以下范围内。不同的阔叶林试验剖面的土壤-植物环境具有一定的差异，因此其土壤剖面内可能发生一些特殊的壤中流过程。

4.2.2.2　针叶林壤中流过程与土壤优先流发生类型

所研究的 3 处针叶林壤中流过程的类型划分结果见图 4-10。针叶林壤中流过程相对阔叶林较为简单，表层土壤中基质流过程不显著，而土壤剖面整体优先流过程明显，并主要以“高相互作用大孔隙流→混合作用的大孔隙流→低相互作用的大孔隙流”的趋势发生水分运移。与阔叶林相比较，针叶林土壤中混合作用大孔隙流的分布范围更广泛，可达到土壤 15～25 cm 深度范围，说明了针叶林土壤中，一些孔隙结构在垂直延伸的过程中逐渐结合在一起，而提高了范围内的水分运移状况。针叶林土壤表层的水分主要通过几处水分传导性能较高的优先路径集中垂直运移，影响了均质基质流的发生。

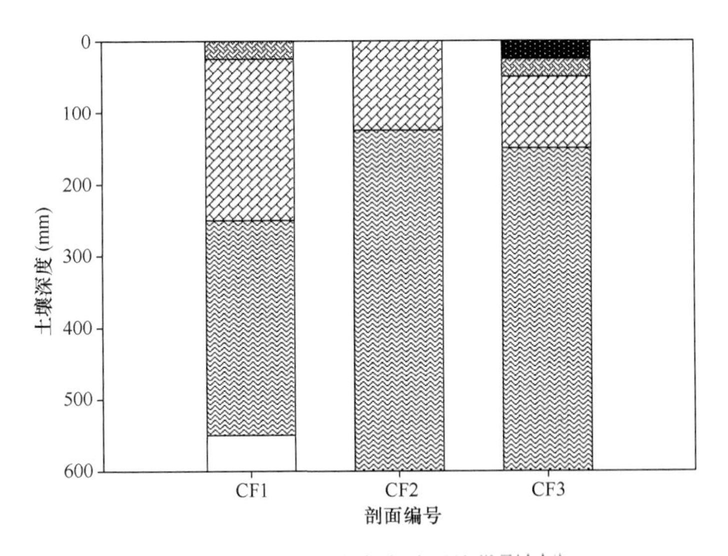

图 4-10　针叶林壤中流过程的类型划分

CF2 土壤剖面表层中存在斥水性的紫色砂岩块石，影响了土壤水分在表层土壤中的分布状态，因此该剖面表层 0～5 cm 范围内较 CF1 剖面，缺失了高相互作用大孔隙流层次。CF3 土壤剖面中由于试验渗透水量的增大，使得其表层 0～5 cm 范围内出现了均质基质流过程，但总体而言该过程在针叶林剖面内依然分布不明显。

4.2.2.3 针阔混交林壤中流过程与土壤优先流发生类型

针阔混交林壤中流过程的类型划分结果见图 4-11。该图显示出针阔混交林表层土壤均质基质流发生较为明显，土壤剖面内均匀地存在着 0～5 cm 厚度的基质流发生层次。5 cm 深度下层水分主要通过混合作用大孔隙流过程发生运移，并在 10～15cm 深度位置分化进行到少数狭窄的优先路径中，以低相互作用大孔隙流达到土壤剖面的母质层顶部。

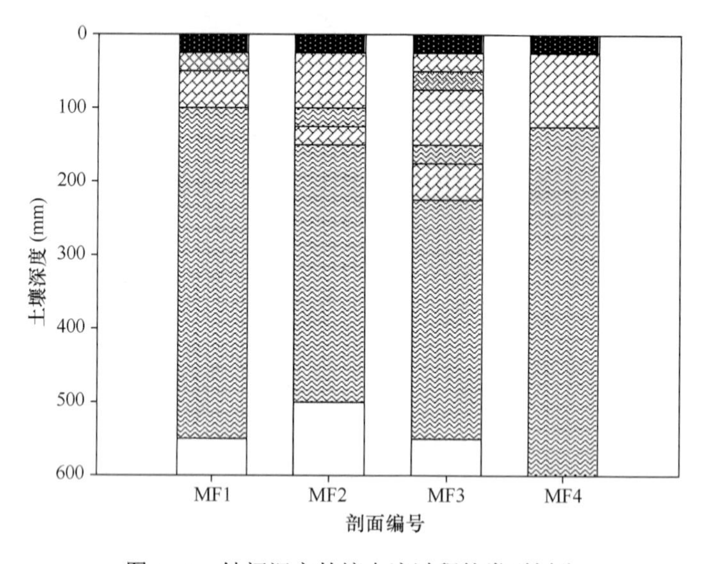

图 4-11 针阔混交林壤中流过程的类型划分

针阔混交林壤中流过程表现出了“均质基质流→混合作用大孔隙流→低相互作用大孔隙流”的发展趋势。受不同剖面内土壤结构的影响，在针阔混交林土壤优先流发生区域上部 5～20 cm 深度范围内，优先流的具体类型有较复杂的变化。

MF1 土壤剖面内，表层 5 cm 深度处出现了非均质指流过程，这说明该剖面表层土壤与其他 3 处针阔混交林相比，孔隙结构连通性较差且土壤异质性较高。MF2 土壤剖面内 15 cm 深度位置，在低相互作用大孔隙流发生范围内出现了 5 cm 深的混合作用大孔隙流的层次，这可能与该位置优先流路径发生了一定侧移和弯曲，形成部分水分积存有关。而在 MF3 土壤剖面内，5～25 cm 深度范围的混合作用大孔隙流层次中，分别在 5 cm 和 15 cm 两个位置夹杂了高相互作用大孔隙流和低相互作用大孔隙流层次，该土壤剖面表现出了更加不稳定的优先流过程。以上结果说明针阔混交林内，由于其植物种类组成较为复杂，影响了土壤层次结构稳定性，使得土壤优先流发生类型变异程度较高。对比不同渗透水量土壤剖面内壤中流过程，也不难发现渗透水量的增加加剧了土壤优先流的发展，使优先流过程更加稳定。

4.2.2.4　灌丛壤中流过程与土壤优先流发生类型

所研究的 3 处灌丛壤中流过程的类型划分结果见图 4-12。受其地形和土壤黏滞层分布位置的综合影响，灌丛土壤水流过程主要分布于 0～30cm 深度范围内，并以大孔隙流形式为主。

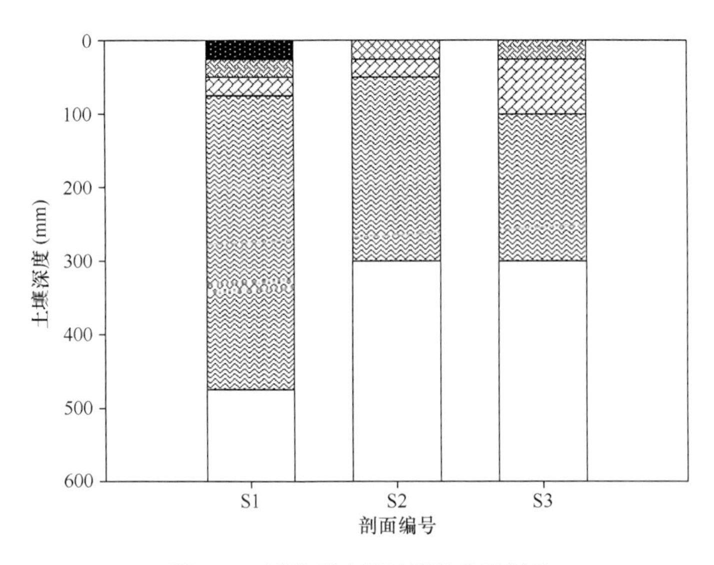

图 4-12　灌丛壤中流过程的类型划分

灌丛壤中流过程主要以“高相互作用大孔隙流→混合作用大孔隙流→低相互作用大孔隙流”的发展趋势为主。其中，由于 S1 样地内表层土壤更加松散均匀，在 0～10cm 深度范围内发生了基质流过程，而 S2 样地内由于顶部土壤也相对较均匀，出现了指流过程。S3 土壤剖面接受的渗透水量较高，因此其混合作用大孔隙流的分布范围有一定的提高，达到了 10 cm 左右的土壤深度位置。

根据对林地壤中流类型的分析结果，所研究中的紫色砂岩地区林地内土壤优先流发生较为频繁，其中低相互作用大孔隙流发生与分布范围最广，一般可从土壤 10～20 cm 深度位置直达剖面母质层顶部。这说明所研究地区林地土壤优先流主要以大孔隙流的形式产生和发展，大孔隙的形成与植物根系的生长与分布状况密切相关。

此外，根据染色路径宽度所判断的壤中流类型，较直观分析染色剖面图像或根据半量化的染色面积比分析得出的结果更为准确。说明了针对独立染色路径自身形态特征而进行的土壤优先流类型研究，具有较高的灵敏性与准确度，作为林地土壤优先流形成机理的研究依据更为可靠。

4.3 土壤优先流类型对林地水分条件的响应

众多研究表明，不同条件下的壤中流过程中，分化形成的流体形态与其环境水分条件密切相关(Edwards et al.，1993；张洪江等，2004)。林地土壤的初始含水量、水分梯度以及外部降雨状况等，对壤中流的水分通量、水力性质等均有不同程度的影响。通过分析林地壤中流具体类型与其所对应的土壤水分条件相关关系，可揭示出水分条件对土壤优先流发生与发展过程的影响。

本研究中采用偏相关的统计分析方法，对特定试验渗透水量中林地土壤的初始含水量以及上下土壤层间水分梯度与其所对应壤中流类型的相关关系进行分析，以此说明土壤内部水分条件对优先流过程的影响；同时将土壤水含量条件作为控制因素，比较一定土壤水条件下试验渗透水量的变化对壤中流过程影响，以此分析降雨条件对土壤优先流类型变化的影响。

在偏相关分析中，将低相互作用大孔隙流、混合作用大孔隙流、高相互作用大孔隙流、非均质指流和均质基质流等 5 种类型壤中流过程分别赋值为 1～5。相关分析结果中，壤中流类型与水分条件表现的正相关性说明了水流形态向着基质流类型发展，而负相关性则表示水流形态向着土壤优先流类型发展。

4.3.1 土壤优先流类型对初始含水量的响应

对于所研究的紫色砂岩地区林地整体而言，土壤层的初始含水量对壤中流的发生过程影响并不显著。但从趋势上看，土壤初始含水量的提高有利于土壤水分以均质基质流的形态发生运移。这可能因为土壤水分含量增加后土壤层接近水分饱和，饱和土壤中水分主要以均匀流速发生迁移，从而影响了壤中流的水力性质。Flury 和 Flühler(1994)对瑞士主要土壤类型环境中优先流发生状况的研究也表明，土壤初始含水量对土壤优先流的发生影响程度不明显，土壤水分的过分提高有利于表层土壤中基质流水分运动过程的产生。

表 4-4 中也显示出了不同类型林地对土壤初始含水量状况的响应程度是具有一定差别的。针叶林、针阔混交林、灌丛样地中，土壤层初始含水量的增加不利于土壤优先流现象发生，而其中针阔混交林土壤初始含水量对优先流发生的抑制作用相对最为明显，其偏相关系数为 0.72，达到极显著水平。在优先流发生区域内，土壤初始含水量的增加可导致低相互作用优先流发生区域的减小，并扩大了混合作用的大孔隙流发生范围。针阔混交林 MF3 剖面中 15～25 cm 范围内混合作

用大孔隙流的发生就可能与此有关。

表 4-4　土壤初始含水量与林地壤中流发生类型相关关系

林地类型	相关系数	双侧检验系数	样本数(个)
林地整体	0.056	0.586	96
阔叶林(BF)	–0.263	0.122	36
针叶林(CF)	0.245	0.326	18
针阔混交林(MF)	0.720**	0.000	24
灌丛(S)	0.138	0.584	18

**表示相关性在 0.01 水平下具有极显著性

阔叶林土壤初始含水量与壤中流发生类型的偏相关性与其他 3 种类型林地不同，为负相关，偏相关系数为–0.263。两者相关性虽不显著，但显示出土壤初始含水量的增加对阔叶林土壤优先流发生具有一定的促进趋势。较高的初始含水量状况下，阔叶林土壤优先流主要向混合作用大孔隙流和低相互作用大孔隙流形式发展，其水流形态分化程度更高。这可能与阔叶林内植物根系生长对土壤的分割剧烈，堵塞和影响了优先路径的连通性，较低的水分含量使得一些优先路径不能有效地形成连通结构整体，而影响了优先流的形成与水流形态的进一步分化有关(Mitchell et al.，1995)。

4.3.2　土壤优先流类型对水分梯度的响应

本研究中林地土壤水分梯度可计算为一定深度土壤界面上层 10 cm 范围与下层 10 cm 范围的土壤含水量差。通过偏相关分析，结果发现研究区林地整体土壤水分梯度对土壤优先流的发生具有显著的促进作用，其偏相关系数为–0.247。林地土壤水分梯度越高，所产生的垂直水势差相对越大，这有利于优先流过程中水流形态的分化，一般情况下，研究区林地土壤水分梯度高于 10%时，壤中流主要以低相互作用大孔隙流为主。土壤水分梯度的增加，反映出上层水分含量高于下层土壤，产生该情况的原因一方面可能是由于下层土壤孔隙结构较少、土质密集，也可能是上层壤中流过程中水分与其周围土壤相互作用程度较大，向四周扩散程度较高所致。

根据表 4-5 偏相关分析结果，阔叶林和针叶林土壤水分梯度与其壤中流发生类型呈显著的负相关性，偏相关系数分别为– 0.384 与– 0.726，反映出土壤水分梯度增加有利于阔叶林和针叶林内优先流过程发展，水分在运移过程中与周围土壤环境的相互作用较小。而在针阔混交林与灌丛样地中，土壤水分梯度增加对优先流过程有一定抑制作用，其偏相关性为正相关。这可能是与针阔混交林和灌丛壤中流迁移深度较浅有关。与阔叶林和针叶林相比，这两类林地下层土壤中优先流水分迁移范围较小，其相关性统计中仅对表层土壤中水分梯度变化对基质流和指流等过程的影响状况进行了分析，从而使得分析结果具有一定的特殊性。

表 4-5 土壤水分梯度与林地壤中流发生类型相关关系

林地类型	相关系数	双侧检验系数	样本数(个)
林地整体	–0.247*	0.027	80
阔叶林(BF)	–0.384*	0.036	30
针叶林(CF)	–0.726**	0.002	15
针阔混交林(MF)	0.436	0.055	20
灌丛(S)	0.655**	0.008	15

*表示相关性在 0.05 水平下具有显著性；**表示相关性在 0.01 水平下具有极显著性

4.3.3 土壤优先流类型对渗透水量的响应

紫色砂岩地区土壤优先流形态特征和发生范围的研究结果显示出试验中渗透水量的增加影响了壤中流的形态变化，整体上增加了基质流发生的范围，同时为优先流发生区域提供了更多的水分通量(参见第 3 章 3.2.1.3 节与 3.3.2 节的研究结果)。

通过分析渗透水量和优先流类型的偏相关关系，其分析结果表示渗透水量对所研究的林地土壤优先流类型变化的影响是不显著的(表 4-6)，尤其是在土壤剖面底层区域，渗透水量增加对优先流类型的变化无相关性，这说明渗透水量的变化对林地壤中流过程的影响是具有一定局限性的，土壤优先流的发生与发展变化主要还是与其所处区域的土壤结构性质和植被生长状况等环境因素有关(Franklin et al.，2007)。

表 4-6 渗透水量与林地壤中流发生类型相关关系

林地类型	相关系数	双侧检验系数	样本数(个)
林地整体	0.048	0.643	96
阔叶林(BF)	0.099	0.568	36
针叶林(CF)	0.066	0.796	18
针阔混交林(MF)	–0.102	0.635	24
灌丛(S)	0.000	1.000	18

为了揭示渗透水量在不同深度范围内对壤中流过程和土壤优先流类型变化的相互作用关系，分别以 10 cm 深度为标准，分析渗透水量对不同深度土壤层壤中流类型的相关关系。如图 4-13 显示的情况，随着土壤深度变化，渗透水量对壤中

流形态分化的影响具有一定减弱趋势。在表层 20 cm 深度范围内，其相关系数达到 0.38 以上，说明渗透水量的提高有利于该范围内土壤基质流过程的发展，对非均质指流和高相互作用大孔隙流等优先流类型的发生具有一定的抑制作用。而 20 cm 以下的深层土壤中，渗透水量的变化对低相互作用优先流影响较小，两者相关性不大。

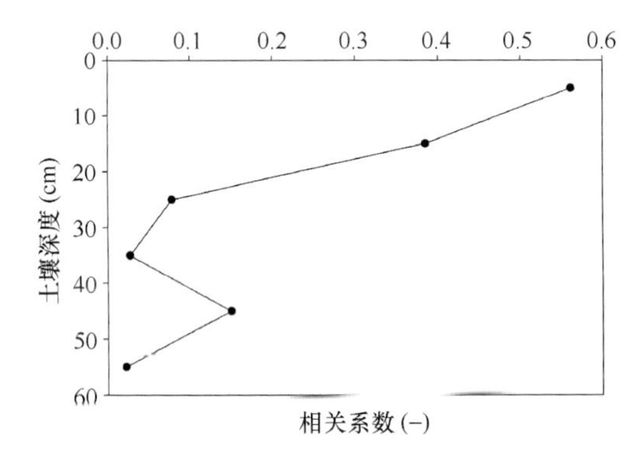

图 4-13　不同深度渗透数量与林地壤中流发型类型相关关系

第 5 章　土壤优先路径的空间分布规律

采用点格局分析方法分别对低渗透水量(25 mm)和高渗透水量(60 mm)条件下，林地各深度水平染色剖面的优先路径水平空间分布状态进行研究。结果表明在试验土壤剖面空间尺度范围(r = 25 cm)，林地土壤优先路径在整体上表现出了较为显著的聚集分布状态。随着渗透水量的提高，不同林地优先路径水平空间分布情况彼此差异更为复杂。0～20 cm 土壤中优先路径的形成主要与浅根系植物生长有关，而在 20～50 cm 的中低层土壤中，植物根系与优先路径的空间分布关联性逐渐降低。试验土壤剖面空间尺度范围(r = 200 mm)，荒地水平染色剖面多呈现出聚集分布或聚集分布向随机分布发展状态。玉米地水平染色剖面中的不同影响半径优先路径分布状态以聚集分布为主。柑橘地水平染色剖面中的不同影响半径优先路径分布状态以聚集分布为主。

染色剖面图像经解析后，通过染色面积比和染色路径宽度等形态信息可揭示出林地土壤优先流发生类型和发生过程。受土壤空间异质性影响，水平方向上土壤优先路径的组成和分布状态与其在垂直染色剖面中反映出的情况具有差异，林地土壤层整体的水分空间运移过程与优先路径的水平分布规律密切相关(Petersen et al.，1997)。目前土壤优先路径水平空间分布规律相关研究主要局限于水平染色剖面图像解析方法、不同径级优先路径的相互距离关系等方面(Droogers et al.，1998；Weiler and Flühler，2004)。一些研究中采用最近路径距离为参考指标，对土壤优先路径的水平分布状态进行了统计描述，但其研究结果无法揭示优先路径在土壤空间中是以随机、聚集或分散状态分布(Wang et al.，2010)。程云等(2001)在对三峡库区花岗岩马尾松林地管流路径的研究中，尝试采用 Morisita 指数检验方法，判断出管流路径以聚集状态分布于风化层边界，并将空间统计方法引入林地土壤水流路径分布规律研究中，开阔了该领域研究思路。

在景观生态学研究中，常采用点格局的空间统计方法，分析不同空间尺度范围内植物个体的分布规律(Ward et al.，1996)，同时采用多元点格局方法，还可以对不同植物的空间位置关系进行分析(卢炜丽，2009)。如果将不同深度的土壤水平染色剖面视为空间整体，并将其中分散的优先路径视为该空间分布的独立个体，则理论上也可采用点格局方法对优先路径的空间分布规律进行研究。

本研究中运用图像解析方法，对预处理的不同深度水平染色土壤剖面图像中独立的染色区域进行划分，根据染色影响范围计算出所独立染色区域对应的优先路径的影响半径和空间位置。采用点格局方法对不同当量半径优先路径的空间分布状态进行分析，并依据挖掘水平剖面过程中记录的植物根系存留位置，应用多元点格局方法讨论植被根系生长和土壤优先路径的空间分布关联性，旨在揭示植物生长对优先路径形成和发展的影响。

5.1　林地水平染色剖面内优先路径数量

土壤结构的空间异质性均可使不同类型林地内优先路径的水力性质、数量情况和分布状况等出现一定的差异(Williams et al.，2000)。采用图像解析方法，可提取出水平染色剖面内独立的染色影响区范围所对应的优先路径的影响半径和空间位置，以确定不同影响半径的优先路径的数量分布状况，为研究林地土壤优先路径空间分布规律奠定基础。

近年来，图像解析技术的发展和计算机处理能力的提升，使染色剖面的图像解析结果更加准确(Forrer et al.，2000)。采用图像预处理、形态学运算和信息识别等解析方法，可有效地完成水平染色剖面优先路径数量与位置信息的统计工作。

5.1.1　林地水平染色剖面优先路径信息提取方法

在亮蓝染色示踪试验过程中，所获取的林地水平染色剖面中优先路径数量和空间位置等信息的提取，需要通过图像预处理、形态学运算和信息识别等 3 个主要步骤完成(图 5-1)。图像解析过程的精确程度，直接影响着林地土壤优先路径水平空间分布规律的研究结果。

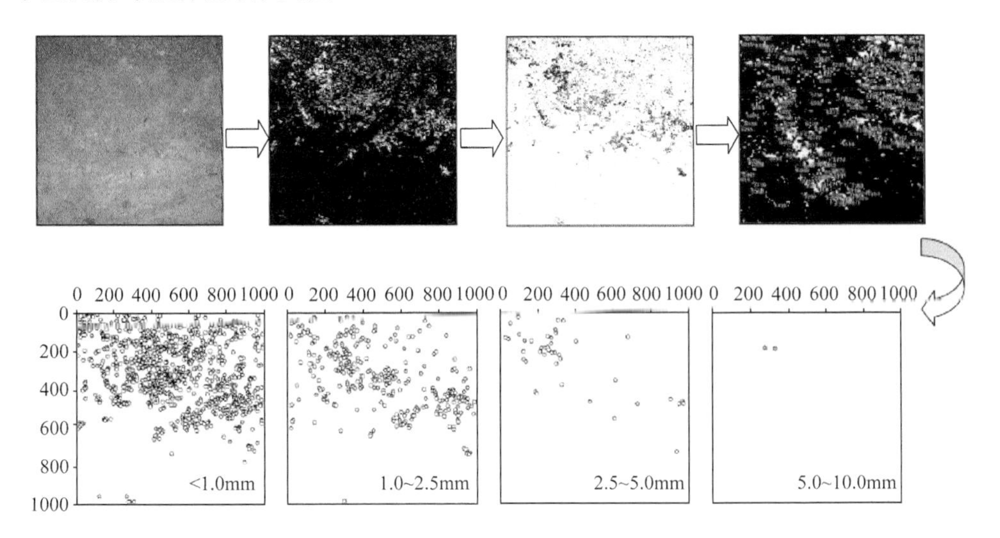

图 5-1　水平染色剖面优先路径位置与数量提取方法（参见书后彩图）

图像预处理主要是通过几何校正、光照校正、色彩校正和降噪处理等 4 个步骤将所拍摄的林地不同深度水平染色剖面影像转化成为标准的用于解析的二值图像的过程(Flury and Flühler，1995)。

土壤水平染色图像中，彼此临近的优先路径的染色影响区之间的边界一般较为模糊，没有完全独立。为了更好地判定各个优先路径的染色影响范围，以确定其影响半径和空间位置，可根据染色影响区之间边界像素的空间拓扑关系，采用“分水岭”的形态学运算方法(Vincent and Soille，1991)对染色范围边界进行锐化处理，可将具有一定连接的染色影响区分割为独立染色影响区个体。

对染色影响区内所对应的优先路径的影响半径和空间位置等信息数字识别工作是通过 Image-Pro Plus 6.0 图像分析软件的“分类/计数”功能完成的。统计闭合的团状或块状染色范围的面积和重心坐标，采用圆面积公式反算，可计算出分布的土壤优先路径的影响半径及其空间位置状况，其具体方法见第 2 章 2.3.2.4 节“特征参数解析”的相应内容。

通过以上图像解析步骤，可将林地不同深度的水平染色剖面的图像信息转化为表示优先路径影响半径和空间位置的数学信息。根据优先路径影响半径的分布变化状况，将水平剖面中的优先路径进行分类，并以此为基础更为系统地分析林地土壤优先路径的水平空间分布规律。

5.1.2 不同类型林地土壤优先路径的水平空间分布数量

林地土壤优先路径的形成和发展过程受到其周围环境状况变化的影响，不同类型林地内不同土壤剖面中优先路径的水平分布情况具有一定的差异(Droogers et al.，1998)。根据对研究区内 4 种类型林地共 16 处优先流观测样地的土壤水平染色剖面图像解析结果，可将在水平染色剖面中分布的土壤优先路径，按照其影响半径大小分为≤1.0 mm、1.0～2.5 mm、2.5～5.0 mm、5.0～10.0 mm 和＞10.0 mm 等 5 个等级进行数量统计。

5.1.2.1 阔叶林优先路径的水平空间分布数量

阔叶林水平染色剖面中优先路径的总数量随土壤深度的增加总体呈现出不断降低的趋势，且影响半径较小的优先路径数量显著高于影响半径较大的优先路径(表 5-1)。其中，表层 0～20 cm 深度的土壤层中，优先路径总量显著高于 20～50 cm 范围的底层土壤，阔叶林表层土壤中优先路径平均可达到 20000 个·m^{-2} 以上，且 5.0～10.0 mm 较大影响半径的优先路径也多分布于表层土壤范围，其数量在 BF6 剖面 10～20 cm 土壤层中最多，达到了 464 个·m^{-2}。

表 5-1　阔叶林水平染色剖面中的优先路径数量

剖面编号	土壤深度(cm)	不同影响半径(mm)染色路径数量(个·m^{-2})					
		总量	≤1.0	1.0～2.5	2.5～5.0	5.0～10.0	＞10.0
BF1	0～10	20820	11452	6520	2548	300	—
	10～20	13384	8620	3916	748	100	—
	20～30	16060	10812	4428	764	56	—
	30～40	10568	5896	3320	1104	248	—
	40～50	4500	3132	1032	240	52	44
BF2	0～10	15408	9692	4648	996	72	—
	10～20	19424	12928	5576	888	32	—
	20～30	5404	3804	1364	212	24	—
	30～40	5420	3924	1320	168	8	—
	40～50	836	556	236	32	12	—
BF3	0～10	21576	16316	4940	320	—	—
	10～20	20824	12472	6876	1380	96	—
	20～30	12864	8636	3576	580	72	—
	30～40	12304	8864	2896	496	48	—
	40～50	3616	2516	988	112	—	—
BF4	0～10	23752	16068	6560	1076	48	—
	10～20	34452	25256	8828	368	—	—
	20～30	4536	4384	136	12	4	—
	30～40	2664	2380	248	36	—	—
	40～50	2288	1936	328	24	—	—
BF5	0～10	23160	16324	6228	604	4	—
	10～20	14784	10524	3632	584	44	—
	20～30	5656	5064	588	4	—	—
	30～40	6136	4544	1476	116	—	—
	40～50	3732	2856	844	32	—	—
BF6	0～10	32080	21040	9488	1444	108	—
	10～20	10832	5516	3268	1568	464	16
	20～30	6216	3688	1840	540	148	—
	30～40	5348	4400	872	76	—	—
	40～50	2188	1456	624	96	12	—

试验渗透水量的增加对阔叶林水平染色剖面的优先路径数量变化具有一定影响，这主要与渗透水量增加提高了供水势能，使更多的孔隙结构参与到土壤水分运动中有关(Flury and Wai，2003)。其中 BF6 剖面表现的尤其明显，其表层 0～10 cm 范围内优先路径总数量可达到 32080 个·m^{-2}，远高于其他阔叶林剖面数量水平。

整体上影响半径大于 10.0 mm 的土壤优先路径在阔叶林水平染色剖面中较为少见。一方面是因为研究中采用了形态学方法将染色影响区进行了分割和独立，另一方面也反映出土壤水分运动过程主要是依靠数量众多的孔径较小的优先路径共同作用完成的。以往的研究也证实水分传导能力较强的土壤优先路径一般是由不同的土壤孔隙连接形成的孔隙结构体(Villholth，1994)。

5.1.2.2 针叶林优先路径的水平空间分布数量

针叶林土壤的水平染色剖面内优先路径数量(表 5-2)变化与阔叶林表现出较为相似的特点，其表层 0～20 cm 范围优先路径数量也显著高于底层范围，说明针叶林表层开放性连通孔隙结构较多，能够有效地传导土壤水分。而底部土壤范围内优先路径数量减少也说明了其连通性随垂直深度增加具有一定变化，底层 30～50 cm 范围内土壤水分主要沿连通性较优的优先路径进行迁移。

表 5-2 针叶林水平染色剖面中的优先路径数量

剖面编号	土壤深度(cm)	不同影响半径(mm)染色路径数量(个·m^{-2})					
		总量	≤1.0	1.0～2.5	2.5～5.0	5.0～10.0	>10.0
CF1	0～10	26072	21100	4812	156	4	—
	10～20	17208	11616	4648	892	52	—
	20～30	11136	7140	3116	804	72	4
	30～40	8468	6392	1856	208	12	—
	40～50	2660	2292	344	24	—	—
CF2	0～10	17824	11728	5076	968	52	—
	10～20	8360	6012	2064	280	4	—
	20～30	8992	6232	2516	240	4	—
	30～40	5288	4424	840	24	—	—
	40～50	3708	3596	112	—	—	—
CF3	0～10	18000	9032	6232	2456	280	—
	10～20	16620	13012	3168	400	40	—
	20～30	7408	5876	1356	172	4	—
	30～40	1636	1284	324	28	—	—
	40～50	3544	3024	476	44	—	—

针叶林水平染色剖面中优先路径的数量随渗透水量增加也有一定提高。尤其是各深度土壤层中 2.5～5.0 mm 和 5.0～10.0 mm 影响半径级别的优先路径数量具有较大提升。由于优先路径的影响半径被认为与其水分传导性能有密切联系(Haws et al.，2004)，渗透水量的增加也加强了针叶林土壤优先流的发生与发展过程。

5.1.2.3　针阔混交林优先路径的水平空间分布数量

针阔混交林土壤的水平染色剖面中，优先路径数量随土壤深度变化在 0～40 cm 范围内主要以减小的趋势为主，而 MF4 剖面底层出现了 1.0～2.5 mm 和 2.5～5.0 mm 影响半径的优先路径数量有所增加的现象(表 5-3)，这可能与底层中基岩的风化情况有关，松散的紫色砂岩碎屑物增加了优先路径的数量(程金花等，2006)。

表 5-3　针阔混交林水平染色剖面中的优先路径数量

剖面编号	土壤深度(cm)	不同影响半径(mm)染色路径数量(个·m^{-2})					
		总量	≤1.0	1.0～2.5	2.5～5.0	5.0～10.0	>10.0
MF1	0～10	19412	9756	7276	2184	196	—
	10～20	20400	16436	3728	228	8	—
	20～30	13092	10448	2380	244	20	—
	30～40	6752	4548	1768	408	28	—
	40～50	4484	3132	1024	280	48	—
MF2	0～10	18156	12424	5008	672	52	—
	10～20	21664	14116	6492	976	80	—
	20～30	10844	7592	2612	516	112	12
	30～40	9716	6060	2896	684	76	—
	40～50	1900	1156	640	88	16	—
MF3	0～10	24672	15960	7952	760	—	—
	10～20	17732	12600	4176	840	116	—
	20～30	9716	6520	2692	456	48	—
	30～40	5168	3364	1408	332	64	—
	40～50	2520	2060	408	52	—	—
MF4	0～10	12012	7576	3636	768	32	—
	10～20	8160	5792	1860	400	108	—
	20～30	7624	5548	1852	212	12	—
	30～40	2392	2240	148	4	—	—
	40～50	2656	2060	548	44	4	—

渗透水量的提高使针阔混交林 MF4 剖面中土壤优先路径数量反而有所降低，但其各垂直深度土壤层中优先路径总数量和不同影响半径优先路径数量分布变化均较平稳。在 0～30 cm 土壤深度范围内，MF4 土壤剖面的优先路径数量变化幅度远低于其他 3 处针阔混交林，这说明该剖面内优先路径的垂直连通性较好，渗透水量的增加使得优先路径的连通性得到进一步的提高，能够较好地保证土壤水分垂直运移需要。

5.1.2.4　灌丛优先路径的水平空间分布数量

灌丛土壤的水平优先路径主要分布在 0～20 cm 深度范围内。由于研究区内灌丛样地 30 cm 深度范围内普遍存在土壤黏滞层，影响了优先路径的垂直连通性，在 20～40 cm 深度范围中优先路径数量较土壤表层大幅度下降，尤其是 S1 土壤剖面中仅为 524～688 个·m^{-2}(表 5-4)。灌丛表层土壤中影响半径 5.0 mm 以上的土壤优先路径数量远高于其他 3 种类型的林地，这说明密集的浅根系分布有利于表层优先路径的形成与土壤水分的垂直运移(Gish，1991)。

表 5-4　灌丛水平染色剖面中的优先路径数量

剖面编号	土壤深度(cm)	不同影响半径(mm)染色路径数量(个·0.25 m^{-2})					
		总量	≤1.0	1.0～2.5	2.5～5.0	5.0～10.0	>10.0
S1	0～10	32152	10220	15508	5916	504	4
	10～20	15984	10032	4904	1012	36	—
	20～30	688	592	92	4	—	—
	30～40	524	360	112	48	4	—
	40～50	828	712	112	—	4	—
S2	0～10	17768	7344	5876	3644	852	52
	10～20	14716	9228	4524	844	116	4
	20～30	5512	4324	1084	104	—	—
	30～40	1700	1256	376	68	—	—
	40～50	3528	2416	952	148	12	—
S3	0～10	26756	15228	8808	2520	200	—
	10～20	20096	16140	3732	220	4	—
	20～30	3664	2620	892	144	8	—
	30～40	3336	2616	668	52	—	—
	40～50	5696	1924	2636	944	188	4

而渗透水量的增加也在一定程度上提高了 S3 剖面内优先路径的数量状况，其表层 0～20 cm 范围内连通的优先路径数量远高于 S1 和 S2 剖面。渗透水量的提高，加强了灌丛土壤层内水分运移的分化程度，这使得其土壤优先流过程更加显著。

4 种不同类型林地优先路径的水平分布数量状况表现出一定的相似性。随土壤垂直深度增加，林地优先路径数量基本呈现出下降的趋势，且 10～20 cm 和 20～30 cm 土壤层之间优先路径数量下降程度相对更为迅速。这说明该位置处优先路径连通性变化性较高，壤中流分化状况更加剧烈。而渗透水量的提高对表现出的优先路径数量均有一定影响，主要体现在增加了表层范围内较高影响半径优先路径数量，并提高了优先路径的整体连通性。

5.2　农地优先路径位置及数量

5.2.1　水平染色剖面优先路径分布位置及数量

通过对试验区内三种土地利用方式共 6 块优先流观测样地的土壤水平剖面染色图像进行解析，提取优先路径的当量直径信息，以影响半径为划分依据，分别统计水平剖面内≤1 mm、1～2 mm、2～5 mm、5～10 mm 和＞10 mm 等 5 个等级土壤优先路径数量。

5.2.1.1　荒地土壤优先路径水平空间分布位置及数量

荒地水平剖面优先路径数量见表 5-5，荒地土壤水平剖面优先路径位置分布见图 5-2 和图 5-3。除了 W-1 样地 50 cm 层水平剖面，荒地水平剖面优先路径总数量总体上随土壤深度的增加而增加。其中，0～20 cm 土层优先路径总量显著低于 20～50 cm 土层，荒地的土壤优先路径总量最大值分别出现在 W-1 样地的 30～40 cm 层(22669 个·m^{-2})和 W-2 样地的 40～50 cm 层(24769 个·m^{-2})。

表 5-5　荒地水平剖面优先路径数量

剖面编号	土壤深度(cm)	不同影响半径(mm)染色路径数量(个·m^{-2})					
		总量	≤1	1～2	2～5	5～10	＞10
W-1	0～10	2538	1019	106	313	531	569
	10～20	3899	431	450	1381	1206	431
	20～30	11663	7519	1150	1769	1044	181
	30～40	22669	18575	1738	1944	356	56
	40～50	5344	5044	213	81	6	—
W-2	0～10	4194	2219	175	306	1056	438
	10～20	4944	3206	244	569	425	500
	20～30	6051	3425	363	931	769	563
	30～40	18056	13825	1550	2219	431	31
	40～50	24769	22544	988	1106	131	—

除了 W-1 样地 10～20 cm 层外，其他土层≤1 mm 影响半径的优先路径数量显著高于其他影响半径的优先路径。5～10 mm 影响半径的优先路径集中分布在 0～20 cm 表层土壤内，其中 W-1 样地 10～20 cm 土层该径级优先路径数量为 1206 个·m^{-2}，W-2 样地 0～10 cm 土层该径级优先路径数量为 1056 个·m^{-2}，均是该径级优先路径数量的最大值。影响半径＞10 mm 的优先路径数量显著少于其他优先路径，这与形态学方法把染色区分割成了若干团块有很大关系，同时也说明了较小

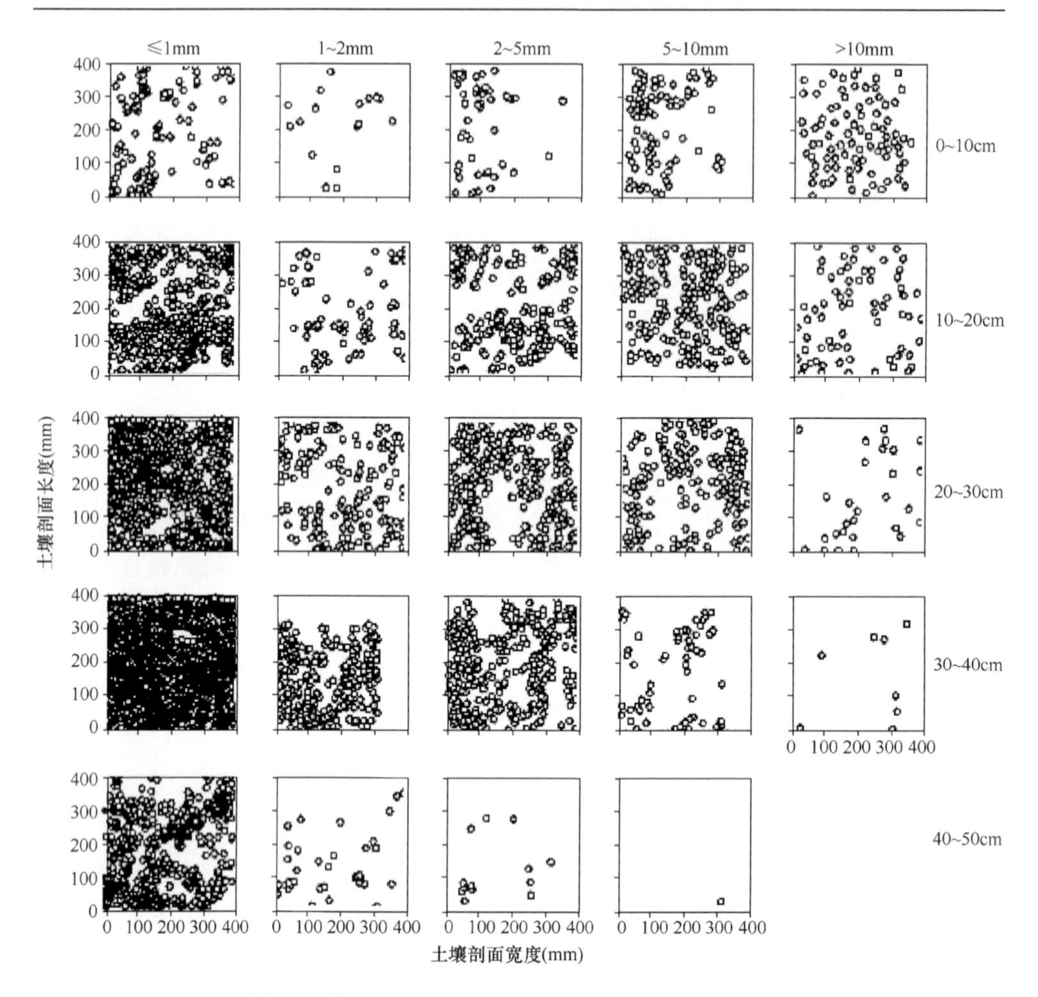

图 5-2　荒地(W-1)土壤水平剖面优先路径位置分布图

孔径的优先路径在土壤水分运动过程中起到了至关重要的作用，这与 Villholth 的结论一致(Villholth，1994)。

5.2.1.2　玉米地土壤优先路径水平空间分布位置及数量

玉米地水平剖面优先路径数量见表 5-6，玉米地土壤水平剖面优先路径位置分布见图 5-4 和图 5-5。玉米地水平剖面优先路径总数量总体上随土壤深度的增加而先增加后减小，转折点出现在 20～40 cm 土层。其中，土壤优先路径总量最大值分别出现在 W-1 样地的 20～30 cm 层(27395 个·m^{-2})和 W-2 样地的 30～40 cm 层(6775 个·m^{-2})。

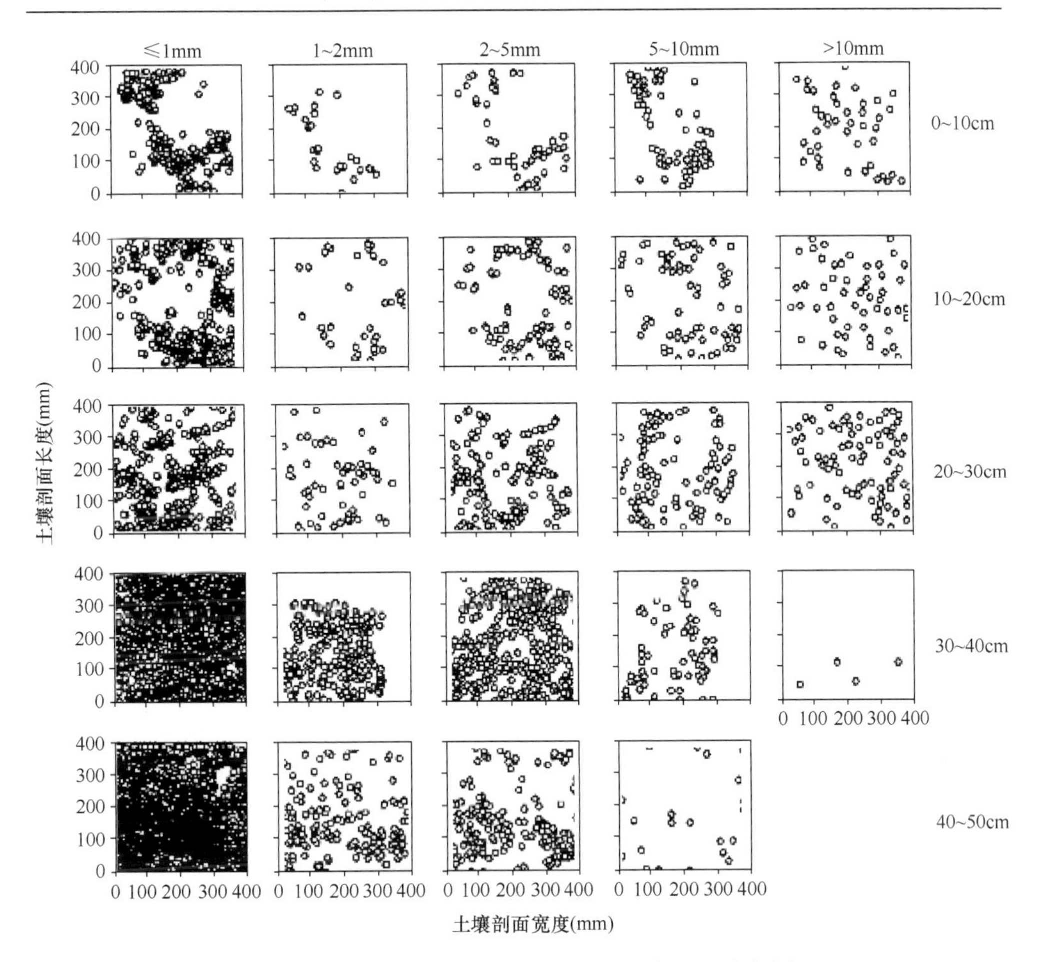

图 5-3　荒地(W-2)土壤水平剖面优先路径位置分布图

表 5-6　玉米地水平剖面优先路径数量

剖面编号	土壤深度(cm)	总量	不同影响半径(mm)染色路径数量(个·m^{-2})				
			≤1	1～2	2～5	5～10	>10
M-1	0～10	3383	1163	188	663	713	656
	10～20	4245	3000	213	113	538	381
	20～30	27395	21975	2219	2900	288	13
	30～40	12381	10781	1475	119	6	
	40～50	3313	3244	50	19	—	—
M-2	0～10	633	250	19	63	38	263
	10～20	2488	1013	100	344	606	425
	20～30	3769	1681	556	738	525	269
	30～40	6775	6638	81	56	—	—
	40～50	1257	1244	13	—	—	—

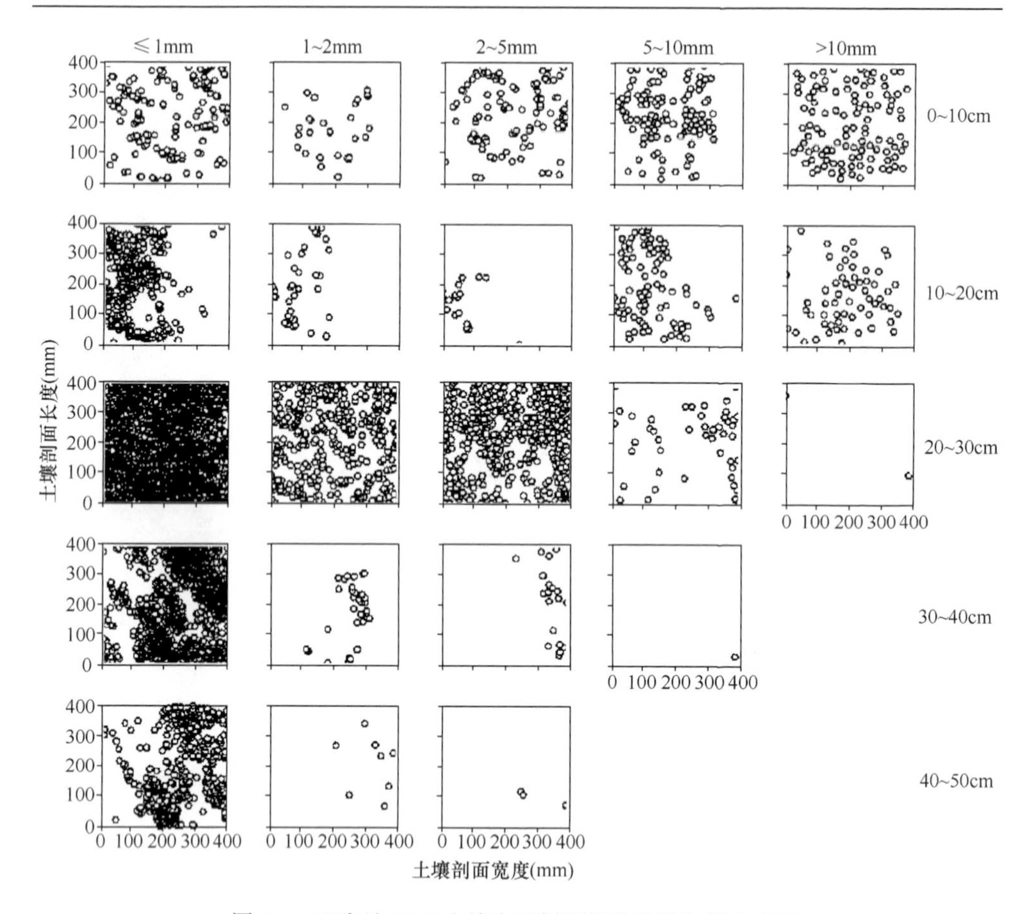

图 5-4　玉米地(M-1)土壤水平剖面优先路径位置分布图

和荒地相似，M-1 、M-2 各土层≤1 mm 影响半径的优先路径数量显著高于其他影响半径的优先路径；5～10 mm 影响半径的优先路径同样多分布于0～20 cm 土层，其最大值分别出现在M-1 剖面 0～10 cm 土层(713 个·m^{-2})和 W-2 剖面 10～20 cm 土层(606 个·m^{-2})；影响半径＞10 mm 优先路径数量显著少于其他优先路径。

5.2.1.3　柑橘地土壤优先路径水平空间分布位置及数量

柑橘地水平染色剖面优先路径数量见表 5-7，柑橘地土壤优先路径位置分布见图 5-6 和图 5-7。随土壤深度的增加，柑橘地 C-1 水平剖面中优先路径总数量先增加后减小，转折点出现在 10～20 cm 土层(10132 个·m^{-2})；C-2 水平剖面中优先路径的总数量表现为逐渐减小的趋势，最大值出现在 C-2 样地的 0～10 cm 层(10957 个·m^{-2})。

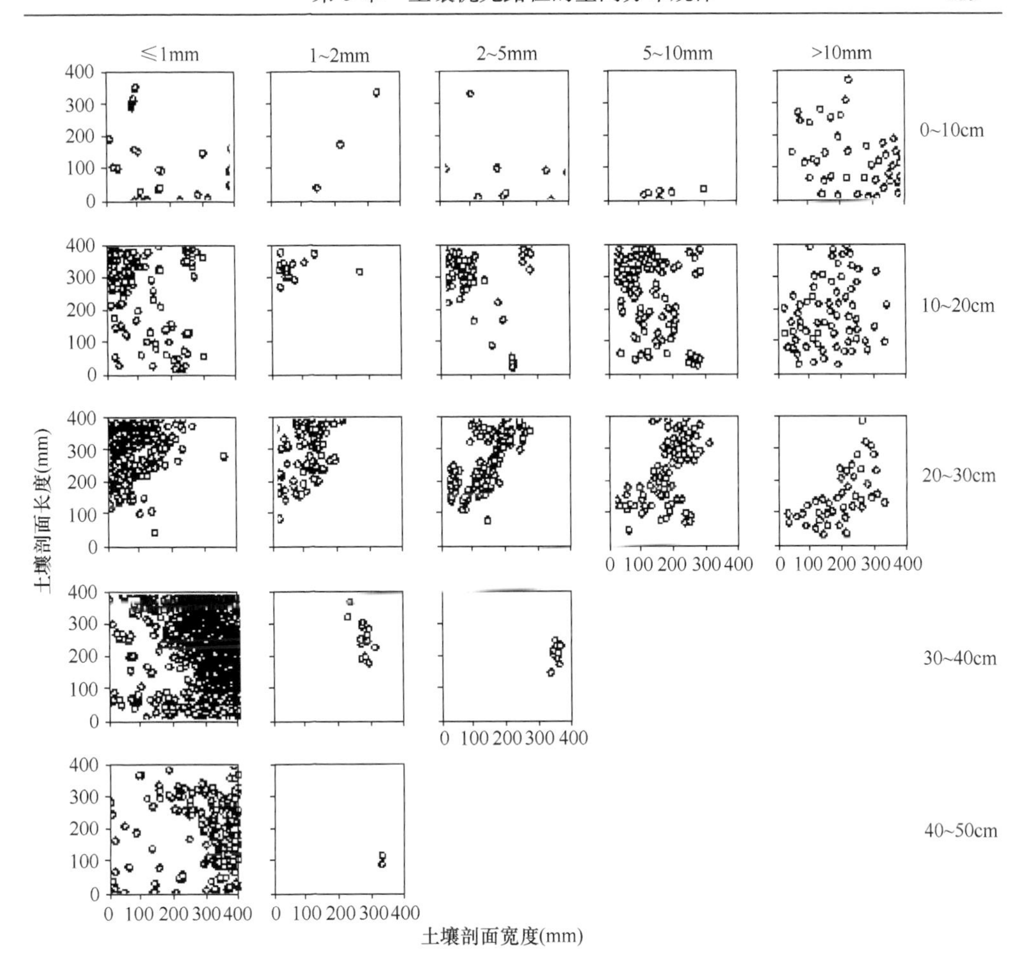

图 5-5　玉米地(M-2)土壤水平剖面优先路径位置分布图

表 5-7　柑橘地水平染色剖面优先路径数量

剖面编号	土壤深度(cm)	总量	不同影响半径(mm)染色路径数量(个·m^{-2})				
			≤1	1～2	2～5	5～10	>10
C-1	0～10	4725	1869	225	931	1119	581
	10～20	10132	4019	2475	2894	575	169
	20～30	37	25	6	6	—	—
C-2	0～10	10957	2444	1800	5363	1306	44
	10～20	9432	2306	1700	4125	1063	238
	20～30	5845	1794	1244	1744	863	200

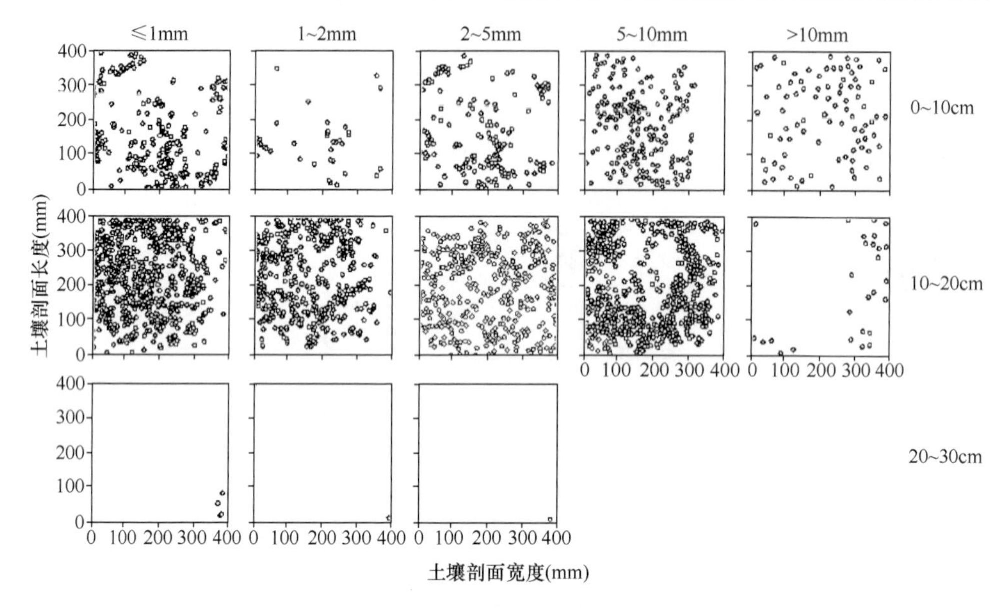

图 5-6　柑橘地(C-1)土壤优先路径位置分布图

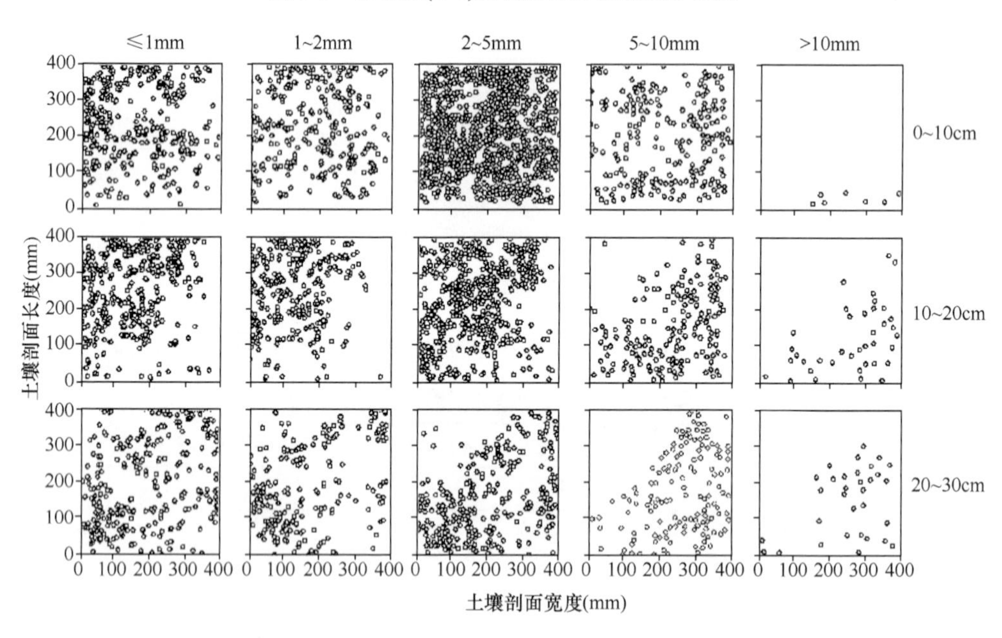

图 5-7　柑橘地(C-2)土壤优先路径位置分布图

与以上两种土地利用方式相似，C-1、C-2 样地各土层影响半径≤1 mm 优先路径数量显著多于其他优先路径；5～10 mm 影响半径的优先路径均分布于 0～10 cm 土层，其最大值分别为 1119 个·m^{-2} 和 1306 个·m^{-2}；＞10 mm 的土壤优先路径数量较少见。

C-1 剖面较小影响半径(≤1 mm、1～2 mm、2～5 mm)的优先路径最大值均出现在 10～20 cm 层，而 20～30 cm 层各影响半径的优先路径均非常少见，这可能与 C-1 样地柑橘林龄(10 年)较小，根系延伸较浅，主要分布于 10～20 cm 土层有关。C-2 剖面柑橘样地林龄(20 年)较大，根系纵向延伸较深，且随土层深度增加而减少，因此，除了＞10 mm 影响半径的优先路径外，其余优先路径均表现为随土壤深度增加而减少的趋势。由于林龄的差异，C-2 样地较 C-1 样地增加了 10～20 cm 层土壤较大影响半径(2～5 mm、5～10 mm、＞10 mm)的优先路径数量，同时增加了 20～30 cm 层土壤各影响半径优先路径的数量，这与孙龙等(2012)的研究结论一致。

5.2.2　竖直染色剖面优先路径分布位置及数量

由表 5-8 可见，三种土地利用方式中，柑橘地竖直剖面中优先路径的总数量最大(23828 个·m^{-2})，玉米地次之，荒地最小(819 个·m^{-2})。

表 5-8　三种土地利用方式竖直染色剖面优先路径数量

剖面编号	总量	不同影响半径(mm)染色路径数量(个·m^{-2})				
		≤1	1～2	2～5	5～10	＞10
W-1	819	188	156	319	119	38
W-2	1219	275	244	431	175	94
M-1	1125	425	244	331	63	63
M-2	6019	4738	406	719	131	25
C-1	23828	18789	3125	1289	469	156
C-2	21914	6680	4414	6953	3047	820

荒地竖直剖面中不同影响半径的优先路径整体较少，其中影响半径为 2～5 mm 优先路径数量最多(分别为 319 个·m^{-2}和 431 个·m^{-2})，5～10 mm 和＞10 mm 的土壤优先路径数量均较为少见；玉米地和柑橘地竖直剖面中≤1 mm 影响半径的优先路径数量均显著高于其他影响半径的优先路径，影响半径为 5～10 mm 和＞10 mm 的土壤优先路径数量均显著少于其他影响半径的优先路径。

由图 5-8 可知，荒地竖直剖面中各影响半径的优先路径主要集中分布在 0～10 cm 层土壤；玉米地竖直剖面中各影响半径的优先路径主要在 30 cm 以下土层分散分布；柑橘地影响半径≤1 mm 的优先路径主要分布在 0～10 cm 和 20～30 cm 土层内，除了 C-1 样地 5～10 mm 和＞10 mm 两个较大影响半径的土壤优先路径数量极少外，其余影响半径的优先路径主要分布在 10～30 cm 土层内。

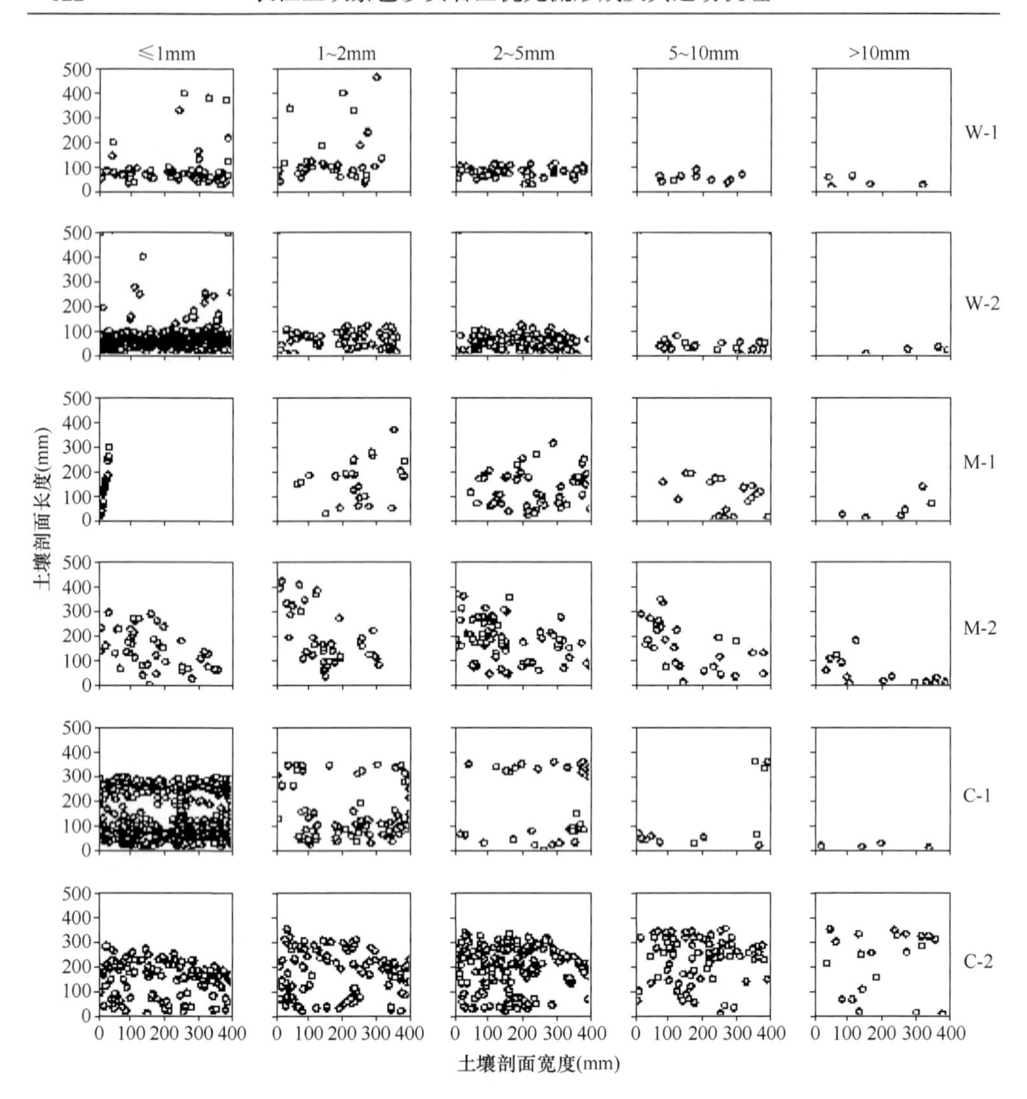

图 5-8　三种土地利用方式竖直剖面土壤优先路径位置分布图

5.3　林地优先路径的水平空间分布状态

林地土壤优先路径的空间分布状态反映了试验范围内土壤结构的异质性，也影响着林地土壤优先流的形成过程。采用一定的空间统计参数和统计方法对优先路径的水平空间分布状态进行量化研究，是土壤优先流研究中的难点问题。Droogers 等(1998)采用优先路径间最小距离为统计参数，通过频率统计方法对优先路径水平分布状况进行了初步分析，这种方法也被 Weiler 和 Flühler(2004)所沿用。由于提取水平土壤剖面内优先路径的空间位置信息较复杂，近年来对于优先路径水平空间分布状态的研究相对较少，更准确的空间分析方法未应用于该研究领域。

本研究中尝试性地将景观生态学中的点格局空间分析方法应用于优先路径的水平空间分布研究中。依据点格局分析中采用的 Ripley's $K(x)$函数，对林地内不同影响半径范围的优先路径在土壤水平剖面中的空间位置进行量化分析，以揭示林地土壤优先路径的水平空间分布状态。

5.3.1　点格局分析方法及其原理

个体的空间分布状态主要可分为随机分布、聚集分布和均匀分布 3 种形式。点格局分析是确定研究个体空间分布类型的一种重要方法，能够定性或定量地描述个体空间分布特征，从而帮助研究者进一步认识研究空间内个体分布格局形成过程或其机制(张春雨和赵秀海，2008)。土壤优先路径的水平空间分布是指不同形态优先路径在水平土壤层中的空间配置或分布状况，反映了优先路径彼此的空间相互关系，可为进一步研究优先流的空间异质性和形成机理提供参考。

点格局分析的基本原理为 Ripley's $K(x)$函数(Ripley，1981)。该函数以个体在研究空间的位置坐标为基本数据，每一个体均可视为研究空间水平面上的一个点，所有个体构成水平空间分布的点图，以此为基础来进行空间分析。点格局分析结果可反映出不同空间尺度下的个体水平空间分布规律和个体间关系，在拟合分析过程中，能最大限度利用研究区的个体空间信息，具有较强检验能力(张金屯和孟东平，2004)。

Ripley's $K(x)$函数是在点图内以某独立点为圆心，一定长度 x 为半径作圆，统计该圆内的同类别个体数目，判定研究个体的出现概率，从而推算其分布类型。其计算公式如下：

$$K(x)=\left(\frac{A}{n^2}\right)\sum_{i=1}^{n}\sum_{j=1}^{n}\frac{1}{W_{ij}}I_x(u_{ij})\qquad (i\neq j)\tag{5-1}$$

式中，n 为水平空间中个体总数；x 为距离尺度；u_{ij} 为点 i 到 j 的距离(当 $u_{ij}\leq x$ 时，$I_x(u_{ij})=1$，当 $u_{ij}>x$ 时，$I_x(u_{ij})=0$)；A 为水平空间面积；W_{ij} 是边缘校正权重，是以点 i 为圆心，u_{ij} 为半径的圆周长在面积 A 中的比例；$I_x(u_{ij})$为独立点(本研究中为优先路径)可被观察到的概率(Diggle，1983；Ward et al.，1996)。

在计算过程中，$K(x)/\pi$ 的平方根在随机分布的情况下，能保持方差稳定，且与空间尺度 x 存在显著的线性关系，在表现分布关系时更具实际意义。因此，研究中采用 Ripley's $K(x)$函数的变形 $L(x)$函数表示个体的空间分布状态：

$$L(x) = \sqrt{K(x)/\pi} - x \tag{5-2}$$

随机分布状态时，$L(x)$在所有的空间尺度 x 下均应等于 0；若 $L(x)>0$，则在空间尺度 x 下为聚集分布状态；若 $L(x)<0$，则在空间尺度 x 下为均匀分布状态。在采用 $L(x)$函数分析空间分布状态时，Monte-Carlo 方法也被用于计算个体在空间中完全属于随机分布的区间(时培建等，2009)。该方法在研究区域内模拟 r 组与研究个体数量相同的 n 个随机个体，求出它们的 $L(x)$值，保留在一定空间尺度 x 下 r 组中的 $L(x)$最大值和最小值，作为研究个体隶属完全空间随机的上下包迹线，如果在此空间尺度上研究个体的 $L(x)$值位于包迹线内，则认为研究个体属于随机分布；如果高于上包迹线为聚集分布，低于下包迹线为均匀分布。

不同渗透水量情况下，紫色砂岩林地染色剖面内优先路径的数量和组成状况表现出了较大差异，且各类型林地中影响半径大于 5.0 mm 优先路径数量普遍较少。因此本研究中以渗透水量为标准，分析不同土壤深度中≤1.0 mm、1.0～2.5 mm、2.5～5.0 mm 和>5.0 mm 4 个影响半径径级的优先路径水平空间分布状况。

5.3.2 低渗透水量下林地优先路径的水平空间分布状态

本研究中低渗透水量指研究区 5%概率的大雨雨量(25 mm)水平，4 种类型林地内共有 11 处样地进行了低渗透水量条件下的染色示踪试验(见表 2-4)。低渗透水量水平下不同类型林地优先路径的水平空间分布状况见图 5-9 至图 5-12，结果显示所研究的紫色砂岩林地水平染色剖面中的不同影响半径优先路径，在试验土壤剖面空间尺度($r = 25$ cm)内整体上表现出了较显著的聚集分布状态，而不同类型林地土壤剖面之间的具体情况略有差异。

在半径 25 cm 土壤剖面空间尺度范围内，影响半径小于或等于 1.0 mm 的林地优先路径在表层 0～20 cm 与底层 30～50 cm 深度范围内，表现出了显著的聚集分布状态。仅针叶林土壤剖面表层 0～20 cm 范围内，半径 15 cm 以上空间尺度水平，优先路径表现出随机或均匀分布的情况。对于 20～30 cm 中等深度的土壤层中，阔叶林、针叶林和针阔混交林在半径 20 cm 以上的空间尺度范围，其优先路径表现出随机分布的情况。由于 20～30 cm 范围的土壤层处于优先流形态变化的过渡区域，其优先路径的分布状态也说明了林地壤中流形态分化和优先流的空间异质性具有一定的随机性。

影响半径为 1.0～2.5 mm 的林地优先路径的空间分布状态与影响半径≤1.0 mm 的优先路径基本趋同，这说明低影响半径优先路径的空间分布规律具有一定的相似性。相对而言，影响半径为 1.0～2.5 mm 优先路径的水平空间分布聚集程度在实验土壤剖面空间尺度范围内略低于≤1.0 mm 优先路径，这可能与该类型优先路径的相互作用性略高有关。

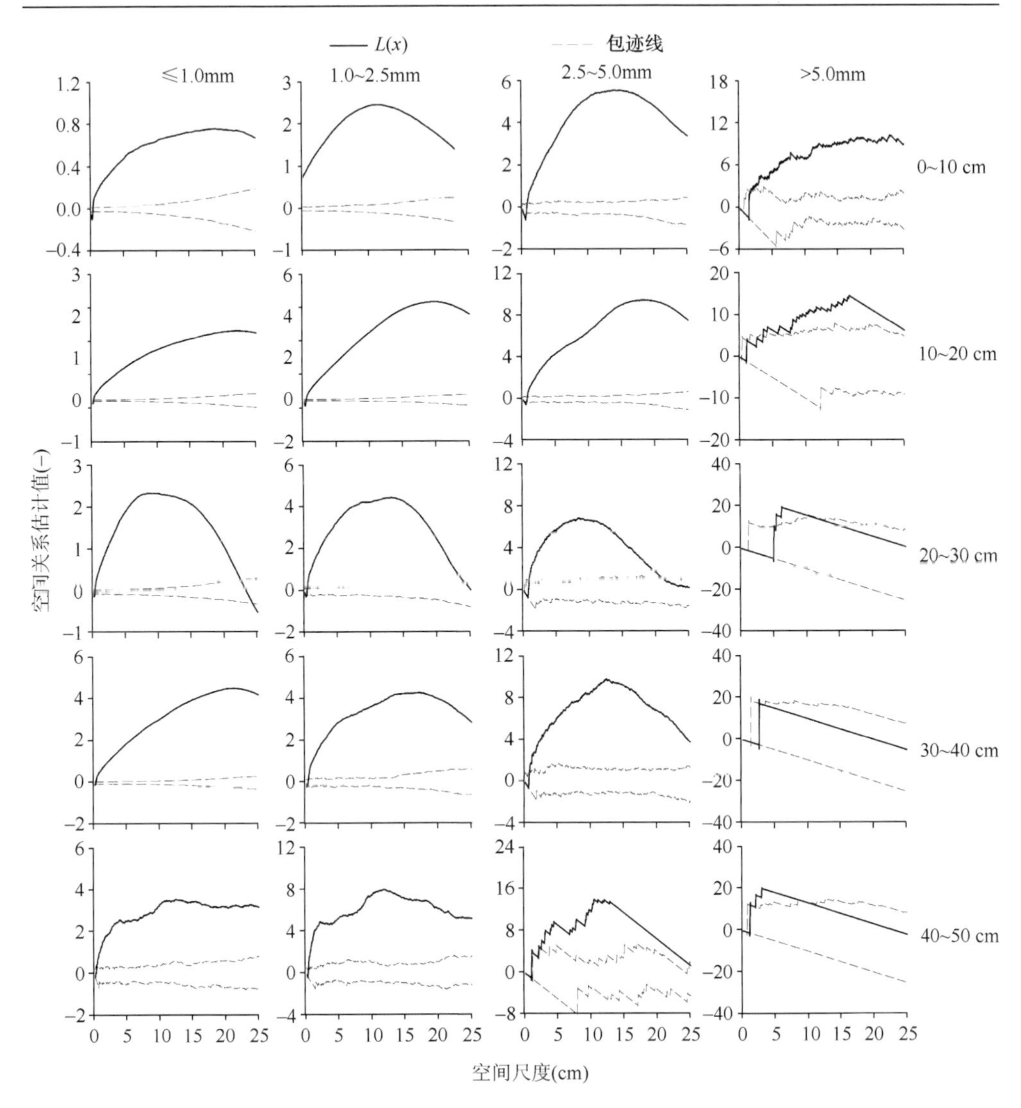

图 5-9　阔叶林样地(BF2)优先路径的空间分布格局

影响半径为 2.5～5.0 mm 的林地优先路径在土壤整体空间尺度范围表现出较显著的聚集分布状态。该类型优先路径在 0～20 cm 土壤层的分布状况与 2.5 mm 以下影响半径优先路径的分布情况一致；而 20～30 cm 中间层次内优先路径的随机分布程度有所降低，表现出趋于聚集分布的状态；而底层 40～50 cm 范围内，该类型优先路径表现出了一定的随机分布性，这可能与底层基岩风化碎屑形成的孔隙结构增多有关。

影响半径大于 5.0 mm 的优先路径在水平剖面中分布数量相对较少，其空间分析的准确程度受到一定影响。表层 0～20 cm 范围内，该类型优先路径主要以聚集状态分布；而 20 cm 以下深度范围，其分布状态在半径 15 cm 以上空间尺度范围主要表现出随机分布的状态。这说明了林地土壤优先流随土壤深度变化过程中，其优先路径的纵深延续性是具有空间异质性的，这主要与土壤结构与性质变化的影响有关。

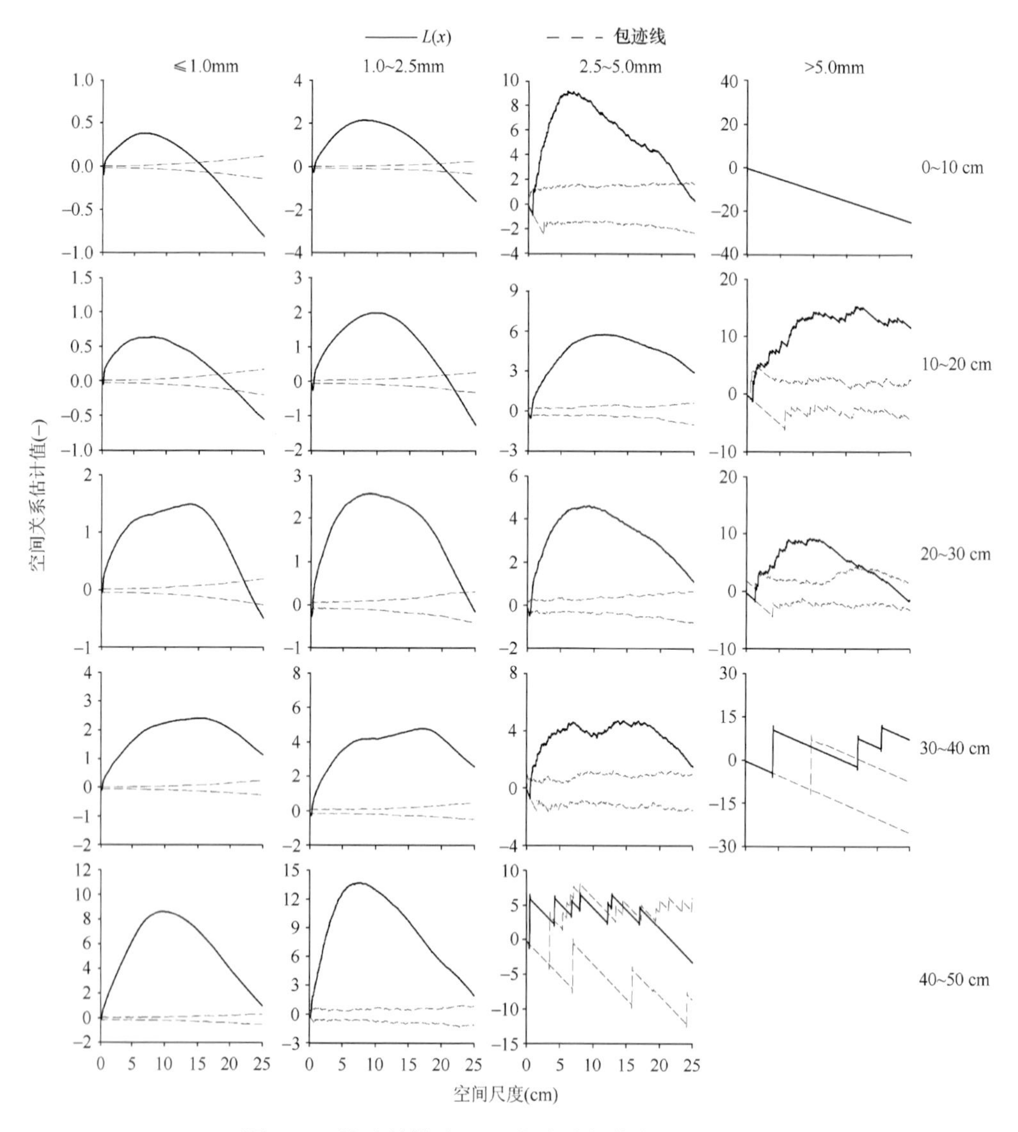

图 5-10　针叶林样地(CF1)优先路径的空间分布格局

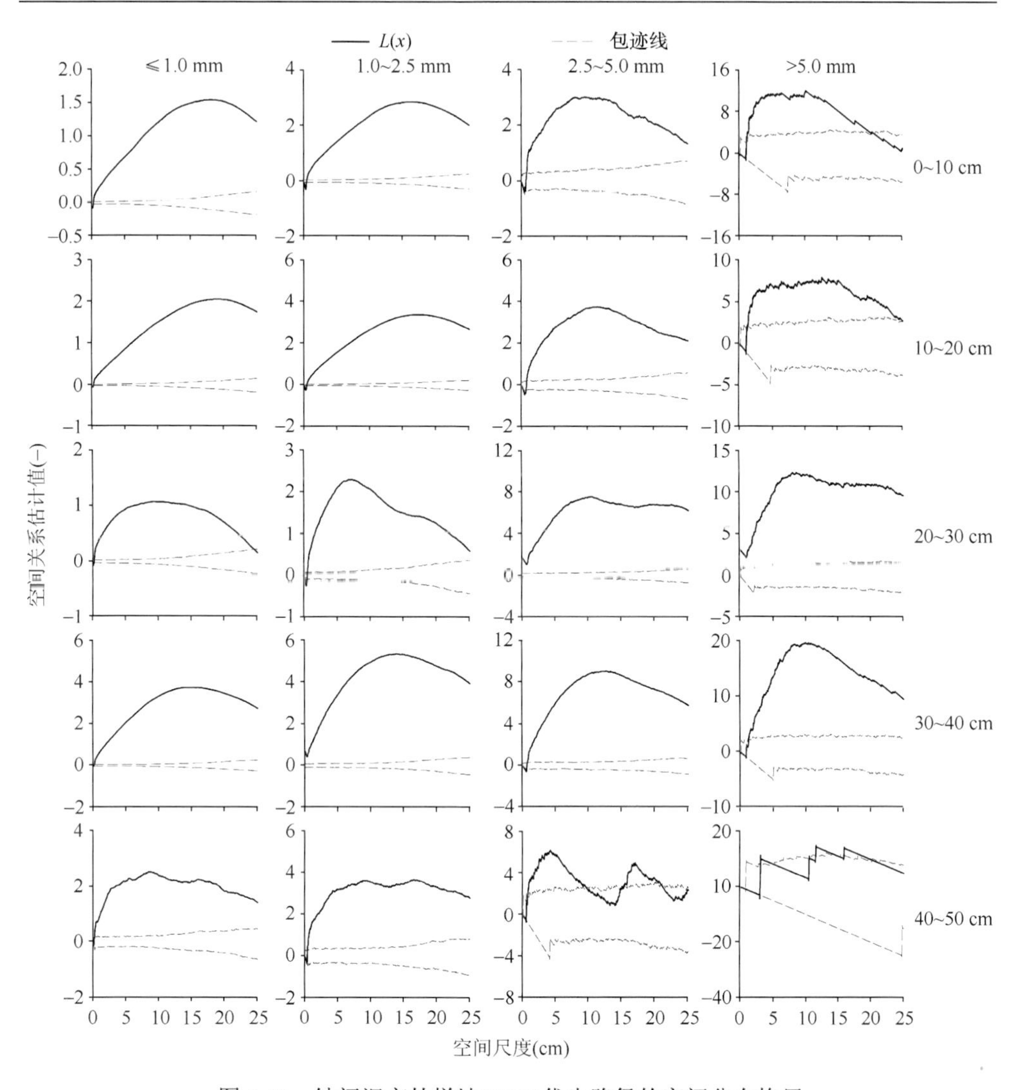

图 5-11　针阔混交林样地(MF2)优先路径的空间分布格局

5.3.3　高渗透水量下林地优先路径的水平空间分布状态

高渗透水量指研究区 1%概率的暴雨雨量(60 mm)。在该渗透水量试验条件下，由于增加了试验供水强度，并延长了模拟降雨持续时间，因而参试的林地土壤剖面内优先流过程均较低渗透水量条件有所加剧。研究区 4 种不同类型林地中，共有 5 处优先流试验样地采用高渗透水量进行染色示踪研究(见表 2-4)，其水平染色剖面图像经解析与点格局分析后所得到的不同影响半径优先路径的水平空间分布状态结果见图 5-13 至图 5-16。

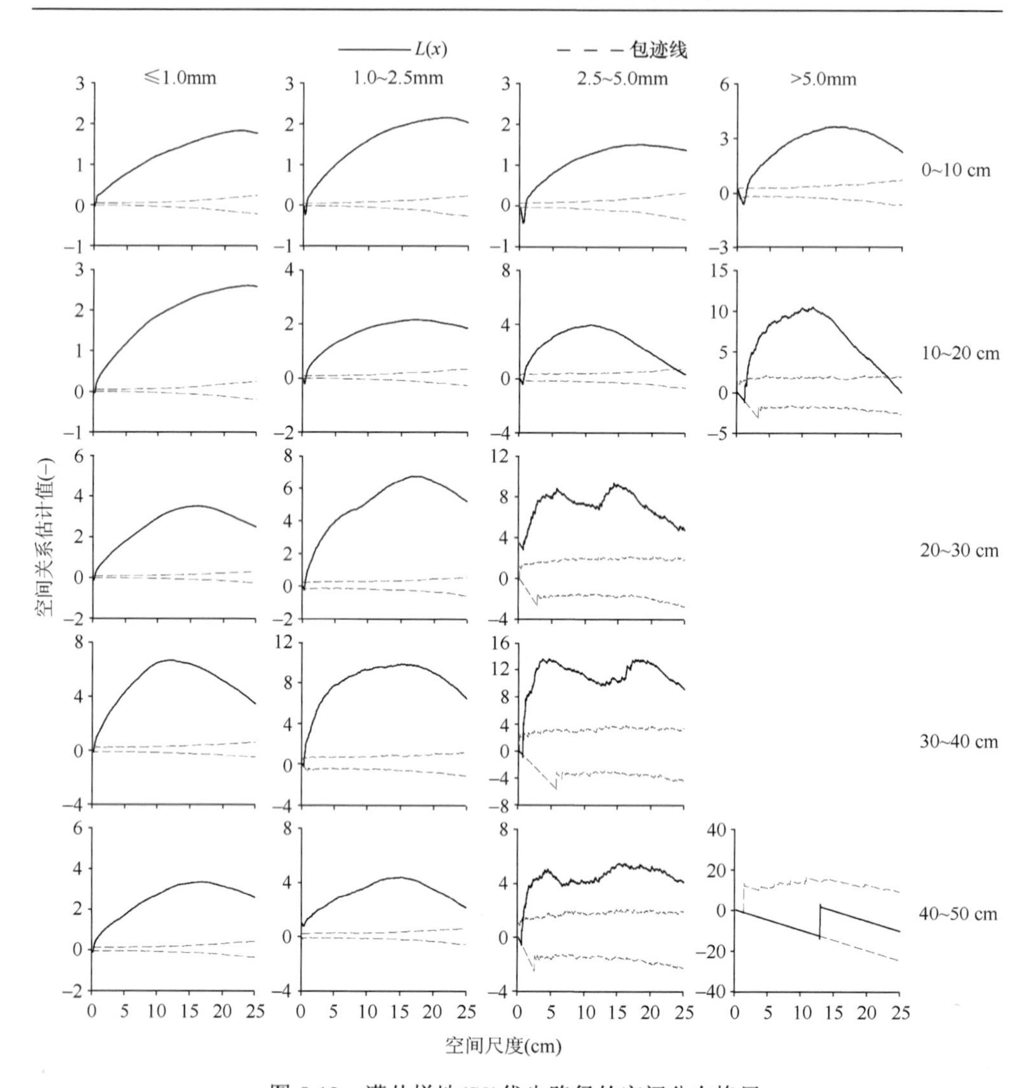

图 5-12　灌丛样地(S2)优先路径的空间分布格局

在高渗透水量情况下，不同类型林地优先路径的水平空间分布状况较低渗透水量情况具有一定的差异，不同深度土壤层中优先路径的分布状况也较低渗透水量情况有所不同。其林地优先路径在试验土壤剖面空间尺度范围内($r = 25$ cm)的水平空间分布情况整体变化更为复杂。

在试验土壤剖面空间尺度范围内，高渗透水量试验显示出的影响半径≤1.0 mm的优先路径，在阔叶林不同深度水平染色剖面中均表现出极显著的聚集分布状态；而在针叶林和灌丛土壤剖面中，表层 0～20 cm 范围该类型优先路径在半径 20 cm 以上空间尺度表现出随机分布状态；对于针阔混交林，除表层 0～10 cm 范围土壤

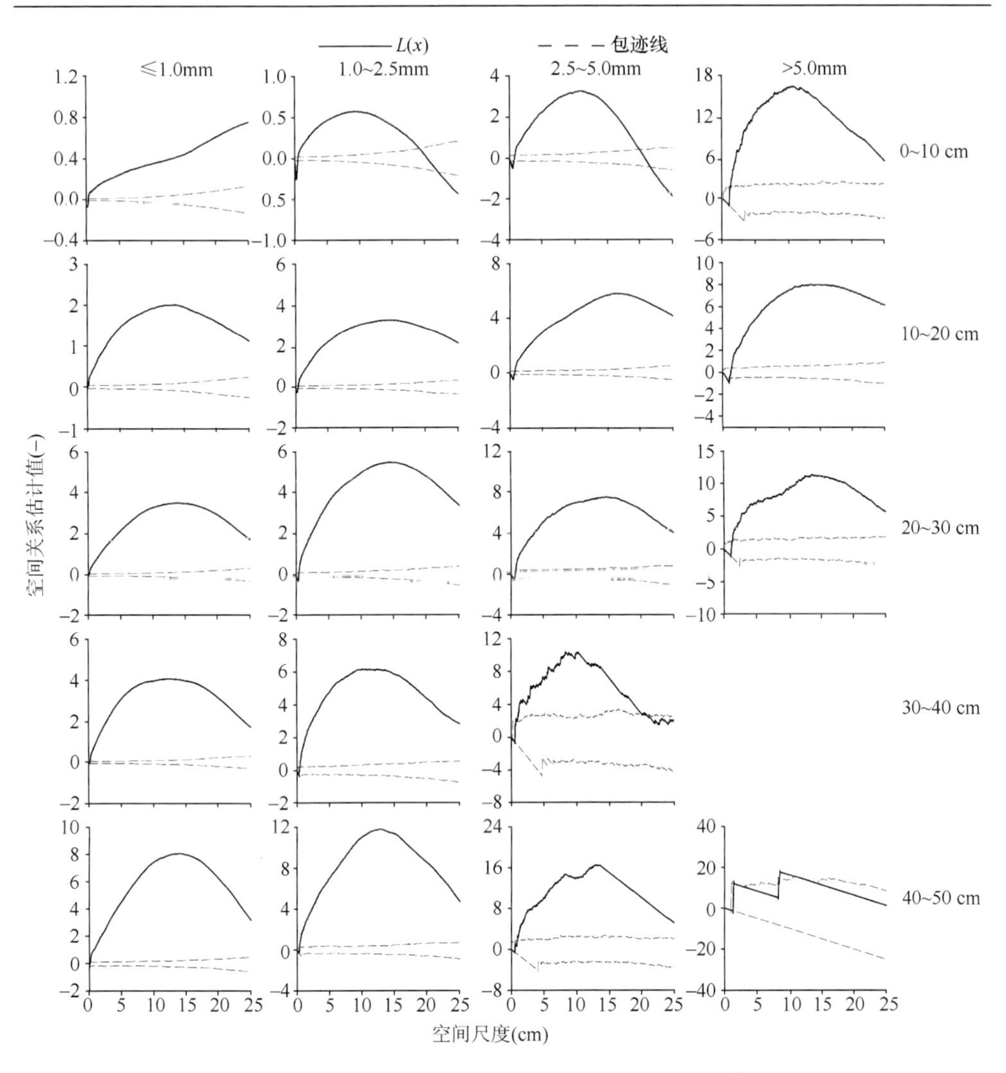

图 5-13　阔叶林样地(BF6)优先路径的空间分布格局

层内表现为聚集分布，在其他深度土壤层中，该类型优先路径在半径 20 cm 以上的空间尺度均表现出均匀分布状态。

与低渗透水量情况下林地优先路径的水平空间分布状态相似，高渗透水量水平影响半径为 1.0～2.5 mm 的优先路径的水平空间分布状况也与≤1.0 mm 的优先路径基本保持一致。但阔叶林和灌丛的情况具有一定特殊性，其表层 0～10 cm 土壤层中，该类型优先路径在半径 20 cm 以上的空间尺度表现出了随机分布和均匀分布的状态，这可能与两类林地表层土壤结构较为松散，在高渗透水量下表现出较强的整体渗透性有关。

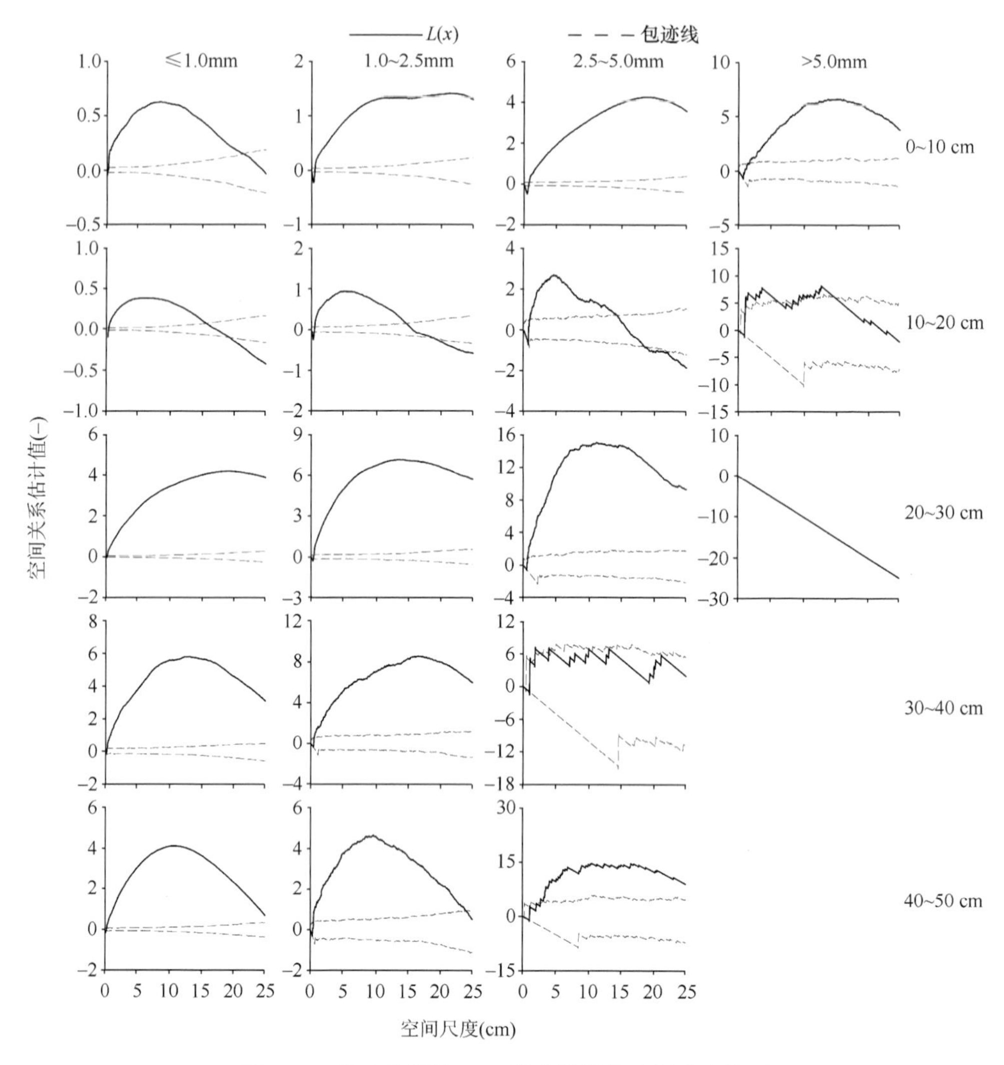

图 5-14　针叶林样地(CF3)优先路径的空间分布格局

影响半径为 2.5～5.0 mm 优先路径的水平空间分布以聚集状态为主。低渗透水量情况下，该类型优先路径在底层土壤中表现出一定的均匀分布状态在研究的土壤剖面整体尺度下被减弱。这说明高渗透水量使得林地优先流形态分化程度加强，深层土壤中的水分运移主要集中分布在一些连通性和渗透能力较高的优先路径中。

高渗透水量情况下影响半径大于 5.0 mm 的优先路径数量虽较低渗透水量水平有所提高，但整体数量较其他级别的优先路径仍显得较少，因此其空间分析结果的准确程度也有所偏低。该类型优先路径在高渗透水量的作用下，主要表现出聚集分布的状态，土壤剖面内的随机分布性较低渗透水量情况有所降低。这说明

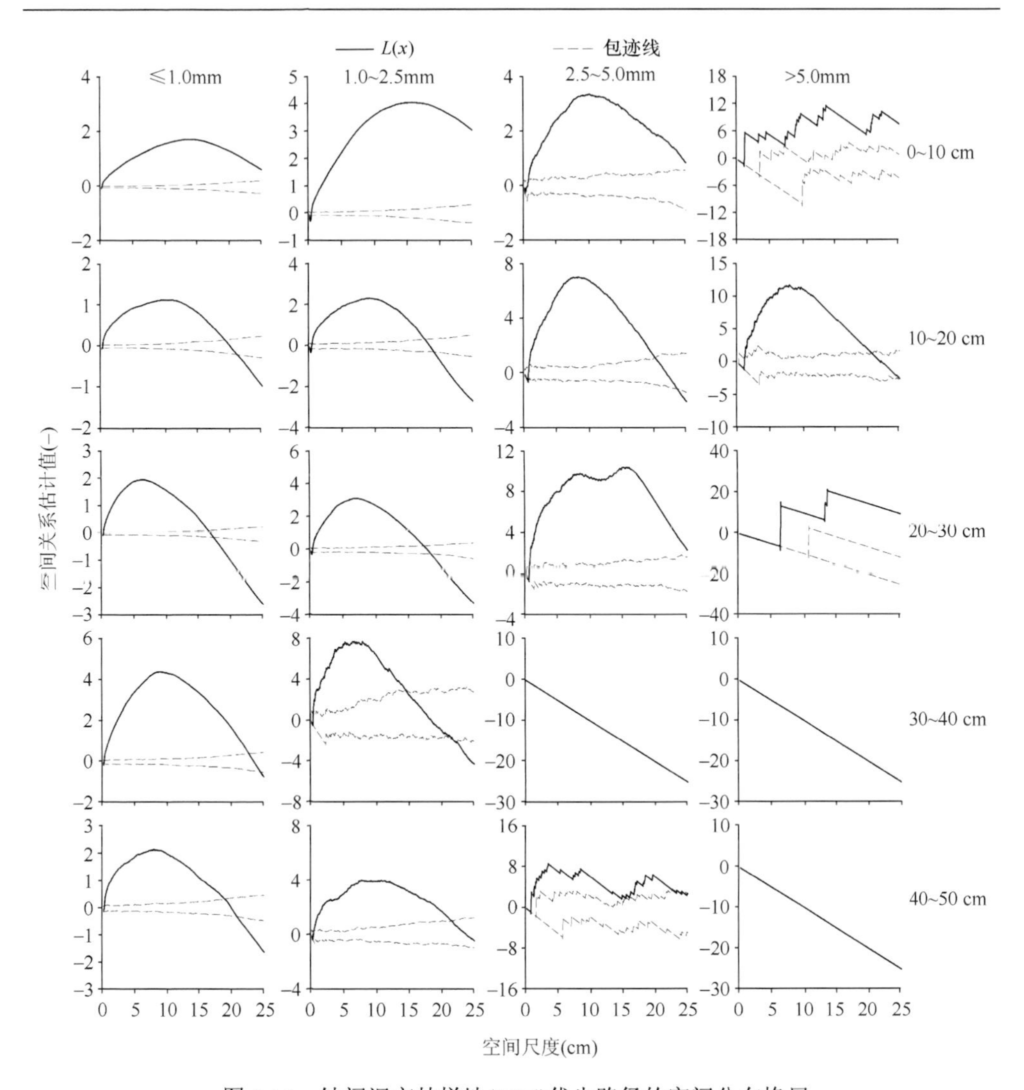

图 5-15　针阔混交林样地(MF4)优先路径的空间分布格局

渗透水量的提高，使土壤中优先流过程进一步加剧，影响半径较大的优先路径多以聚集状态的形式在土壤层中分布。

从整体上看，无论是高渗透水量水平还是低渗透水量水平时，不同类型林地优先流观测样地的水平土壤剖面中，优先路径的水平分布状态随空间尺度的逐渐扩大均有向均匀分布发展的趋势。这说明林地土壤结构的空间异质性主要与植物的分布位置及其配置状况有关，如果林分结构均一，植物组成状况稳定，则林地土壤优先流发生与优先路径分布状态会趋于均匀，而使得林地土壤整体上保持良好的水分运动性能。

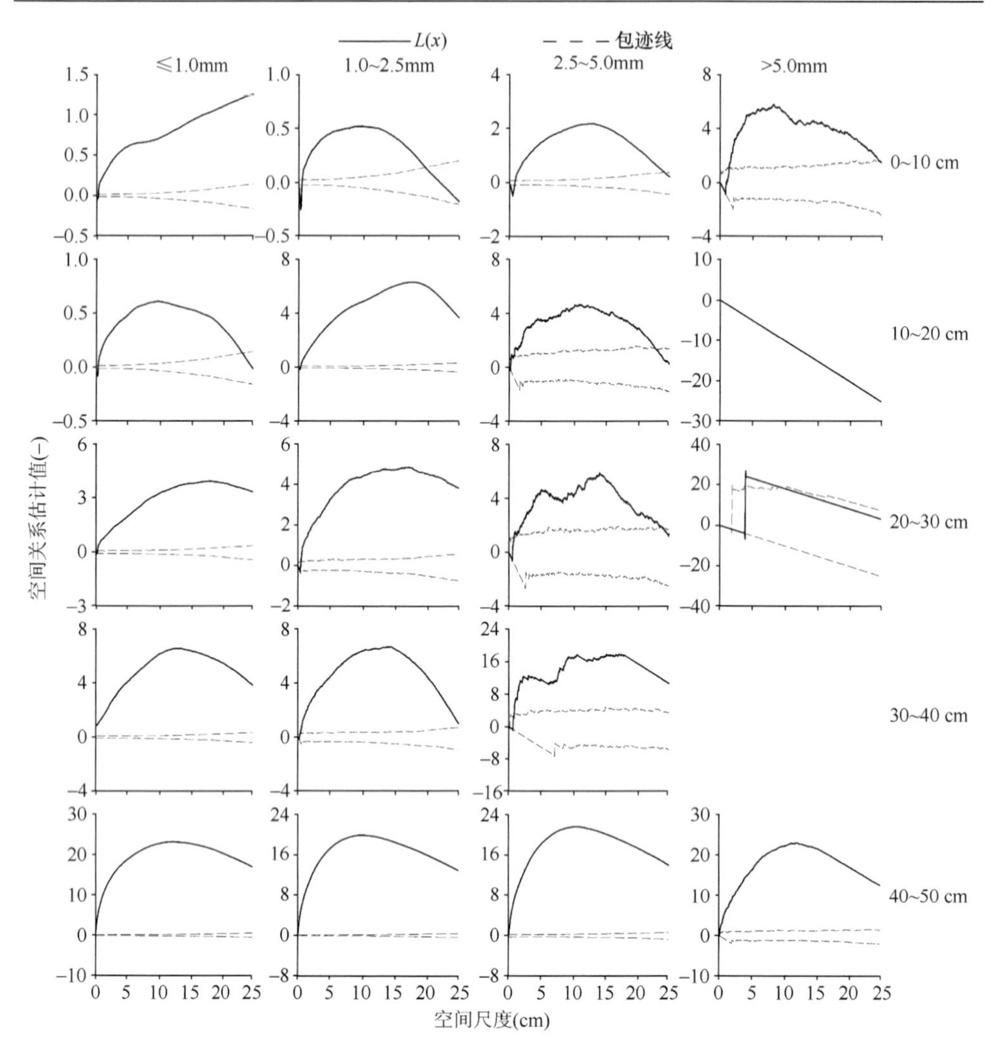

图 5-16　灌丛林样地(S3)优先路径的空间分布格局

5.4　农地优先路径的空间分布状态

5.4.1　水平染色剖面优先路径分布状态

5.4.1.1　荒地土壤优先路径水平空间分布状态

以样地最短边长的一半作为距离尺度(本研究取值为 200 mm)，在 99%置信水平下，步长为 1 时，荒地不同土层土壤水平染色剖面优先路径分布见图 5-17、图 5-18。结果表明在试验土壤剖面空间尺度(r =200 mm)内，荒地水平染色剖面中的不同影

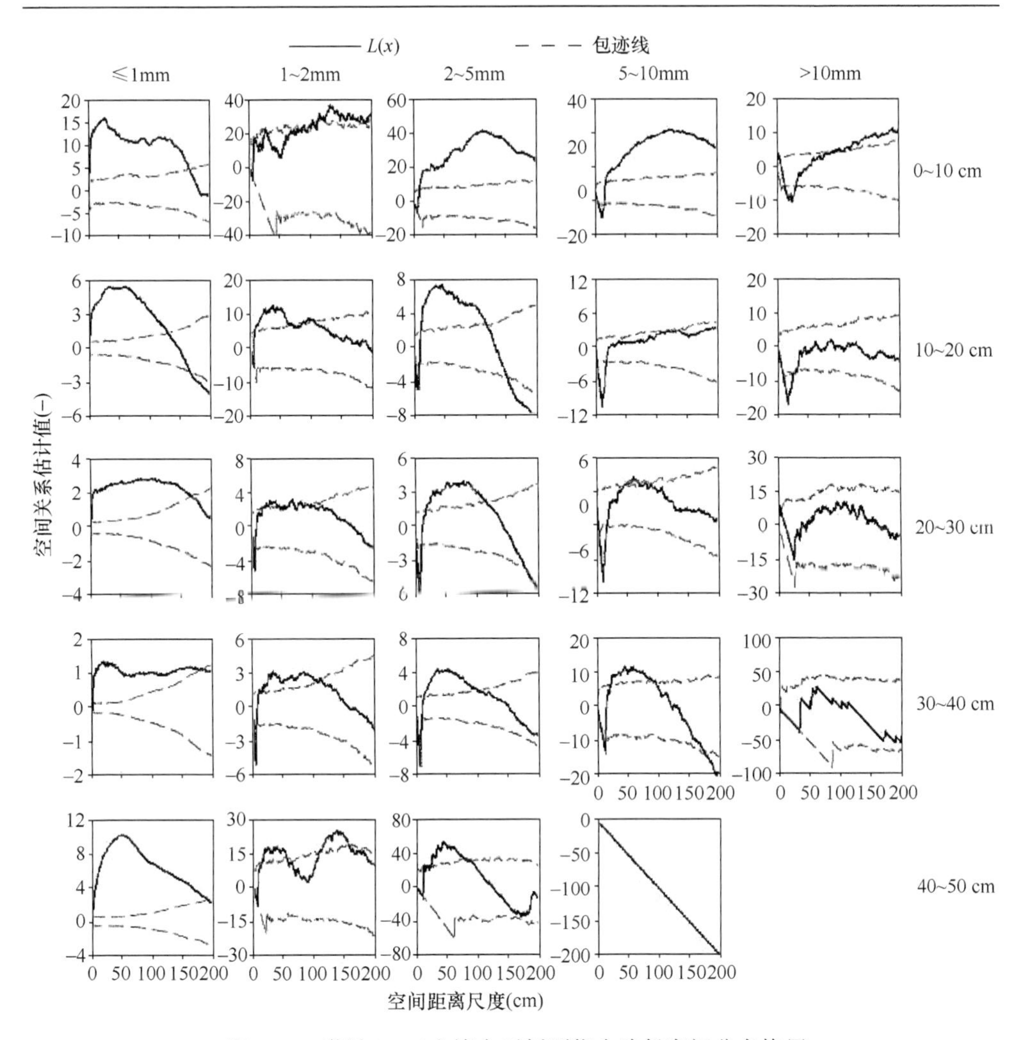

图 5-17　荒地(W-1)土壤水平剖面优先路径空间分布格局

响半径优先路径分布状态变化较为复杂，单一形式的分布形态非常少见，大多数在不同分布形态之间变化。分布曲线以单峰曲线为主，双峰和多峰曲线在个别土层也偶有出现。

在半径 200 mm 土壤剖面空间尺度范围内，影响半径≤1 mm 的优先路径在各土层中表现为以聚集分布状态为主，但 30 cm 深度以上土层范围内，均有向随机分布发展的趋势，转折点出现在 x=130～190 mm 尺度之间，其中 W-1 样地 10～20 cm 层土壤优先路径变化最为复杂，由聚集分布发展到随机分布，最终发展到均匀分布。这表明优先流形态变化在 30 cm 层土壤附近出现了过渡区域，同时说明了荒地优先流的空间异质性规律向随机性发展。

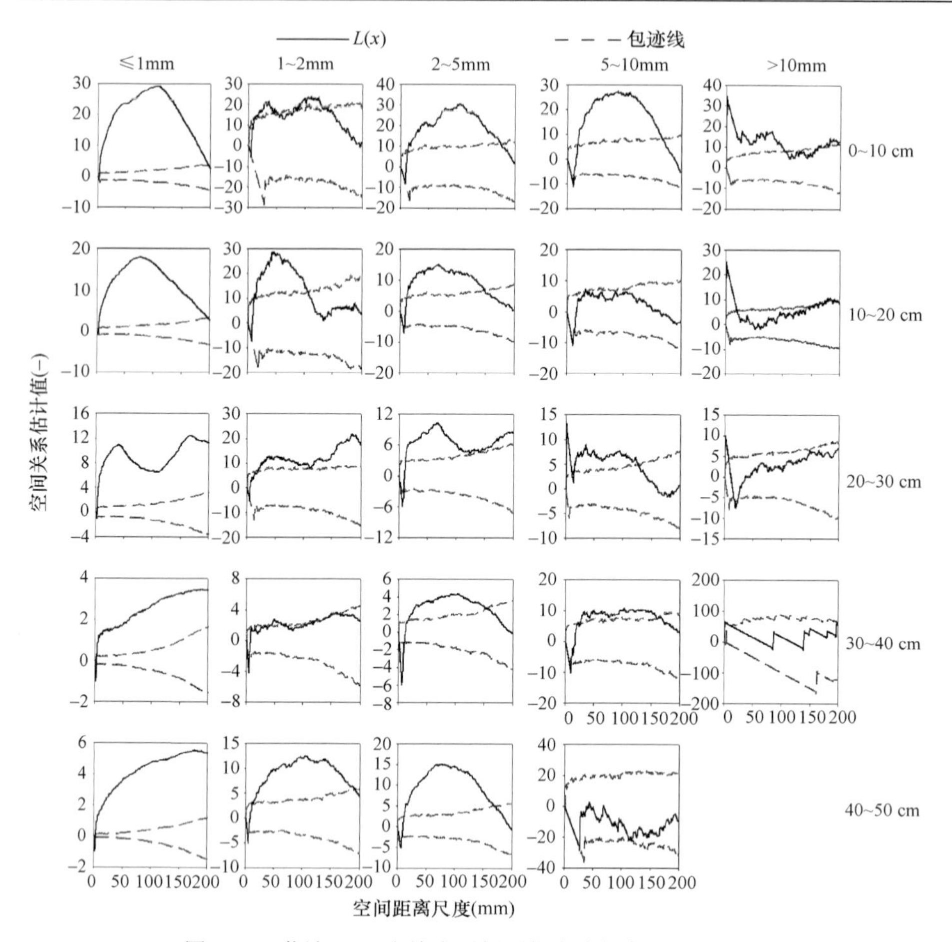

图 5-18　荒地(W-2)土壤水平剖面优先路径空间分布格局

影响半径为 1～2 mm 的优先路径空间分布状态以聚集分布向随机分布过渡为主，仅有 W-1 样地 0～10 cm 和 W-2 样地 20～30 cm 土层表现为随机分布向聚集分布过渡。W-1 样地 20～30 cm 和 W-2 样地 30～40 cm 土层 $L(x)$ 值与上包迹线几乎重合，在两种分布形态之间波动，但最终还是向随机分布过渡。其中 W-1 样地 40～50 cm 和 W-2 样地 0～10 cm 出现了明显的双峰曲线，在半径为 x=25 mm 和 x=150 mm 附近取得峰值。

影响半径为 2～5 mm 的优先路径的空间分布状态同 1～2 mm 优先路径，以聚集分布向随机分布过渡为主。仅有 W-1 样地 0～10 cm 和 W-2 样地 20～30 cm 土层表现为聚集分布。其中 W-1 样地 10～20 cm 层土壤优先路径变化最为复杂，由聚集分布发展到随机分布，最终发展到均匀分布。

影响半径为 5～10 mm 的优先路径的空间分布状态同样是以聚集分布向随机分布过渡为主，但也出现较多的随机分布状态(W-1、W-2 样地 10～20 cm 和 W-2 样地 40～

50 cm 土层)。其中 40～50 cm 土层出现随机分布状态，可能与基岩风化碎屑导致孔隙较多有关。仅有 W-1 样地 0～10 cm 表现为聚集分布。W-1 样地 40～50 cm 土层的优先路径分布数量较少，其点格局分析的准确程度受到影响，无法正常生成分布状态图。

影响半径为＞10 mm 的优先路径 0～10 cm 土层表现为随机分布向聚集分布过渡。10 cm 以下空间分布状态均表现为随机分布，这说明了坡面土壤优先路径的纵深延续性具有空间异质性，这是由于土壤结构与性质随深度变化导致的。

5.4.1.2　玉米地优先路径水平空间分布状态

玉米地不同土层土壤水平染色剖面优先路径分布见图 5-19、图 5-20。在试验土壤剖面空间尺度(r=200 mm)内，玉米地水平染色剖面中的不同影响半径优先路径分布状态以聚集分布为主，同时出现较多的随机分布状态，分布曲线以单峰曲线为主。

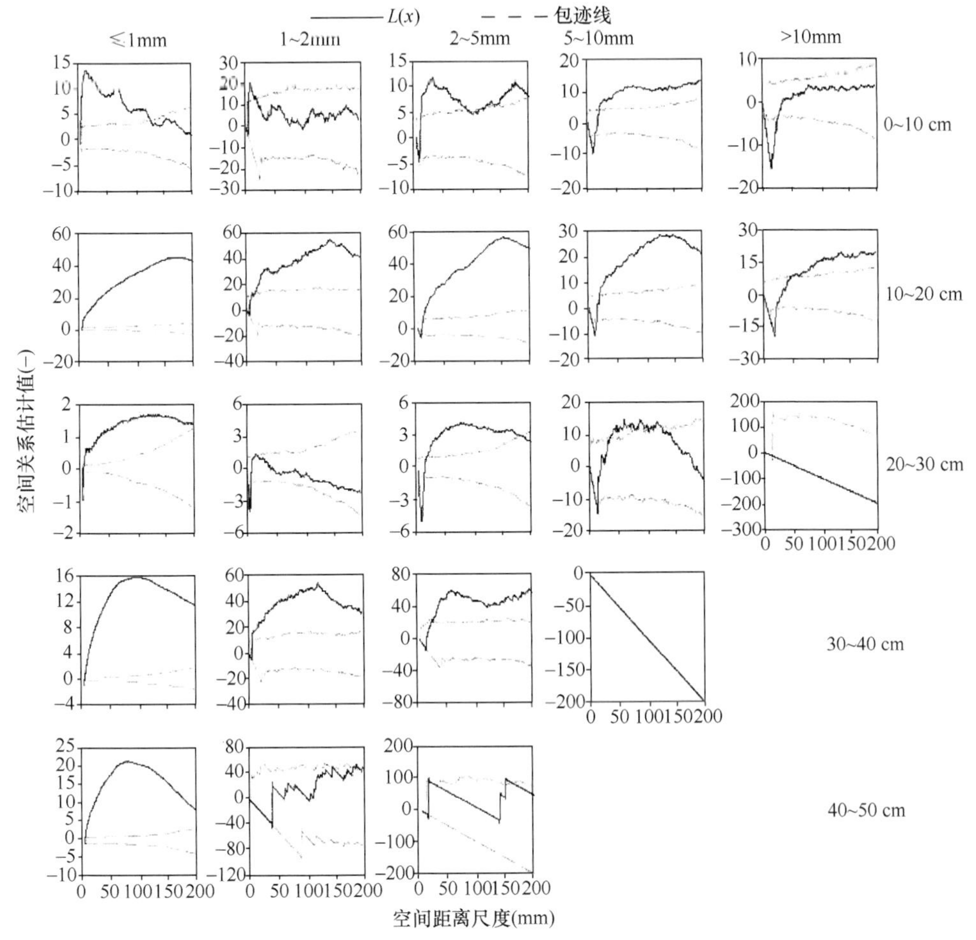

图 5-19　玉米地(M-1)土壤水平剖面优先路径空间分布格局

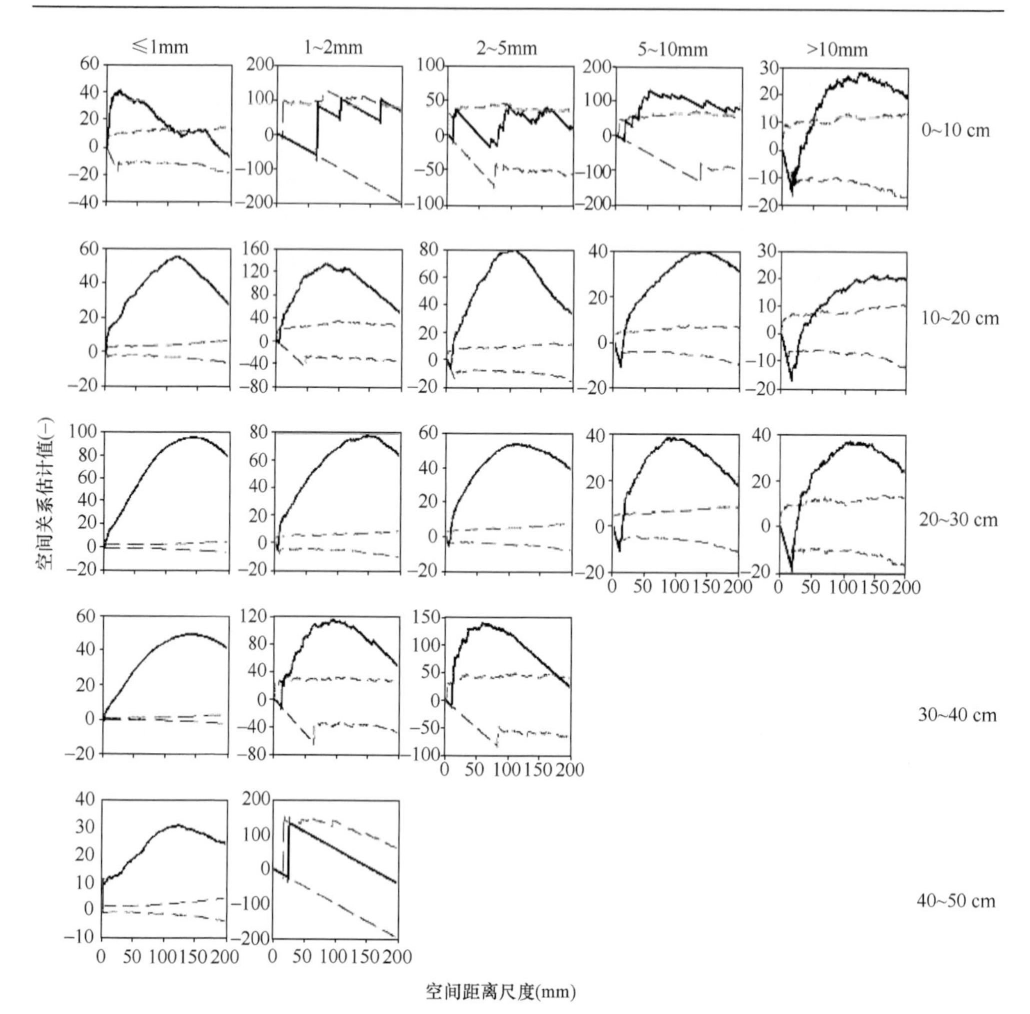

图 5-20　玉米地(M-2)土壤水平剖面优先路径空间分布格局

在半径 200 mm 土壤剖面空间尺度范围内，影响半径≤1 mm 的优先路径在各土层中表现出显著的聚集分布状态。仅有 W-1、W-2 样地 0～10 cm 层表现为聚集分布向随机分布发展的趋势，转折点出现在 x=110～120 mm 尺度之间，这可能是表层土壤受人为耕作扰动较大的原因。

影响半径为 1～2 mm 的优先路径的空间分布状态在 0～10 cm 和 40～50 cm 土层表现为显著随机分布，而中间的三个土层大多数表现为显著聚集分布状态。仅有 M-1 样地 20～30 cm 土层表现为随机分布状态。表层的随机分布状态可能是人为耕作扰动的原因，底层的随机分布状态可能与基岩风化碎屑导致孔隙较多有关。

影响半径为 2～5 mm 的优先路径的空间分布状态与 1～2 mm 优先路径相似，中间土层(10～40 cm)主要以聚集分布为主，表层 0～10 cm 和底层 40～50 cm 土壤以随机分布为主。仅有 M-1 样地 0～10 cm 土层表现为聚集分布，且出现了明显的双峰曲线，分别在半径为 x=25 mm 和 x=180 mm 附近取得峰值。

影响半径为 5～10 mm 的优先路径的空间分布状态以聚集分布为主，仅有 M-1 样地 20～30 cm 土层空间分布状态表现为聚集分布向随机分布发展，这可能与该土层是优先流形态变化的过渡区域有关。M-1 样地 30～40 cm 土层的优先路径分布数量较少，其点格局分析的准确程度受到影响。

影响半径＞10 mm 的优先路径分布状态表现为由随机分布向聚集分布过渡为主。仅有 M-1 样地 0～10 cm 土层空间分布状态表现为均匀分布向随机分布过渡，M-1 样地 20～30 cm 土层的优先路径分布数量较少，其点格局分析的准确程度受到影响，$L(x)$ 值与下包迹线完全重合。

5.4.1.3　柑橘地优先路径水平空间分布状态

柑橘地不同土层土壤水平染色剖面优先路径分布见图 5-21、图 5-22。在试验土壤剖面空间尺度(r =200 mm)内，柑橘地水平染色剖面中的不同影响半径优先路径分布状态以聚集分布为主，个别土层有所差异，分布曲线以单峰曲线为主。

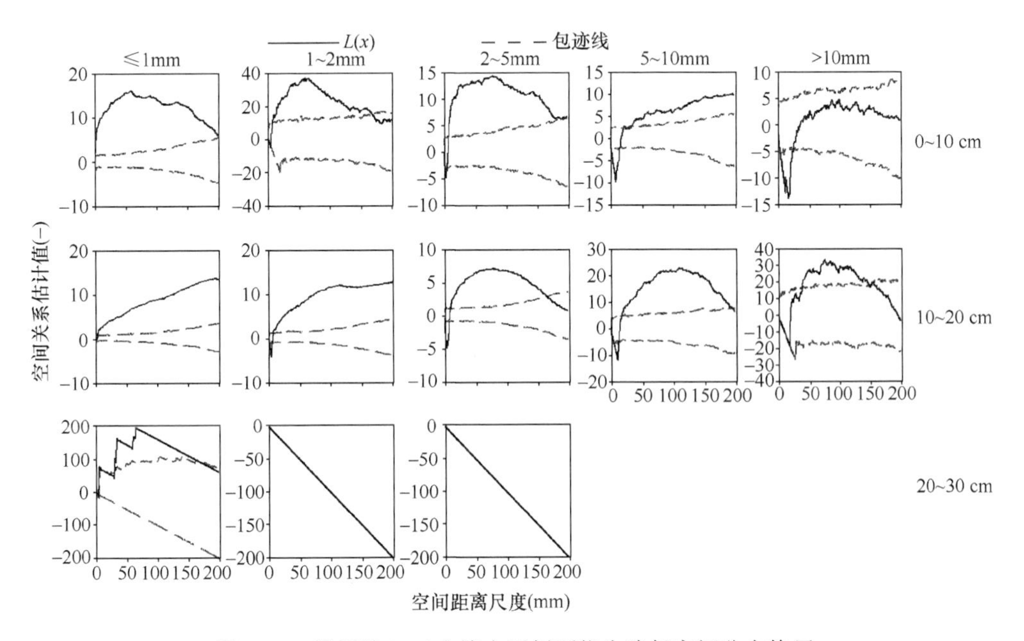

图 5-21　柑橘地(C-1)土壤水平剖面优先路径空间分布格局

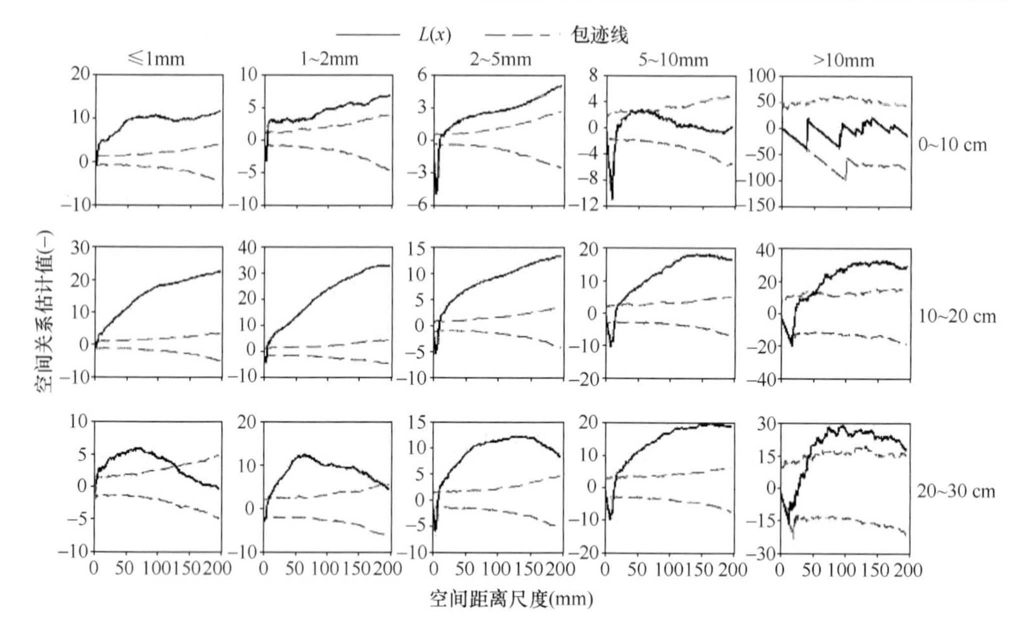

图 5-22　柑橘地(C-2)土壤水平剖面优先路径空间分布格局

在半径 200 mm 土壤剖面空间尺度范围内，影响半径≤1 mm 的优先路径在各土层中表现出显著的聚集分布状态。仅有 C-2 样地 20～30 cm 层表现为聚集分布向随机分布发展的趋势，转折点出现在 x=120 mm 尺度上，这可能与基岩风化碎屑物较多导致孔隙结构发达有关。

影响半径为 1～2 mm 的优先路径的空间分布状态与影响半径≤1 mm 的优先路径相似，各土层中表现出显著的聚集分布状态。仅在 C-1 样地 0～10 cm 土层表现为聚集分布向随机分布发展的趋势，转折点出现在 x=180 mm 尺度上。表层的随机分布状态可能与柑橘地人为抚育管理等扰动有关。

影响半径为 2～5 mm 的优先路径的空间分布状态大部分表现出明显的由均匀分布过渡到随机分布，最终以聚集分布为主。仅在 C-1 样地 10～20 cm 土层表现为聚集分布向随机分布发展的趋势，转折点出现在 x=180 mm 尺度上，这同样与柑橘地人为抚育管理等扰动有关。

影响半径为 5～10 mm 的优先路径的空间分布状态与影响半径 2～5 mm 的优先路径相似，大部分表现出明显的由均匀分布过渡到随机分布，最终以聚集分布为主。仅有 C-2 样地 0～10 cm 土层出现由均匀分布向随机分布过渡状态，这同样与柑橘地人为抚育管理有关。

影响半径＞10 mm 的优先路径分布状态较为复杂，但是随机分布所占的比重明显变大，表现为随机分布和随机分布向聚集分布过渡为主。其中随机分布还是出现在 C-1、C-2 样地 0～10 cm 表层土壤内。底层土壤表现为均匀分布向聚集分布发展，大部分最终以聚集分布为主，仅有 C-1 样地 10～20 cm 土层最终发展到随机分布。

5.4.2　竖直染色剖面优先路径分布状态

三种土地利用方式土壤竖直染色剖面优先路径分布见图 5-23。在试验土壤剖面空间尺度(r =200 mm)内，三种土地利用方式竖直染色剖面中的不同影响半径优先路径分布状态表现出了相同的特征，影响半径＞10 mm 的优先路径表现出显著的随机分布状态，其他 4 个影响半径的优先路径表现出显著的聚集分布状态，只

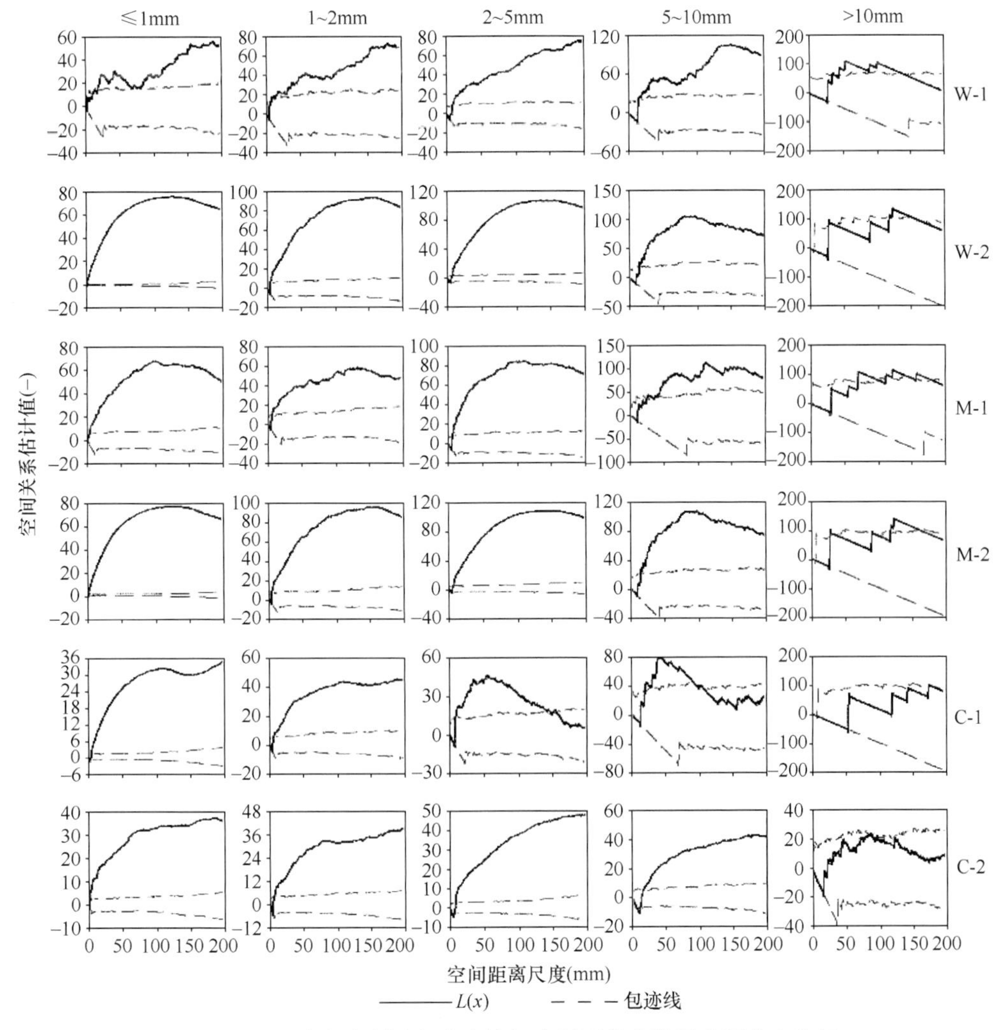

图 5-23　三种土地利用方式土壤竖直剖面优先路径空间分布格局

有柑橘 C-1 样地影响半径为 2～5 mm、5～10 mm 的表现为聚集分布向随机分布过渡趋势，转折点分别出现在 x=150 mm 和 x=100 mm 尺度上。分布曲线以单峰曲线为主。三种土地利用方式下，影响半径为≤1 mm、1～2 mm、2～5 mm、5～10 mm、＞10 mm 的优先路径竖直空间分布状态较为相似，说明在竖直剖面内不同影响半径优先路径空间分布状态具有一致性。

第 6 章　紫色砂页岩区土壤优先流形成机理

以 Spearman 相关分析结果为基础，筛选出砂粒含量、粉黏比、土壤密度、有机质含量、根孔数量、根重密度、≤1 mm 根长密度、1～3 mm 根长密度、3～5 mm 根长密度、5～10 mm 根长密度、＞10 mm 根长密度、土壤初始含水量和渗透水量等 13 个环境因子进行主成分分析，结果表明紫色砂页岩林地土壤优先流形成的环境因素可归为四个主成分：第一主成分为土壤孔隙结构因素，主要包括与土壤大孔隙形成相关的土壤密度、有机质含量、根孔数量、根重密度和根长密度等因素，该因素可解释林地土壤优先流形成和类型变化 46.76%的方差变异第二主成分为土壤水分状况因素，主要为土壤初始含水量，影响着土壤层的初始水势梯度状况，该主成分可解释 10.29%的方差变异；第三主成分为土壤类型因素，主要包括砂粒含量和粉黏比，反映了土壤类型与机械组成状况，可解释 8.39%的方差变异；第四主成分为外部降水因素，主要与试验渗透水量有关，可解释 7.72%的方差变异。三峡库区紫色砂页岩林地土壤优先流的形成和类型变化主要受植物生长发育的影响。

土壤优先流的形成通常是通过外部因素和内部因素共同作用而实现的(张洪江等，2006)。优先流形成的外部因素主要为土壤初始含水量、水分梯度、降水过程等水分条件，本书已经对水分条件和紫色砂页岩林地土壤优先流形成的响应机制进行了系统研究，结果显示林地土壤水分梯度对优先流的发生具有显著的促进作用，垂直土壤层中的水势差的增加有利于壤中流过程中水流形态的分化；林地土壤的初始含水量和试验渗透水量的变化对林地壤中流过程和优先流发生的影响具有一定局限性。

影响土壤优先流形成的内部因素一般认为是与“植物–土壤”相关的环境因子，主要包括土壤密度、有机质含量等土壤理化性质，以及植物的根重密度、根长密度等植物根系特征(Bouma，1981；Zhang et al.，2007)。为了系统论证三峡库区紫色砂页岩地区植物、土壤因子对林地土壤优先流形成的影响，在挖掘染色剖面的同时，分别采集了不同深度土壤层亮蓝溶液染色区与未染色区内的土壤和根系样品，并对其主要指标进行了室内测定。通过分析染色区与未染色区“土壤–植物”环境因子的差异以及对土壤优先流的影响，结合林地优先流发生的水分条件，可共同揭示出紫色砂页岩林地土壤优先流的形成机理。

6.1　土壤理化性质对土壤优先流形成的影响

土壤密度和土壤质地反映了土壤结构的基本状况，而土壤中有机质含量也与土壤结构体的形成具有紧密联系，通过分析林地土壤优先流发生区(即亮蓝染色区)及其周围区域(即未染色区)土壤理化性质的差异，可说明土壤结构与优先路径形成和优先流产生的作用关系(Wang et al., 2009)。在紫色砂页岩林地壤中流过程中，运移的水分不断淋溶土壤颗粒吸附着的金属离子，造成 Al 和 Fe 等元素含量在土壤空间的分布发生一定变化。一些研究表明，由于土壤优先流过程中水分运动速率较快，所承担的水分迁移量显著高于其周围区域，也在一定程度上增强了对土壤中 Al、Fe 元素的淋溶性(章明奎，2005)。因此，分析金属元素在优先流染色区与未染色区内的含量变化，可以在一定程度上说明土壤优先流的形成过程以及其对土壤环境质量的影响。

6.1.1　优先流发生区域的土壤密度

土壤密度是其最基础的物理性质，由于土壤类型以及植物生长作用的差别，不同类型林地的土壤密度表现出显著的空间异质性(Williams，2003)。研究区不同类型林地土壤优先流观测剖面内，染色区与未染色区内的土壤密度随土壤垂直深度的变化状况见表 6-1。采用 T 检验方法对二者差异显著性分析的结果显示：相

表 6-1　染色区与未染色区的土壤密度状况比较

林地类型	土壤深度(cm)	土壤密度($g·cm^{-3}$)	
		染色区	未染色区
阔叶林(BF)	0～10	0.992±0.045	1.078±0.050
	10～20	1.087±0.048	1.165±0.062
	20～30	1.140±0.054	1.245±0.053
	30～40	1.263±0.065	1.382±0.054
	40～50	1.375±0.059	1.458±0.062
针叶林(CF)	0～10	0.957±0.064	1.073±0.092
	10～20	1.037±0.015	1.143±0.059
	20～30	1.133±0.029	1.267±0.023
	30～40	1.177±0.032	1.303±0.051
	40～50	1.267±0.006	1.431±0.047
针阔混交林(MF)	0～10	1.028±0.040	1.115±0.062
	10～20	1.078±0.010	1.178±0.053
	20～30	1.155±0.024	1.303±0.053
	30～40	1.230±0.037	1.398±0.022
	40～50	1.333±0.053	1.509±0.038
灌丛(S)	0～10	1.110±0.037	1.190±0.028
	10～20	1.173±0.045	1.267±0.033
	20～30	1.223±0.042	1.337±0.054
	30～40	1.317±0.062	1.447±0.042
	40～50	1.377±0.042	1.527±0.053

同土壤深度下，4 种类型林地内土壤优先流染色区的土壤密度显著低于未染色区($p<0.05$)；随土壤深度的增加，林地土壤密度整体表现出增长趋势，土壤剖面底层范围内的土壤密度极显著高于表层土壤($p<0.01$)，而染色区和未染色区土壤密度绝对差值也随土壤深度逐渐扩大。

表层 0～20 cm 土壤层范围内，针叶林染色区的土壤密度分别为 0.957 g·cm^{-3}、1.037 g·cm^{-3}，而其对应的未染色区土壤密度分别达到 1.073 g·cm^{-3}、1.143 g·cm^{-3}，二者土壤密度的绝对差值显著高于其他 3 种类型林地。针叶林表层土壤较为松散，异质性程度较高，其中连通的优先路径多为聚集状态分布，提高了针叶林土壤表层水流形态分化程度，使其土壤优先流更易发生。

在研究区林地优先流发生最为频繁的 10～30 cm 深度土壤层范围内，针阔混交林的染色区和未染色区土壤密度分别为 1.078g·cm^{-3}、1.155g·cm^{-3} 和 1.178 g·cm^{-3}、1.303 g·cm^{-3}，T 检验结果也显示二者具有显著差异($p<0.05$)。针阔混交林该深度土壤密度的异质性造成了其土壤优先流类型变化情况更为复杂，出现了优先路径之间土壤水分作用强度变化剧烈的情况。

在土壤剖面底层 30～50 cm 范围内，4 种不同类型林地染色区和未染色区内土壤密度的异质性程度均较高，染色区土壤密度在 1.263～1.377 g·cm^{-3} 之间，而未染色区达到了 1.303～1.527 g·cm^{-3}。紫色砂页岩林地底部土壤虽较紧实，但在发生土壤优先流的区域内，由于植物主根系生长或基岩碎屑物的分布，土壤层中还是保存了一定数量的与上层连通的孔隙结构，也相对地降低了其土壤密度数值(Zhang et al.，2007)。

根据紫色砂页岩林地优先流类型与其对应的土壤密度状况发现，非均质指流或混合作用大孔隙流过程主要发生在土壤密度为 1.0～1.2 g·cm^{-3}，或土壤密度较周围土壤低 0.1 g·cm^{-3} 以上的上中层土壤范围内；而低相互作用大孔隙流一般发生在土壤密度为 1.3 g·cm^{-3} 左右，或土壤密度较周围土壤低约 0.15 g·cm^{-3} 以上的中下层土壤层中。

6.1.2　优先流发生区域的土壤质地

土壤质地一般是根据其砂粒(粒径为 2～0.02 mm)、粉粒(粒径为 0.02～0.002 mm)与黏粒(粒径小于 0.002 mm)的比例状况决定的。土壤质地反映着土壤颗粒的基本组成特征，也可说明土壤的通气、透水能力(孙向阳，2005)。不同类型林地优先流染色区与未染色区土壤样品的质地分析结果见表 6-2，所研究的紫色砂页岩林地土壤以砂黏壤土和黏质壤土为主，染色区和未染色区内土壤颗粒组成状况虽具有一定差异，但整体上差异不显著，其差别主要集中于砂粒和粉粒含量的变化方面。

表 6-2　染色区与未染色区的土壤质地状况比较

林地类型	土壤深度(cm)	染色区				未染色区			
		砂粒(%)	粉粒(%)	黏粒(%)	粉黏比	砂粒(%)	粉粒(%)	黏粒(%)	粉黏比
阔叶林(BF)	0～10	64.7±8.4	19.1±4.4	16.2±4.6	1.18	60.5±14.7	22.9±10.5	16.6±4.3	1.38
	10～20	64.7±6.7	19.1±3.7	16.1±4.0	1.19	62.9±11.5	20.6±6.9	16.4±5.3	1.19
	20～30	58.5±10.0	22.3±5.4	19.2±6.0	1.16	61.3±11.1	22.3±5.8	16.4±6.3	1.25
	30～40	59.7±8.1	23.3±8.5	17.0±7.6	1.37	60.2±12.0	23.3±6.3	16.5±7.5	1.16
	40～50	61.3±10.9	21.9±7.2	16.8±6.7	1.30	60.4±12.5	21.2±6.7	18.4±6.5	1.15
针叶林(CF)	0～10	72.7±9.2	13.9±6.1	13.4±3.7	1.04	67.2±11.2	18.9±6.9	13.9±4.3	1.37
	10～20	67.8±7.7	16.7±5.7	15.6±2.2	1.37	68.1±10.9	17.7±8.3	14.2±2.6	1.07
	20～30	68.2±10.3	17.0±7.5	14.8±2.9	1.07	62.6±6.2	19.5±3.4	18.0±3.7	1.25
	30～40	62.4±11.7	19.7±6.1	17.9±5.6	1.25	61.4±16.5	22.6±11.0	16.0±5.5	1.15
	40～50	63.1±10.1	20.2±3.2	16.7±7.5	1.15	60.9±10.1	22.5±8.4	16.7±4.6	1.38
针阔混交林(MF)	0～10	68.4±3.6	17.9±2.5	13.6±3.2	1.31	65.4±3.4	20.1±2.7	14.5±4.3	1.38
	10～20	67.4±5.5	18.2±4.8	14.4±6.2	1.27	64.4±2.2	19.4±4.6	16.2±4.3	1.19
	20～30	65.0±4.2	18.6±4.5	16.4±5.8	1.13	62.2±10.8	17.9±11.4	19.9±5.6	0.90
	30～40	60.3±4.8	20.5±4.6	19.3±6.3	1.06	59.4±4.7	20.2±5.0	20.4±8.4	0.99
	40～50	61.8±7.6	20.6±3.5	17.6±8.4	1.18	58.0±5.7	24.1±4.5	18.0±6.9	1.34
灌丛(S)	0～10	55.2±7.4	26.7±1.9	18.0±8.9	1.48	59.7±10.5	23.2±3.1	17.2±8.4	1.35
	10～20	52.9±11.3	27.7±3.5	19.5±11.2	1.42	54.9±16.6	26.3±7.1	18.8±10.3	1.40
	20～30	57.4±17.9	25.8±10.0	16.8±8.0	1.54	56.1±16.3	25.1±6.5	18.7±10.4	1.34
	30～40	57.9±18.2	23.9±11.0	18.2±9.8	1.31	55.5±13.2	25.9±6.5	18.6±11.0	1.39
	40～50	55.3±12.6	25.1±6.5	19.6±10.7	1.28	50.6±12.4	29.6±5.4	19.8±10.7	1.49

4 种类型林地优先流染色区的土壤砂粒含量较未染色区一般提高 2%～5%，通过 T 检验结果显示，相同土壤深度两区域土壤砂粒含量的差异不显著($p>0.05$)。但染色区土壤砂粒含量的小幅提高，在一定程度上还是有利于植物根系生长和连通孔隙结构的形成，有助于土壤优先流的产生(Dekker et al.，2001)。染色区和未染色区相比，土壤黏粒含量差异不显著，这说明研究区各林地土壤发育的整体水平相当，林地植物根系的生长作用主要影响了土壤中粒径较大的砂粒和粉粒含量的变化。

所研究的紫色砂页岩林地土壤优先流染色区和未染色区内土壤质地状况差异不显著，也在一定程度上说明了较小尺度空间范围内，由于影响土壤发育的环境条件变化不剧烈，其土壤物理性质变化对优先流发生的影响是具有一定局限性的。在这种情况下，影响优先流形成的内部因素可能主要与植物组成特征，以及其生长发育过程等有关(Lange et al.，2009)。

6.1.3　优先流发生区域的有机质含量

有机质含量对土壤团聚体结构的形成具有重要意义，植物生长过程中凋落的枯枝落叶腐殖质化过程为土壤补充了大量有机质(张洪江等，2010)。土壤中有机质含量较高的区域内往往植物生长活动更加频繁，配合植物根系的生长发育，为土壤连通孔隙结构的形成提供了重要的物质基础。

图 6-1 显示出 4 种不同类型林地内，一定深度土壤层中优先流染色区和未染色区有机质含量是具有差别的。根据 T 检验的结果，整体上林地优先流染色区内土壤有机质含量显著高于未染色区($p<0.05$)，尤其在表层 0～20 cm 范围内，3 种乔木林地两区域土壤有机质含量差异更为明显，这说明优先流的形成与土壤有机质含量的空间变化具有一定联系。有机质含量的提高有助于土壤中团聚结构的形成，使区域土质相对松散，更有利于形成优先路径，而促进土壤水分的快速运移。

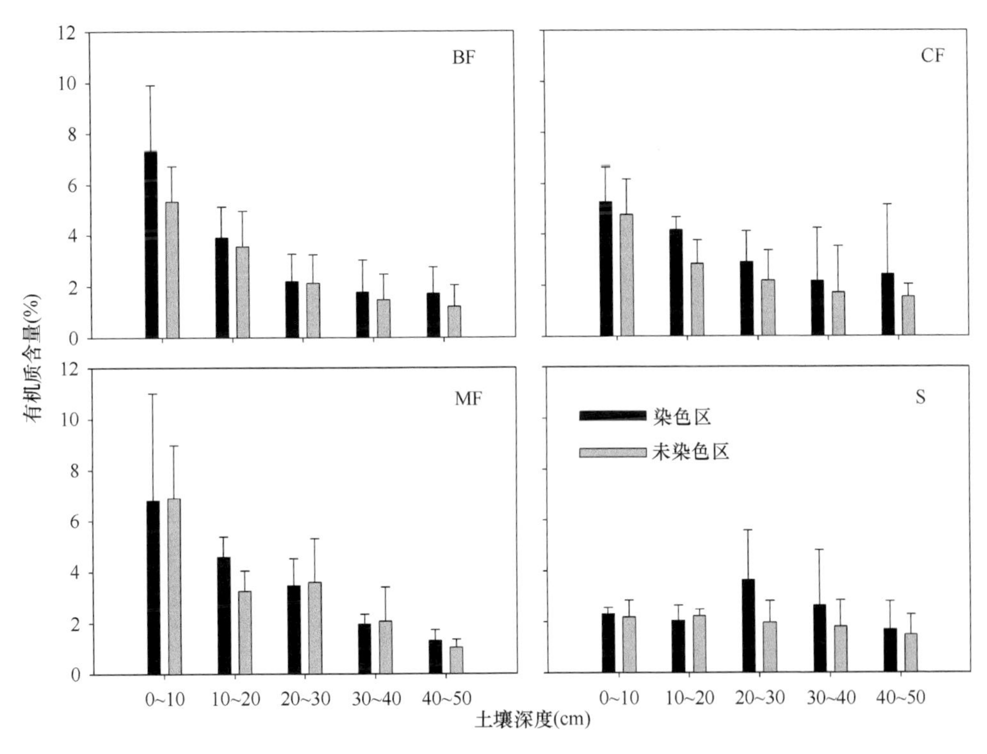

图 6-1　染色区与未染色区的土壤有机质含量比较

4 种不同类型林地中，阔叶林和针叶林土壤剖面中染色区和未染色区的有机质含量差异最为显著，二者可相差 1.1%～2.8%，该类型林地内表层土壤优先流现象更为明显。针阔混交林表层染色区和未染色区土壤有机质含量差异不显著，但变异性较高，其均值分别为 6.80%和 6.90%，该林地表层壤中流分化不显著，优先流现象不明显。灌丛林地内表层土壤有机质含量差异也不显著，分别为 2.32%

和 2.18%，且相对乔木林地有机质含量较低，这主要是由于灌木林内枯落物含量较低所致。灌丛 20～30 cm 深度范围内染色区和未染色有机质含量差异较为明显，这也说明灌丛土壤剖面内虽然存在黏滞层，但还是有部分区域土壤结构相对松散，通过植物根系改良作用后，土壤水分还是能够沿小面积的优先路径通过该区域。

6.2　植物根系对林地土壤优先流形成的影响

林地是由不同种类的乔灌草植物构成的生态整体，不同植物种由于生理特性的差异，其根系生长发育状况也会具有不同的特点。植物根系在生长过程中不断地切割土壤颗粒，可改良土壤结构使其更为松散，有利于土壤中裂隙的发育；植物根系死亡后，其木质部和韧皮部腐烂的速度不一致，也会形成管状的植物根孔(王大力和尹澄清，2000)。土壤中的裂隙和根孔结构均是土壤大孔隙的主要组成部分，也是土壤水分运移的重要通道，植物根系对土壤优先流形成具有积极的影响(Lesturgez et al.，2004)。

6.2.1　根长密度与土壤优先流的关系

植物的根长密度是指单位体积土壤空间中分布的不同径级的根系长度状况。根长密度是反映植物根系生长状况的重要参数，以根系径级为标准，将根长密度分为≤1 mm、1～3 mm、3～5 mm、5～10 mm 和＞10 mm 等 5 个级别，通过分析优先流染色区和未染色区内植物根长密度的差异，可以说明植物根系对土壤优先流形成的影响。

相比较而言，三峡库区紫色砂页岩地区阔叶植物根系生长状况优于针叶植物，尤其是在浅层土壤中，阔叶植物的根系分布较为密集(陈伟烈等，2008)。表 6-3 显示了研究区 4 种不同类型林地土壤染色区和未染色区内的植物根长密度分布状况，其中阔叶林和针阔混交林不同径级植物根系的根长密度均显著高于针叶林和灌丛，这使得该两类林地内优先流的发生状况整体上更为显著。而灌丛样地内因缺失了乔木植物，其深层土壤范围植物根系生长状况在所有林地内最差，其优先流发生区域与根系分布范围基本一致，主要集中在浅层根系能够到达的 0～30 cm 深度范围内。

林地土壤优先流染色区和未染色区内植物的根长密度，二者在≤1 mm、5～10 mm 和＞10 mm 等 3 个根系径级内，数量相差了近一倍。这反映出即使是植物密度均一的空间中，其根系的生长还是具有一定的空间差异性。在植物生长较为集中的区域内，土壤优先流现象发生的一般较为明显。

表 6-3　染色区与未染色区的植物根长密度比较

林地类型	土壤深度(cm)	染色区根长密度($m\cdot m^{-3}$)					未染色区根长密度($m\cdot m^{-3}$)				
		≤1 mm	1～3 mm	3～5 mm	5～10 mm	>10 mm	≤1 mm	1～3 mm	3～5 mm	5～10 mm	>10 mm
阔叶林(BF)	0～10	3154.1	1077.8	223.0	84.7	23.6	2369.0	1239.0	151.7	45.2	0.4
	10～20	2366.4	584.3	125.9	57.5	18.2	1561.4	456.9	96.1	47.3	14.4
	20～30	1435.4	483.8	78.9	30.7	4.9	839.7	269.1	55.9	25.8	5.4
	30～40	936.8	296.7	64.5	14.8	7.8	625.4	146.9	43.9	8.2	0.0
	40～50	437.9	94.6	10.1	8.3	0.0	374.5	67.2	8.7	5.2	0.0
针叶林(CF)	0～10	2118.5	583.7	151.2	65.1	16.5	1555.3	683.2	101.3	82.1	1.9
	10～20	1586.1	394.0	93.3	56.3	16.3	1272.4	420.3	64.4	80.5	20.8
	20～30	1307.4	330.1	60.3	32.8	1.6	848.3	225.6	60.0	27.7	4.5
	30～40	747.2	279.7	49.6	41.9	27.2	668.3	161.2	71.2	37.3	0.0
	40～50	340.7	87.2	20.0	26.1	0.5	247.1	65.9	11.7	18.4	0.0
针阔混交林(MF)	0～10	3738.7	1239.6	195.1	60.4	13.1	2484.6	1981.7	207.2	30.9	1.0
	10～20	2852.0	879.1	117.8	35.7	15.0	1864.2	772.0	144.3	42.7	21.6
	20～30	2315.8	883.4	159.6	28.7	0.0	1364.1	657.2	102.0	20.2	10.3
	30～40	1782.6	450.0	115.3	25.5	10.9	850.8	229.3	93.9	11.7	0.0
	40～50	543.3	202.2	25.6	16.3	0.0	235.2	104.6	12.6	0.0	0.0
灌丛(S)	0～10	329.6	55.5	9.9	1.6	0.0	271.7	94.4	17.6	5.9	6.1
	10～20	168.8	45.1	2.9	5.9	0.0	256.3	54.4	15.2	6.9	1.1
	20～30	126.7	32.5	5.3	0.0	0.0	117.5	45.6	4.5	0.0	0.0
	30～40	92.9	31.7	14.1	5.3	0.0	98.8	30.7	7.2	0.0	0.0
	40～50	61.7	16.5	20.5	1.9	0.0	35.2	12.5	3.5	0.0	0.0

6.2.2　根重密度与土壤优先流的关系

植物的根重密度是指一定体积土壤空间中植物根系生长干质量的状况。采用 T 检验方法对研究区不同类型林地优先流染色区与未染色区的植物根重密度差异显著性进行比较(表 6-4)，其结果显示：在土壤 0～30 cm 深度范围内，两区域植物根重密度具有极显著差异(p<0.01)；在土壤 30～40 cm 深度范围内，二者具有显著差异(p<0.05)；而在土壤底层 40～50 cm 深度范围内，二者差异不显著。

阔叶林和针阔混交林内表层 0～20 cm 深度的染色区内，根重密度可达 2.17～4.29 $kg\cdot m^{-3}$，而在其对应的未染色区内，根重密度仅为 1.40～2.67 $kg\cdot m^{-3}$，二者差别反映出阔叶植物根系分布的空间异质性较明显。针叶林 10～20 cm 深度的染色区内，根重密度相对于未染色区出现了减小的趋势，这说明了针叶林表层土壤中优先流的运移主要是集中于连通孔隙中，而在其下层土壤中虽然出现了更多的孔隙结构，但水流形态并没有产生明显变化，水分依然沿着原有的优先路径进行运

表 6-4　染色区与未染色区的植物根重密度比较

林地类型	土壤深度(cm)	根重密度($kg·m^{-3}$)	
		染色区	未染色区
阔叶林(BF)	0～10	4.29±1.75	2.67±1.07
	10～20	2.25±1.33	1.40±0.65
	20～30	1.44±0.92	0.98±0.48
	30～40	0.77±0.57	0.48±0.26
	40～50	0.17±0.20	0.12±0.08
针叶林(CF)	0～10	2.38±1.10	1.64±0.22
	10～20	1.77±1.42	2.24±1.62
	20～30	0.91±0.25	0.59±0.17
	30～40	1.10±0.14	0.53±0.25
	40～50	0.22±0.14	0.15±0.07
针阔混交林(MF)	0～10	3.11±1.76	2.32±1.05
	10～20	2.17±0.88	1.69±0.39
	20～30	1.91±0.30	1.25±0.12
	30～40	1.24±0.57	1.00±0.58
	40～50	0.32±0.11	0.21±0.14
灌丛(S)	0～10	1.69±0.61	0.88±0.29
	10～20	1.30±0.94	1.19±0.98
	20～30	0.90±0.49	0.82±0.58
	30～40	0.76±0.59	0.22±0.16
	40～50	0.28±0.18	0.07±0.06

动。灌丛样地中植物根系主要集中在表层土壤中，0～20 cm 范围内植物根重密度可达到 20～30 cm 深度水平的 1.4～1.9 倍，其下部土壤的优先流过程相对受到了一定的抑制。而这些均说明了林地植物根系的生长，对土壤优先流的形成具有积极影响。

6.2.3　植物根孔与土壤优先流的关系

亮蓝染色示踪试验过程中，挖掘土壤剖面时可直接观测到根系腐烂形成的植物根孔。对林地植物根孔分布的数量进行研究，一方面可说明土壤优先流过程中植物根孔的作用，另一方面也可以反映出由植物根孔形成的优先路径的垂直连通情况(王大力和尹澄清，2000)。根据图 6-2 显示的植物根孔的数量分布状况，不同类型的林地内，植物根孔在优先流染色区和未染色区内均有一定的分布，染色区内植物根孔数量显著高于未染色区。土壤优先流的发生与植物根孔的分布状况密切相关。

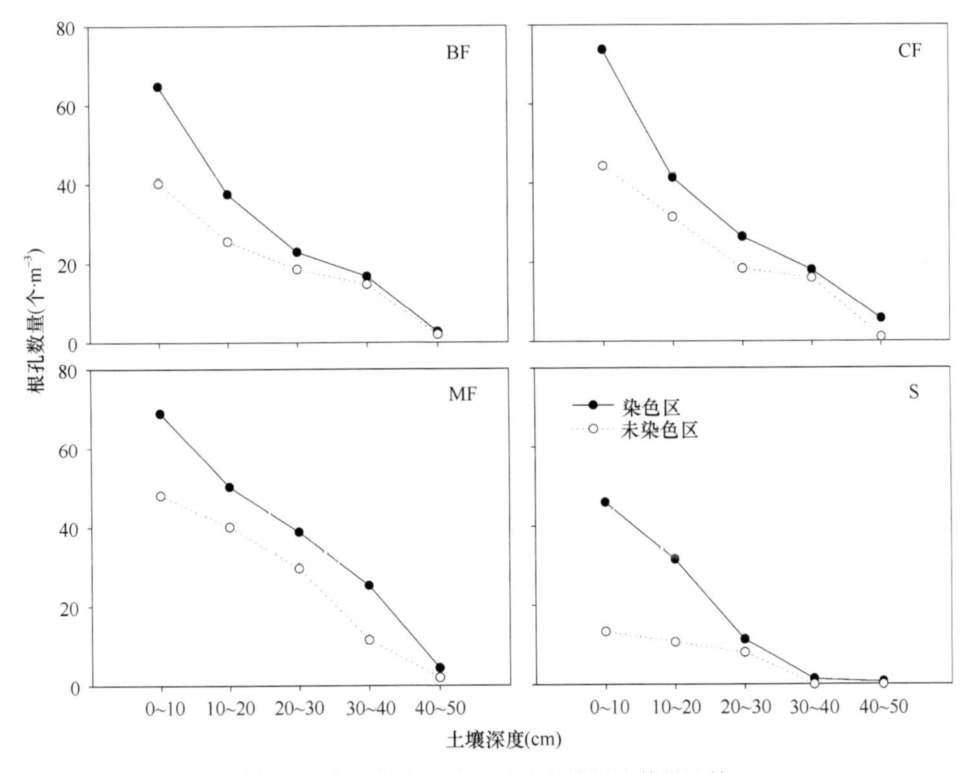

图 6-2　染色区与未染色区的土壤根孔数量比较

阔叶林与针叶林植物根孔数量变化趋势较为一致，其表层 0～10 cm 深度土壤层根孔在染色区内分别达到 65 个·m^{-3}、74 个·m^{-3}，而在 10～30 cm 深度范围内根孔数量急剧降低至 20 个·m^{-3}，说明表层土壤中阔叶林和针叶林浅根形成植物根孔的相互连通程度较低，深层土壤中植物根孔主要是由植物垂直主根所形成的，植物根孔的连通性与其根系生长性质有关。由于染色区底层土壤中依然保持了一定数量的植物根孔，因此阔叶林与针叶林内底层土壤中还保持了较高的优先流发生频率。针阔混交林的植物根孔数量随土壤深度下降的趋势较阔叶林与针叶林更加明显，植物根孔较低的连通性影响了其底层土壤中水分的运移。灌丛中表层 0～20 cm 范围内染色区植物根孔数量为 46 个·m^{-3}、32 个·m^{-3}，而未染色区仅为 13 个·m^{-3}、11 个·m^{-3}，且 40～50 cm 范围内植物根孔数量基本为 0，这也与灌丛土壤优先流多在表层土壤发生，其底部优先流发生不显著相一致。

6.3　紫色砂页岩林地土壤优先流发生的影响因素

土壤性质、植物根系和水分条件影响着林地土壤优先流的形成与发展(程金花等，2006；Allaire et al.，2009)。本研究中分别对植物、土壤等优先流形成的内部因素，以及土壤初始含水量、试验渗透水量等优先流形成的外部因素进行了分析。为了阐明紫色砂页岩林地土壤优先流发生机理，说明各因素对优先流形成的影响状况，以相关分析方法筛选出与表示壤中流形态变化的染色面积比相关性较高的环境因子，据此采用主成分分析方法揭示出林地土壤优先流形成的主要影响因素。

采用 Spearman 相关分析的方法，将表示土壤理化性质的砂粒含量、粉粒含量、黏粒含量、粉黏比、土壤密度、有机质含量、Al 元素含量、Fe 元素含量 8 个因子，表示土壤植物状况的根孔数量、根重密度、≤1 mm 根长密度、1～3 mm 根长密度、3～5 mm 根长密度、5～10 mm 根长密度、＞10 mm 根长密度以及林地乔木层郁闭度、灌木层盖度、草本层盖度等 10 个因子，以及表示林地水分条件的土壤初始含水量、渗透水量等 2 个因子，共计 20 个环境因子与所对应土壤层的染色面积比进行相关分析，其结果见表 6-5。其结果说明反映植物根系状况的根孔数量、根重密度和根长密度与壤中流形态变化的关系最为密切，与土壤结构相关的土壤密度和有机质含量也对林地壤中流形态变化具有一定影响，而作为外部因素的土壤初始含水量和渗透水量与染色面积分布变化表现出了相对较低的相关性。

表 6-5　环境因子与染色面积比的 Spearman 相关性

因子	相关系数	显著性检验	因子	相关系数	显著性检验
砂粒含量	0.121	0.284	根孔数量	0.603**	0.000
粉粒含量	–0.072	0.528	根重密度	0.633**	0.000
黏粒含量	–0.042	0.711	≤1 mm 根长密度	0.563**	0.000
粉黏比	–0.138	0.240	1～3 mm 根长密度	0.525**	0.000
Al 含量	–0.092	0.418	3～5 mm 根长密度	0.523**	0.000
Fe 含量	–0.054	0.633	5～10 mm 根长密度	0.512**	0.000
有机质含量	0.577**	0.000	＞10 mm 根长密度	0.397**	0.000
土壤密度	–0.808**	0.000	郁闭度	–0.020	0.859
土壤含水量	0.188	0.094	灌木盖度	0.085	0.453
渗透水量	0.103	0.362	草本盖度	0.061	0.589

**表示相关性在 0.01 水平下具有极显著性

为了进一步说明与壤中流形态变化相关关系较强的环境因子对土壤优先流形成的作用机理，以相关分析相关系数大于 0.1(显著性系数小于 0.4)为标准，筛选出砂粒含量、粉黏比、土壤密度、有机质含量、根孔数量、根重密度、≤1 mm 根长密度、1～3 mm 根长密度、3～5 mm 根长密度、5～10 mm 根长密度、＞10 mm 根长密度、土壤初始含水量和渗透水量等 13 个环境因子进行主成分分析，其主成分矩阵见表 6-6。

表 6-6 林地土壤优先流形成影响因素的主成分矩阵

环境因子	主成分得分			
	1	2	3	4
土壤密度	–0.796	–0.007	–0.091	0.091
砂粒含量	0.357	–0.453	0.63	–0.214
粉黏比	–0.096	0.395	0.669	0.351
有机质含量	0.743	–0.183	–0.02	–0.162
土壤含水量	0.025	0.835	–0.068	0.088
渗透水量	–0.033	–0.418	–0.161	0.85
根孔数量	0.863	0.022	0.108	0.053
根重密度	0.873	0.078	–0.232	0.091
≤1 mm 根长密度	0.884	0.159	0.118	0.074
1～3 mm 根长密度	0.863	0.134	0.13	0.149
3～5 mm 根长密度	0.888	–0.038	–0.047	0.078
5～10 mm 根长密度	0.778	–0.094	–0.154	0.036
＞10 mm 根长密度	0.574	0.103	–0.291	–0.152

主成分分析结果显示，影响三峡库区紫色砂页岩林地土壤优先流形成的环境因素主要可为四个主成分。其中，第一主成分为土壤孔隙结构因素，主要包括与土壤大孔隙形成相关的土壤密度、有机质含量、根孔数量、根重密度和根长密度等因素，该主成分是林地土壤优先流形成的主要因素，可解释46.76%的方差变异；第二主成分为土壤水分状况因素，主要为土壤初始含水量，影响着土壤层的初始水势梯度状况，该主成分可解释10.29%的方差变异；第三主成分为土壤类型因素，主要包括砂粒含量和粉黏比，反映了土壤类型与机械组成状况，可解释 8.39%的方差变异；第四主成分为外部降水因素，主要与试验渗透水量有关，可解释7.72%的方差变异。其主成分表达式为

$$
\begin{aligned}
F_1 &= -0.323X_1+0.145X_2-0.039X_3+0.301X_4+0.010X_5-0.013X_6+0.350X_7+0.354X_8+0.359X_9 \\
&\quad +0.350X_{10}+0.360X_{11}+0.316X_{12}+0.233X_{13} \\
F_2 &= -0.006X_1-0.392X_2+0.342X_3-0.158X_4+0.722X_5-0.361X_6+0.019X_7+0.067X_8+0.138X_9 \\
&\quad +0.116X_{10}-0.033X_{11}-0.081X_{12}+0.089X_{13} \\
F_3 &= -0.087X_1+0.603X_2+0.641X_3-0.019X_4-0.065X_5-0.154X_6+0.103X_7-0.222X_8+0.113X_9 \\
&\quad +0.125X_{10}-0.045X_{11}-0.148X_{12}-0.279X_{13} \\
F_4 &= 0.091X_1-0.214X_2+0.350X_3-0.162X_4+0.088X_5+0.848X_6+0.053X_7+0.091X_8+0.074X_9 \\
&\quad +0.149X_{10}+0.078X_{11}+0.036X_{12}-0.152X_{13}
\end{aligned}
\tag{6-1}
$$

式中，F_1、F_2、F_3、F_4 为主成分因子；X_1 为土壤密度；X_2 为砂粒含量；X_3 为粉黏比；X_4 为有机质含量；X_5 为土壤含水量；X_6 为试验渗透水量；X_7 为根孔数量；X_8

为根重密度；X_9为直径小于等于1 mm根长密度；X_{10}为直径1～3 mm根长密度；X_{11}为直径3～5 mm根长密度；X_{12}为直径5～10 mm根长密度；X_{13}为直径大于10 mm根长密度。

紫色砂页岩林地土壤优先流形成因素的主成分分析结果说明，该地区林地土壤优先流的形成和类型变化主要受植物生长发育的影响。植物生长发育过程中，一方面其枯枝落叶腐殖质化后补充了土壤有机质含量，提高了土壤团聚结构的数量；另一方面其根系的生长中产生的裂隙和根孔也极大地促进了土壤孔隙结构的产生。林地土壤优先流的发生是环境条件共同作用的结果，虽然土壤初始含水量、土壤类型以及外部水量状况对优先流形成的影响程度相对低于植物因素，但也对优先流的发生起到了积极作用。该结果也再次说明了紫色砂页岩林地土壤优先流主要是以大孔隙流的形式发生的，不同类型林地由于植物生长的差异，其优先流过程和作用强度具有一定变化。

6.4 土壤优先路径形成的影响因素

土壤理化性质、植物根系和水分条件等影响着土壤优先流的形成与发展，本研究中分别对土壤、植物、水分等优先流形成的影响因素进行了分析。

采用Spearman相关分析的方法，将表示土壤物理性质的土壤密度、体积含水量、总孔隙度、毛管孔隙度、非毛管孔隙度、砂粒含量、粉粒含量、黏粒含量、＞0.25 mm水稳性团聚体含量、饱和导水率等10个因子，表示土壤化学性质的有机质含量、全氮含量、碱解氮含量、全磷含量、速效磷含量、全钾含量、有效钾含量、Al元素含量、Fe元素含量等9个因子，表示土壤作物根系状况的＜1 mm根长密度、1～3 mm根长密度、3～5 mm根长密度、＞5 mm根长密度、根重密度、根孔数量等6个因子，共计25个影响因子与所对应土壤层染色区的染色面积比进行分析，其结果见表6-7。

结果表明染色面积比与土壤密度、体积含水量、黏粒含量呈极显著负相关($p<0.01$)，与总孔隙度、毛管孔隙度、非毛管孔隙度、砂粒含量、＞0.25 mm水稳性团聚体含量、饱和导水率、有机质含量、3～5 mm根长密度、根孔数量呈极显著正相关($p<0.01$)，与＜1 mm根长密度、1～3 mm根长密度、根重密度呈显著正相关($p<0.05$)，与粉粒含量、全氮含量、碱解氮含量、全磷含量、速效磷含量、全钾含量、有效钾含量、Al元素含量、Fe元素含量、＞5 mm根长密度不相关($p>0.05$)。

表 6-7　环境因子与染色面积比的 Spearman 相关性

因子	相关系数	显著性检验	样本数
土壤密度	−0.851**	0.000	26
体积含水量	−0.814**	0.000	26
总孔隙度	0.833**	0.000	26
毛管孔隙度	0.760**	0.000	26
非毛管孔隙度	0.875**	0.000	26
砂粒含量	0.619**	0.001	26
粉粒含量	−0.254	0.211	26
黏粒含量	−0.804**	0.000	26
＞0.25 mm 水稳性团聚体含量	0.753**	0.000	26
饱和导水率	0.652**	0.000	26
有机质含量	0.772**	0.000	26
全氮含量	0.378	0.057	26
碱解氮含量	0.303	0.132	26
全磷含量	0.38	0.056	26
速效磷含量	0.377	0.058	26
全钾含量	0.244	0.23	26
有效钾含量	0.341	0.088	26
Al 元素含量	−0.101	0.623	26
Fe 元素含量	−0.241	0.236	26
＜1 mm 根长密度	0.443*	0.023	26
1～3 mm 根长密度	0.455*	0.020	26
3～5 mm 根长密度	0.556**	0.003	26
＞5 mm 根长密度	0.34	0.089	26
根重密度	0.460*	0.018	26
根孔数量	0.593**	0.001	26

*表示在 0.05 水平下显著相关；**表示 0.01 水平下极显著相关

第7章　优先路径对土壤水分运动影响

通过建立研究区逐小时变化的气象、植被、土壤数据库，验证 Coup Model 在该区域的适用性。根据运行结果，调整模型结构，考虑优先路径对紫色砂岩林地土壤水分运动的影响，对调整后的模型进行率定与验证，探讨紫色砂岩林地土壤水分运动规律。模型结构调整后，底层土壤水分模型模拟值对降雨的响应更敏感，能较好地捕捉到底层土壤水分的波动，响应速度与实测较相似。针阔混交林地优先路径累计产流量均高于同期针叶林地，说明针阔混交林地优先路径较发育，这可能是由于阔叶树种生长较快于针叶树种，蒸腾量也远大于针叶树种，导致阔叶树种对水分的需求量大，根系数量多，在吸收水分的过程中与土壤作用频繁，根际周围土壤水分含量变化较剧烈，引起土粒的崩塌与重组，产生了更多易于水分通过的路径。

三峡库区紫色砂岩林地土壤水分运动观测样地选择针叶林地和针阔混交林地两种类型，植被分为乔木层、灌木层、草木层三个层次进行统计，土壤剖面以 10 cm 一层共划分为 4 个层次。对观测样地的土壤水分运动采用 Coup Model 进行模拟，并用 TDR 实测的不同深度土壤水分含量进行验证。

7.1　Coup Model 公式介绍与参数选择

Coup Model 是模拟剖面尺度下土壤–植物–大气系统热量、物质运移的机理性模型，根据不同的研究目的，可选择不同的模型结构。为了研究三峡库区紫色砂岩林地土壤水分动态变化，本研究主要运用土壤水分模块、植物水分模块和土壤蒸发及辐射模块。

7.1.1　土壤水分过程

土壤水分过程基于水量平衡方程进行计算：

$$P = E + T + D + R + \Delta S + E_i \tag{7-1}$$

式中，P 为降雨量，ΔS 为土壤含水量的变化值，均按时间序列进行实测；E 为土壤潜在蒸发，T 为植被蒸腾量，R 为地表径流量，D 为根系层以下深层渗透，E_i 为冠层截留蒸发，它们的值均由相关公式推导得出。

土壤水分过程中保水和导水的影响因子主要考虑滞后作用(hysteresis)。其计算基于三个积分函数：吸附作用循环开始的时间 R_{hage}、pF 值的转变点 R_{hshift} 和含水量增加累计率 R_{hacc}。它们均由所有土层和普通参数值决定，可以在 0～1 之间变化。对于每个土壤层所给出的参数 P_{hysmax}，将会对土壤的保水和导水起到最大作用。

因此，

$$\psi = \psi^* 10^{R_{\mathrm{h}} P_{\mathrm{hysmax}}} \tag{7-2}$$

式中，ψ^*为土壤水分张力的参考值，单位为 mbar[①]；P_{hysmax} 为土层参数，表示滞后作用对土壤持水能力的最大影响；R_{h} 为滞后作用的影响。其计算公式如下：

$$R_{\mathrm{h}} = R_{\mathrm{hage}} R_{\mathrm{hshift}} R_{\mathrm{hacc}} \tag{7-3}$$

其中，R_{hage} 为响应年限，其计算公式：

$$R_{\mathrm{hage}} = \mathrm{e}^{-a_{\mathrm{hysk}} \Delta t_{\mathrm{shift}}} \tag{7-4}$$

式中，a_{hysk} 是表示滞后作用经验修正率的一个参数；$\Delta t_{\mathrm{shift}}$ 为从解吸附作用到吸附作用的转变最后阶段所用的时间，单位为 h。

R_{hshift} 为滞后转折点函数，其计算公式：

$$R_{\mathrm{hshift}} = \max\left(R_{\mathrm{hage}}, \min\left(\frac{\lg\psi - a_{\mathrm{pF_1}}}{a_{\mathrm{pF_2}} - a_{\mathrm{pF_2}}}, 1 \right) \right) \tag{7-5}$$

式中，$a_{\mathrm{pF_1}}$ 和 $a_{\mathrm{pF_2}}$ 均为滞后转折点参数，单位为 pF 值。

R_{hacc} 为含水量累计变化函数，其计算公式：

$$R_{\mathrm{hacc}} = \min\left(1, \frac{\Delta\theta_{\mathrm{sorp}}}{a_{\mathrm{thetm}}} \right) \tag{7-6}$$

式中，$\Delta\theta_{\mathrm{sorp}}$ 为在解吸附作用转变为吸附作用的最后阶段过程中，当超过极限值速率时，其含水量的累计增长量，单位为%；a_{thetm} 为最大湿度的参数值，单位为%。

为求解水量平衡方程，需要考虑水分特征曲线与非饱和导水率函数这两个不同的土壤水力性质。根据 2.3.2.5 节“土壤样品分析”对常用土壤水分特征曲线模型的模拟与评价结果，选择“van Genuchten 方程”(van Genuchten，1980)进行模拟，其计算公式为

$$S_{\mathrm{e}} = \frac{1}{\left(1 + (\alpha\psi)^{g_{\mathrm{n}}}\right)^{g_{\mathrm{m}}}} \tag{7-7}$$

式中，$S_{\mathrm{e}}=(\theta-\theta_{\mathrm{r}})/(\theta_{\mathrm{s}}-\theta_{\mathrm{r}})$为有效饱和度，$\theta$、$\theta_{\mathrm{r}}$、$\theta_{\mathrm{s}}$ 分别为初始含水量、滞留含水量和饱和含水量，单位均为%，通过实验仪器进行测定；α 为经验参数，单位为 1/cm；

---

① bar 为非法定单位，1 bar=10^5 Pa。

g_n和g_m均为经验参数，需经方程回归分析。

在模型中，选择“Mualem方程”(Mualem，1976)来决定非饱和导水率k_w^*，其计算公式为

$$k_w^* = k_{mat} s_e^{\left(n+2+\frac{2}{\lambda}\right)} \tag{7-8}$$

代入van Genuchten方程，非饱和导水率为

$$k_w^* = k_{mat} \frac{\left(1-(\alpha\psi)^{g_n-1}\left(1+(\alpha\psi)^{g_n}\right)^{-g_m}\right)^2}{\left(1+(\alpha\psi)^{g_n}\right)^{\frac{g_m}{2}}} \tag{7-9}$$

式中，k_{mat}为饱和导水率，单位mm/d，通过实验仪器测定；n为孔隙相关性与径流弯曲度的参数，无量纲；α、ψ、g_n和g_m参数设置同上。

考虑土壤水分下边界条件为非饱和状态的深层渗透，采用“单位梯度流”(unit grad flow)进行计算：

$$q_{deep} = k_{wlow} \tag{7-10}$$

式中，k_{wlow}是土壤剖面最下层土壤的非饱和导水率，见式(7-9)。

Coup Model中与土壤水分有关的参数及其设置见表7-1。

表7-1　土壤水分过程参数表

参数	单位	符号	来源
吸附作用比例(AscaleSorption)	—	a_{scale}	校正
滞后作用经验修正值(HysKExp)	—	a_{hysk}	校正
滞后转折点参数1(HysPF1)	pF值	a_{pF_1}	校正
滞后转折点参数2(HysPF1)	pF值	a_{pF_2}	校正
滞后湿度极限(HysThetaD)	—	$a_{\theta D}$	校正
滞后最大湿度(HysThetamax)	%	a_{thetm}	校正
土层参数(HysMaxEffCond)	—	p_{hysmax}	校正
土壤张力(Moisture Tension Value)	Pa	ψ^*	回归
初始含水量(Initial Water Contents)	%	θ	测定
滞留含水量(Residual Water)	%	θ_r	测定
饱和含水量(Saturation)	%	θ_s	测定
α(alpha)	1/cm	α	校正
饱和导水率(Matrix Conductivity)	mm/d	k_{mat}	测定
曲率参数n(n Tortuosity)		n	校正
m值(m-Value)	—	g_m	校正
n值(n-Value)	—	g_n	校正

7.1.2　植物水分过程

根据第 2 章对土壤水分观测样地植被类型的分析，模拟时植物模块选用“明确的大叶群” (explicit big leaf)，分为乔木层、灌木层、草本层三层。一些植物特性(如叶面积指数 LAI、反照率 albedo、林冠高度 Canopy High 等)具有随季节变化的典型时间模式，这些特征的时间变化以参数表在模型中给定。植物生长开始日期(Start Day No)与结束日期(End Day No)采用时间函数来确定。时间函数以从开始日期到最佳日期、再到结束日期的天数时间定义，其内插值的确定方程为

$$x = (1-\alpha)x(i-1) + \alpha x(i) \tag{7-11}$$

式中，$x(i)$是按照日期编号从 1 到 n 的数据定义的参数，模拟时 GLUE 对其进行校正；α 为形态因子，其计算公式为

$$\alpha = \sin\left(\left(\frac{t - t_{\text{day}}(i-1)}{t_{\text{day}}(i) - t_{\text{day}}(i-1)}\right)\frac{\pi}{2}\right)^{c_{\text{form}}^{(i-1)}} \tag{7-12}$$

式中，t 为 $t_{\text{day}}(i-1)$和 $t_{\text{day}}(i)$的时间间隔，模拟时对 $t_{\text{day}}(i)$、$t_{\text{day}}(i-1)$进行校正；c_{form}是用于时间 t 时的内插的形状系数，以年内的日期编号给定，模拟时对其进行校正。α 的内插区间用于叶面积指数 A_{l}，林冠高度 H_{p}、反照率 a_{veg}、根系深度 z_{root}、根系长度 L_{r} 的确定。

植被对地面的覆盖会影响到达地表的净辐射量，为了估计植物间拦截辐射的部分，需要考虑地表林冠覆盖的影响，其计算公式为

$$f_{\text{cc}} = p_{\text{cmax}}\left(1 - \mathrm{e}^{-p_{\text{ck}}A_{\text{l}}}\right) \tag{7-13}$$

式中，p_{cmax} 为决定最大表面遮盖量的参数，单位为 m^2/m^2，模拟时对其进行校正；p_{ck} 为控制最大表面遮盖量时感光度的参数，模拟时对其进行校正；A_{l} 为植被的叶面积指数，单位为 m^2/m^2，通过实验仪器进行测定。

研究区降水充足，气温较高，没有冻土层，模型对该条件下的植物蒸腾采用彭曼联合方程(Monteith，1965)计算潜在蒸腾：

$$L_{\text{v}}E_{\text{tp}} = \frac{\Delta R_{\text{n}} + \rho_{\text{a}}c_{\text{p}}\dfrac{(e_{\text{s}} - e_{\text{a}})}{r_{\text{a}}}}{\Delta + \gamma\left(1 + \dfrac{r_{\text{s}}}{r_{\text{a}}}\right)} \tag{7-14}$$

式中，ΔR_{n} 为蒸腾的有效净辐射量，单位为 $\text{J}/(\text{m}^2\cdot\text{d})$，按时间序列进行实测；$e_{\text{a}}$、$\rho_{\text{a}}$、$c_{\text{p}}$、$\gamma$ 分别为实际水气压、空气密度、常压下的空气比热、干湿球湿度计常数，

通过实验仪器测定；r_s 为有效表面阻力，单位为 s/m，取值范围 100～300；e_s 为饱和水气压，单位为 Pa；r_a 为气动阻力，单位为 s/m。
其中，e_s(T)为饱和水气压函数，其计算公式为

$$\begin{cases} e_s(T)=10^{\left(12.5553-\frac{2667}{T+273.15}\right)} & T<0 \\ e_s(T)=10^{\left(11.4051-\frac{2353}{T+273.15}\right)} & T>0 \end{cases} \tag{7-15}$$

式中，T 为空气温度(℃)，按时间序列进行实测。

Δ 为温度与饱和水气压关系函数的斜率，其计算公式为

$$\begin{cases} \Delta(T)=e_s(T)\dfrac{2667}{(273.15+T)^2} & T<0 \\ \Delta(T)=e_s(T)\dfrac{2353}{(273.15+T)^2} & T>0 \end{cases} \tag{7-16}$$

r_a 为气动阻力(aerodynamics resistance)，采用无稳定性修正(without stability correction)进行计算：

$$r_a=\frac{\ln^2\left(\dfrac{z_{\text{ref}}-d}{z_0}\right)}{k^2u} \tag{7-17}$$

式中，u 为参考标高 z_{ref} 处的风速，按时间序列进行实测；k 为 von Karman 常数，它是研究一维湍流能量特征的一个重要参数，近似取值为 0.4；d 为位移高度；z_0 为粗糙长度。

位移高度 d 用 Shaw 和 Pereira 函数计算：

$$d=\min\left\{\begin{matrix} z_{\text{ref}}-0.5, \\ \left(\left(0.80+0.11p_{\text{densm}}\right)-\left(0.46-0.09p_{\text{densm}}\right)\mathrm{e}^{-\left(0.16+0.28p_{\text{densm}}\right)\text{PAI}}\right)H_{\text{p}} \end{matrix}\right\} \tag{7-18}$$

式中，z_{ref} 为参考标高，单位为 m，通过实验仪器测定；p_{densm} 为树冠密度最大值，PAI 为植物冠层总面积指数，模拟时对其进行校正；H_{p} 为树冠高度，单位为 m，通过实验仪器测定。

对于多重植被，粗糙长度可以用 Shaw 和 Pereira 函数来计算：

$$\begin{cases} z_0=z_{0\max} & z_0>z_{0\max} \\ z_0=H_{\text{p}}\min\left(f_1,f_2\right) & z_{0\min}>z_0>z_{0\max} \\ z_0=z_{0\min} & z_0<z_{0\min} \end{cases} \tag{7-19}$$

式中，$z_{0\max}$ 和 $z_{0\min}$ 分别为最大、最小粗糙度参数，单位为 m，模拟时对其进行校

正；H_p 参数设置同上。f_1 和 f_2 定义为

$$\begin{cases} f_1 = 0.175 - 0.098 p_{\text{densm}} + \left(-0.098 + 0.045 p_{\text{densm}}\right)\log\left(A_{\text{PAI}}\right) \\ f_2 = 0.150 - 0.025 p_{\text{densm}} + \left(0.122\text{-}0.0135 p_{\text{densm}}\right)\log\left(A_{\text{PAI}}\right) \end{cases} \tag{7-20}$$

式中，A_{PAI} 为植物面积指数，它取决于植物叶面积指数的和，通过实测的叶面积指数相加所得；P_{densm} 参数设置同上。

多重植被模型的表面阻力，可以用作为叶面积指数 A_l，总辐射 R_{is} 和水气压差 $(e_s - e_a)$ 函数计算，采用 Lohammar 方程计算：

$$r_s = \frac{1}{\max\left(A_l g_l, 0.001\right)} \tag{7-21}$$

式中，g_l 为叶导率，由 Lohammar 方程给定(Lohammar et al., 1980; Lindroth, 1985):

$$g_l = \frac{R_{\text{is}}}{R_{\text{is}} + g_{\text{ris}}} \frac{g_{\max}}{1 + \frac{(e_s - e_a)}{g_{\text{vpd}}}} \tag{7-22}$$

式中，R_{is} 为总辐射，按时间序列进行实测；g_{ris} 为辐射状况，表示为光反应的总辐射强度，单位为 $\text{J/(m}^2\text{/d)}$；$g_{\max}$ 为最大传导率，表示气孔全开时植物的最大传导率，单位 m/s；g_{vpd} 为植物水汽压传导率，表示减少一半气孔导率时，植物的水汽压差，单位为 Pa，这三个参数均通过回归进行校正。

植物林冠的截留量，通过阈值函数给定截留率 I(mm/d)表示：

$$I = \min\left(P\left(1 - f_{\text{th,d}}\right), \frac{\left(S_{i\max} - S_i\left(t-1\right)\right)}{\Delta t} \right) \tag{7-23}$$

式中，P 为降雨量，单位为 mm/d；$f_{\text{th, d}}$ 为直接净降雨量，表示为降雨扣除损失(包括植物截留、下渗等)后的降雨量，单位为%，它们均按时间序列进行实测；$S_i(t-1)$ 为上一次的截留储存量，$S_{i\max}$ 为当次截留量，其计算公式：

$$S_{i\max} = i_{\text{LAI}} A_l + i_{\text{base}} \tag{7-24}$$

式中，A_l 为叶面积指数；i_{LAI} 为水容量比叶面积指数(截留降水储存容量/单位叶面积指数)，单位为 mm/m^2，i_{base} 为水容量基础值(截留储存容量/单位叶面积指数)，单位 mm。

Coup Model 中与植物水分过程有关的参数及其设置见表 7-2。

7.1.3　土壤蒸发及辐射过程

土壤蒸发采用 Penman 联合方程(Monteith，1965)计算潜在蒸发量。可通过土壤表面的有效能量 $R_{\text{ns}} - q_h$，得出土壤表面的潜热通量 $L_v E_s$，进而计算出土壤表面的蒸发量 E_s：

表 7-2 植物水分过程参数表

参数	单位	符号	来源
植被反照率(Albedo V)	%	a_{veg}	测定
林冠高度(Canopy Height)	m	H_p	测定
形状系数(C_{form})	—	c_{form}	校正
日期(Day Number)	—	$t_{day(i)}$	校正
叶面积指数(Leaf Area Index)	m^2/m^2	A_l	测定
根系生长深度(pRoot Depth)	m	z_r	测定
根系生长长度(pRoot Length)	m/m^2	L_r	测定
根系分布因数(Root Fraction)	—	$r(z)$	校正
最大覆盖(Max Cover)	m^2/m^2	p_{cmax}	校正
面积(Area kExp)	—	p_{ck}	校正
树冠密度最大值(Can Dens Max)	—	p_{densm}	校正
植物冠层总面积指数(Plant Area Index)	—	PAI	校正
最小粗糙长度(Rough LMin)	s/m	z_{0min}	校正
最大粗糙长度(Rough LMax)	s/m	z_{0max}	校正
最大传导率(Cond Max)	m/s	g_{max}	校正
冬季最大传导率(Cond Max Winter)	m/s	g_{maxwin}	校正
水汽压状况(Cond VPD)	Pa	g_{vpd}	校正
植被冠层截留容量(Water Capacity Base)	mm	i_{base}	校正
单位叶面积截留容量(Water Capacity PerLAI)	mm/m^2	i_{LAI}	校正
树冠无风传导率(Wind Less Exchange Canopy)	m/s	$c_{H0,\ canopy}$	校正
最小空气含量(Air Min Content)	%	θ_{Amin}	校正
空气减少系数(Air Red Coef)	—	p_{ox}	校正
临界开始日(Crit Threshold Dry)	cm	ψ_c	校正
需求相关系数(Demand Rel Coef)	1/d	p_1	校正
柔性程度(Flexibility Degree)	—	f_{umov}	校正
非需求相关系数(Non Demand Rel Coef)	$kg/(m^2 \cdot d)$	p_2	校正
温度系数 A(Temp CoefA)	—	t_{WA}	校正
温度系数 B(Temp CoefB)	—	t_{WB}	校正
直接净降雨量(Direct Throughfall)	—	$f_{th,d}$	测定
林冠内阻力(Within Canopy Res)	s/m	r_{sint}	校正
实际水汽压(water vapor pressure)	Pa	e_a	测定
空气密度(atmospheric density)	kg/m^3	ρ_a	测定

续表

参数	单位	符号	来源
空气比热(specific heat)	J /(kg·℃)	c_p	测定
干湿球湿度计常数(Psychrometer constant)	—	γ	常数
Karman 常数(von Karman constant)	—	k	常数
空气温度(Air Temperature)	℃	T_a	测定
风速(Wind Speed)	m/s	u	测定
降雨量(Precipitation)	mm/d	P	测定
总辐射量(Global Radiation)	J/d	R_{is}	测定
参考标高(Reference Height)	m	z_{ref}	测定

$$L_v E_s = \frac{\left(R_{ns} - q_h\right) + \rho_a c_p \dfrac{\left(e_s - e\right)}{r_{a\varepsilon}}}{\gamma\left(1 + \dfrac{r_{ss}}{r_{as}}\right)} \tag{7-25}$$

式中，R_{ns} 为蒸腾的有效净辐射量，单位为 J/(m^2·d)，按时间序列进行实测；e_s、ρ_a、c_p、γ 分别为实际水气压、空气密度、常压下的空气比热、干湿球湿度计常数；e_s 为饱和水气压，单位为 Pa ；r_{as} 为气动阻力，单位为 s/m。r_{ss} 为土壤表面阻力，单位为 s/m，它可以通过受地表阻力影响的 PM 方程进行计算：

$$r_{ss} = \begin{cases} r_\psi\left(\log\psi_s - 1 - \delta_{surf}\right) & \psi_s > 100 \\ r_\psi\left(1 - \delta_{surf}\right) & \psi_s \leqslant 100 \end{cases} \tag{7-26}$$

式中，r_ψ 为阻力系数，单位为 s/m，模拟通过 GLUE 对其进行校正；ψ_s 为土壤最上层的水势，通过实验仪器进行测定；δ_{surf} 为土壤表面的质量平衡，可由以下公式进行推导得出：

$$\delta_{surf} = e_s\left(T_s\right) e^{\left(\frac{-\psi_s M g e_{corr}}{R\left(T_s + 273.15\right)}\right)} \tag{7-27}$$

$$e_{corr} = 10^{\left(-\delta_{surf}\psi_{eg}\right)} \tag{7-28}$$

式中，R 为摩尔气体常量，单位为 J/(mol·K)；M 为水的摩尔质量，单位为 g/mol；g 为重力系数，单位为 N/kg；e_s 为饱和蒸汽压；T_s 为地表温度，可视为空气温度，单位为℃，按时间序列进行实测；ψ_s 为等校正系数，模拟通过 GLUE 对其进行校正。

反照率值以植被反照率函数计算，土壤表面反照率方程为

$$a_{\mathrm{soil}} = a_{\mathrm{dry}} + \mathrm{e}^{-k_{\mathrm{a}}^{10} \lg \psi_{\mathrm{s}}} \left(a_{\mathrm{wet}} + a_{\mathrm{dry}} \right) \tag{7-29}$$

式中，k_a、a_{dry}、a_{wet} 分别为正常、干旱、湿润土壤的反照率，表示该三种土壤条件上植被反射太阳辐射与其接收太阳总辐射的比率，单位均为%，模拟通过 GLUE 对其进行校正；ψ_s 参数设置同上。

Coup Model 中与土壤蒸发及辐射有关的参数及其设置见表 7-3。

表 7-3　土壤蒸发及辐射过程参数表

参数	单位	符号	来源
等校正系数(Equil Adjust Psi)	—	ψ_{eg}	校正
最上层水势(Uppermost Water Potential)	MPa	ψ_s	测定
净辐射量(Radiation Net)	J/d	ΔR_n	测定
干土反照率(Albedo dry)	%	a_{dry}	校正
纬度(Latitude)	—	L_{at}	测定
反照率 K 系数(Albedo KExp)	—	k_a	校正
湿土反照率(Albedo wet)	%	a_{wet}	校正
阻力系数_1p(PsiRs_1p)	s/m	r_ψ	校正
裸地动量粗糙长度(Rough LBare Soil Mom)	m	z_{0M}	校正
叶面积指数增加的气动阻力(Raincrease With LAI)	s/m	r_{alai}	校正
辐射分角 1(Rad Frac Ang1)	—	r_5	校正
辐射分角 2(Rad Frac Ang2)	—	r_6	校正
云量百分数(Cloudness)	—	c_{loud}	测定

7.2　Coup Model 参数的不确定性分析

模型参数优化是流域水文研究中的一个重要问题，在过去的几十年中，水文学家们在使用动态模拟模型来分析和理解水文系统方面取得了巨大的进步。然而，这些模型的预测都是确定性的，还没有一个明确的估计相关的不确定性。由于资料的不完备、模型结构的不确定、模型参数的经验估值不同，不同组参数常会得到相似的模拟效果，也即“异参同效(equifinality)”现象。为解决这种问题，1992 年 Beven 提出普适似然不确定性估计(generalized likelihood uncertainty estimation，GLUE)方法(Beven，1982)。

到目前为止，GLUE 已经广泛应用于对环境模型的不确定性估计，包括降雨径流模型(Binley and Beven，1992)、土壤侵蚀模型(Brazier et al.，2001)、河流示踪扩散模型(Hankin et al.，2001)、不饱和区模型(Mertens et al.，2004)、土壤大气相互作用(Franks et al.，1997)、土壤冻结和解冻模型(Hansson and Ludin，2006)等。在 GLUE 研究中，采用蒙特卡罗(Monte Carlo)方法来在系统中确定一套可能的模型/参数行为组合。表 7-4 为本研究中利用 GLUE 方法确定取值的参数。术语“行为”是用来表示模型被判定为“可接受的”，即现有数据和知识的基础上不排除。模拟过程中，利用 Monte Carlo 随机采样方法获取模型的参数值组合，将该参数值代入模型中进行大量的模拟，通过比较模拟值和观测值，计算这些函数值的权重，得到各参数组合的似然值，似然值越高表明模型预测和观察具有更好的对应关系(Blasone et al.，2008)。在所有的似然值中，有一个临界阈值，是总体内的最高的似然值，也是总模拟数的允许偏差的百分比，将低于该临界值的参数组的似然值赋为零，而将高于该临界值的所有参数组的似然值重新归一化，按照似然值的大小，通常选择 5%和 95%作为相关性分析的置信水平，求出在某置信度下模型预报的不确定性范围。其步骤如下(卫晓婧和熊立华，2008)：

(1) 确定似然函数，本研究采用模型决定系数 R^2 作为似然函数：

$$R^2 = 1 - \frac{\sum_{i=1}^{n}(Q_{\text{obs}} - \hat{Q}_i)^2}{\sum_{i=1}^{n}(Q_{\text{obs}} - Q)^2} \tag{7-30}$$

式中，Q_{obs} 为实测土壤水分含量(%)，Q 为实测土壤水分含量均值(%)。

(2) 模型插值方法的检验标准。

模型采用平均误差与均方根误差来作为评估插值方法的插值效果的标准。ME 反映总体估计误差的大小，RMSE 反映利用样点数据的估值灵敏度和极值效应：

均方差 ME

$$\text{ME} = \frac{\sum Q(i)}{n} \tag{7-31}$$

均方根误差 RMSE

$$\text{RMSE} = \sqrt{\frac{\sum_{i=1}^{n}(Q_{\text{a},i} - Q_{\text{e},i})^2}{n}} \tag{7-32}$$

式中，$Q_{\text{a},i}$ 为第 i 时间实测的土壤水分含量，$Q_{\text{e},i}$ 为其估计值，n 为观测数据的个数。

(3) 根据先验分布随机产生 s 个决策变量 $H_t(t=1, 2, \cdots, s)$，本研究共选择 37 个参数，进行 1000 次模拟。

(4) 将取样后的样本点按照似然值由高到低排序。

(5) 以预测区间对观测值覆盖率最合理、预测区间宽度最窄、区间对称性最优为标准，选取适当的参数值。本研究以决定系数 R^2 接近 1 为最优解。

采用 GLUE 方法确定取值的参数见表 7-4。

表 7-4 采用 GLUE 方法确定取值的参数

参数	单位	符号	最小值	最大值
吸附作用比例(Ascale Sorption)	—	a_{scale}	0.001	1000
阿尔法(alpha)	1/cm	α	0.01	10
m 值(m-Value)	—	g_m	0.1	10
n 值(n-Value)	—	g_n	0.1	10
最大覆盖(Max Cover)	m^2/m^2	p_{cmax}	0	1
面积(Area kExp)	—	p_{ck}	0	10
树冠密度最大值(Can Dens Max)	—	p_{densm}	0.2	0.8
最小粗糙长度(Rough LMin)	s/m	z_{0min}	0.001	0.5
最大粗糙长度(Rough LMax)	s/m	z_{0max}	0.1	10
最大传导率(Cond Max)	m/s	g_{max}	0.001	0.05
水汽压差状况(Cond VPD)	Pa	g_{vpd}	50	4.000E+3
植被冠层截留容量(Water Capacity Base)	mm	i_{base}	0	10
单位叶面积截留容量(Water Capacity PerLAI)	mm/m^2	i_{LAI}	0.05	1
树冠无风传导率(WindLess Exchange Canopy)	m/s	$c_{H0,\ canopy}$	0	1
最小空气含量(Air Min Content)	%	θ_{Amin}	0	20
空气减少系数(Air Red Coef)	—	p_{ox}	0	20
临界开始日(Crit Threshold Dry)	cm	ψ_c	100	1.0E+04
柔性程度(Flexibility Degree)	—	f_{umov}	0	1
温度系数 A(Temp CoefA)	—	t_{WA}	0.2	1.5
温度系数 B(Temp CoefB)	—	t_{WB}	0	20
林冠内阻力(Within Canopy Res)	s/m	r_{sint}	0	100
干土反照率(Albedo dry)	%	a_{dry}	10	80
反照率 K 系数(Albedo KExp)	—	k_a	0.1	4
湿土反照率(Albedo wet)	%	a_{wet}	5	25
阻力系数_1p(PsiRs_1p)	s/m	r_ψ	0	10000
裸地动量粗糙长度(Rough LBare Soil Mom)	m	z_{0M}	0	5
叶面积指数增加的气动阻力(Raincrease With LAI)	s/m	r_{alai}	1	500
辐射分角 1(Rad Frac Ang1)	—	r_5	0.15	0.3
辐射分角 2(Rad Frac Ang2)	—	r_6	0.4	0.6
最佳时期(Optimum DayNo)	—	—	122	288
形状下限(Shape Start)	—	—	0.01	9
形状上限(Shape End)	—	—	0.01	9
反照率最佳值(aOptimum Value)	%	—	10	15.22
林冠高度最佳值(hOptimum Value)	m	—	0.4	10.1
叶面积指数最佳值(lOptimum Value)	—	—	0.88	4.12
根系深度最佳值(rOptimum Value)	m	—	–0.01	–0.4
根系长度最佳值(rlOptimum Value)	m/m^2	—	20	66

7.3　土壤水分运动初次模拟

7.3.1　针阔混交林样地土壤水分运动模拟

7.3.1.1　率定期

经 GLUE 方法检验，选择第 5353 组参数值作为针阔混交林样地土壤水分运动模拟的最优组参数。该组参数值代入后，0～10 cm 层土壤水分模拟的决定系数 R^2 为 0.73，均方差 ME 为–8.12，均方根误差 RMSE 为 8.34；10～20 cm 层土壤水分模拟的决定系数 R^2 为 0.82，均方差 ME 为–12.89，均方根误差 RMSE 为 12.99；20～30 cm 层土壤水分模拟的决定系数 R^2 为 0.85，均方差 ME 为–10.41，均方根误差 RMSE 为 11.28；30～40 cm 层土壤水分模拟的决定系数 R^2 为 0.85，均方差 ME 为–6.30，均方根误差 RMSE 为 7.61；决定系数 R^2 均高于 0.7，均方差 ME 平均为–9.43，均方根误差 RMSE 平均为 10.05，拟合效果较优。模型参数及参数表取值见表 7-5 和表 7-6。

表 7-5　模型涉及参数及参数值

模块	参数名	数值	单位
Interception	WaterCapacityPerLAI	0.150624	mm/m^2
Interception	WithinCanopyRes	30.0676	s/m
Potential Transpiration	WindLessExchangeCanopy	0.05	m/s
Soil Thermal	CFrozenMaxDamp	0.86995	—
Soil Thermal	CFrozenSurfCorr	0.218841	1/℃
Soil Thermal	OrganicLayerThick	0.549106	m
Meteorological Data	AltMetStation	1372	m
Meteorological Data	AltSimPosition	1372	m
Meteorological Data	PrecA0Corr	1.15664	—
Meteorological Data	PrecA1Corr	0.037938	—
Meteorological Data	TairLapseRate	0.00968	K/m
Meteorological Data	TempAirAmpl	12.8744	℃
Meteorological Data	TempAirMean	18.9	℃
Meteorological Data	TempAirPhase	7.88719	d
Plant	RandomNumberSeed	179.307	—
Soil Hydraulic	MinimumCondValue	5.09E–13	mm/d
Soil Hydraulic	TempFacAtZero	0.599508	—
Soil Hydraulic	TempFacLinIncrease	0.023351	—
Soil evaporation	MaxSoilCondens	2.76389	mm/d
Soil evaporation	MaxSurfDeficit	–1.74359	mm
Soil evaporation	MaxSurfExcess	0.503363	mm

续表

模块	参数名	数值	单位
Soil evaporation	PsiRs_1p	148.09	
Soil evaporation	RaIncreaseWithLAI	99.0759	s/m
Soil evaporation	RoughLBareSoilMom	0.00029	m
Radiation properties	AlbedoDry	31.2078	%
Radiation properties	AlbedoWet	15.8223	%
Radiation properties	Latitude	28.9	—
Radiation properties	RadFracAng1	0.210652	—
Radiation properties	RadFracAng2	0.4932	—
Water uptake	FlexibilityDegree	0.071662	—
Soil water flows	AScaleSorption	601.353	—

表 7-6　模型涉及参数表及其取值

模块	参数表名	参数名	层次	数值	单位
Interception	Surface cover function for different plants	Maximal Cover	1	0.8	—
Interception	Surface cover function for different plants	Maximal Cover	2	0.15	—
Interception	Surface cover function for different plants	Maximal Cover	3	0.8	—
Interception	Surface cover function for different plants	LAI Cover Sensitivity	1	0.75	—
Interception	Surface cover function for different plants	LAI Cover Sensitivity	2	0.1	—
Interception	Surface cover function for different plants	LAI Cover Sensitivity	3	0.6	—
Potential Transpiration	Evapotranspiration - multiple canopies	Canopy DensMax	1	0.788889	—
Potential Transpiration	Evapotranspiration - multiple canopies	Canopy DensMax	2	0.718946	—
Potential Transpiration	Evapotranspiration - multiple canopies	Canopy DensMax	3	0.222269	—
Potential Transpiration	Evapotranspiration - multiple canopies	Plant AddIndex	1	4.1	—
Potential Transpiration	Evapotranspiration - multiple canopies	Plant AddIndex	2	0.45	—
Potential Transpiration	Evapotranspiration - multiple canopies	Plant AddIndex	3	0.88	—
Potential Transpiration	Evapotranspiration - multiple canopies	Roughness Min	1	0.065842	m
Potential Transpiration	Evapotranspiration - multiple canopies	Roughness Min	2	0.290126	m
Potential Transpiration	Evapotranspiration - multiple canopies	Roughness Min	3	0.379564	m
Potential Transpiration	Evapotranspiration - multiple canopies	Air Resist LAI Effect	1	10	s/m
Potential Transpiration	Evapotranspiration - multiple canopies	Air Resist LAI Effect	2	10	s/m
Potential Transpiration	Evapotranspiration - multiple canopies	Air Resist LAI Effect	3	10	s/m
Potential Transpiration	Evapotranspiration - multiple canopies	Conduct Ris	1	3250000	J/(m·d)
Potential Transpiration	Evapotranspiration - multiple canopies	Conduct Ris	2	2722	J/(m·d)
Potential Transpiration	Evapotranspiration - multiple canopies	Conduct Ris	3	2165	J/(m·d)
Potential Transpiration	Evapotranspiration - multiple canopies	Conduct VPD	1	486.859	Pa
Potential Transpiration	Evapotranspiration - multiple canopies	Conduct VPD	2	819.567	Pa
Potential Transpiration	Evapotranspiration - multiple canopies	Conduct VPD	3	91.7383	Pa

续表

模块	参数表名	参数名	层次	数值	单位
Potential Transpiration	Evapotranspiration - multiple canopies	Conduct Max	1	0.03909	m/s
Potential Transpiration	Evapotranspiration - multiple canopies	Conduct Max	2	0.021918	m/s
Potential Transpiration	Evapotranspiration - multiple canopies	Conduct Max	3	0.04839	m/s
Potential Transpiration	Evapotranspiration - multiple canopies	Roughness Max	1	1.56128	m
Potential Transpiration	Evapotranspiration - multiple canopies	Roughness Max	2	6.01005	m
Potential Transpiration	Evapotranspiration - multiple canopies	Roughness Max	3	5.95412	m
Soil Thermal	Heat Capacity of solids	C bulk	1	2000000	J/m^3
Soil Thermal	Heat Capacity of solids	C bulk	2	2000000	J/m^3
Soil Thermal	Heat Capacity of solids	C bulk	3	2000000	J/m^3
Soil Thermal	Heat Capacity of solids	C bulk	4	2000000	J/m^3
Soil Thermal	Scaling coefficient	ThScaleLog	1	0	—
Soil Thermal	Scaling coefficient	ThScaleLog	2	0	—
Soil Thermal	Scaling coefficient	ThScaleLog	3	0	—
Soil Thermal	Scaling coefficient	ThScaleLog	4	0	—
Additional Variables	Depths of Sonds	Depth	1	0.1	m
Additional Variables	Depths of Sonds	Depth	2	0.1	m
Additional Variables	Depths of Sonds	Depth	3	0.1	m
Additional Variables	Depths of Sonds	Depth	4	0.1	m
Plant	Albedo vegetation - multiple canopies	Start DayNo	1	122	d
Plant	Albedo vegetation - multiple canopies	Start DayNo	2	122	d
Plant	Albedo vegetation - multiple canopies	Start DayNo	3	122	d
Plant	Albedo vegetation - multiple canopies	Optimum DayNo	1	205	d
Plant	Albedo vegetation - multiple canopies	Optimum DayNo	2	205	d
Plant	Albedo vegetation - multiple canopies	Optimum DayNo	3	205	d
Plant	Albedo vegetation - multiple canopies	End DayNo	1	288	d
Plant	Albedo vegetation - multiple canopies	End DayNo	2	288	d
Plant	Albedo vegetation - multiple canopies	End DayNo	3	288	d
Plant	Albedo vegetation - multiple canopies	Shape Start	1	0.8	—
Plant	Albedo vegetation - multiple canopies	Shape Start	2	0.8	—
Plant	Albedo vegetation - multiple canopies	Shape Start	3	0.8	—
Plant	Albedo vegetation - multiple canopies	Shape End	1	3	—
Plant	Albedo vegetation - multiple canopies	Shape End	2	3	—
Plant	Albedo vegetation - multiple canopies	Shape End	3	3	—
Plant	Albedo vegetation - multiple canopies	aStart Value	1	15	%
Plant	Albedo vegetation - multiple canopies	aStart Value	2	13	%

续表

模块	参数表名	参数名	层次	数值	单位
Plant	Albedo vegetation - multiple canopies	aStart Value	3	10	%
Plant	Albedo vegetation - multiple canopies	aOptimum Value	1	15.0678	%
Plant	Albedo vegetation - multiple canopies	aOptimum Value	2	13.1514	%
Plant	Albedo vegetation - multiple canopies	aOptimum Value	3	10.0334	%
Plant	Albedo vegetation - multiple canopies	aEnd Value	1	15.22	%
Plant	Albedo vegetation - multiple canopies	aEnd Value	2	13.34	%
Plant	Albedo vegetation - multiple canopies	aEnd Value	3	10.42	%
Plant	Canopy height - multiple canopies	Start DayNo	1	122	d
Plant	Canopy height - multiple canopies	Start DayNo	2	122	d
Plant	Canopy height - multiple canopies	Start DayNo	3	122	d
Plant	Canopy height - multiple canopies	Optimum DayNo	1	205	d
Plant	Canopy height - multiple canopies	Optimum DayNo	2	205	d
Plant	Canopy height - multiple canopies	Optimum DayNo	3	205	d
Plant	Canopy height - multiple canopies	End DayNo	1	288	d
Plant	Canopy height - multiple canopies	End DayNo	2	288	d
Plant	Canopy height - multiple canopies	End DayNo	3	288	d
Plant	Canopy height - multiple canopies	Shape Start	1	0.8	—
Plant	Canopy height - multiple canopies	Shape Start	2	0.8	—
Plant	Canopy height - multiple canopies	Shape Start	3	0.8	—
Plant	Canopy height - multiple canopies	Shape End	1	3	—
Plant	Canopy height - multiple canopies	Shape End	2	3	—
Plant	Canopy height - multiple canopies	Shape End	3	3	—
Plant	Canopy height - multiple canopies	hStart Value	1	10	—
Plant	Canopy height - multiple canopies	hStart Value	2	1.3	—
Plant	Canopy height - multiple canopies	hStart Value	3	0.4	—
Plant	Canopy height - multiple canopies	hOptimum Value	1	10.06	—
Plant	Canopy height - multiple canopies	hOptimum Value	2	1.49434	—
Plant	Canopy height - multiple canopies	hOptimum Value	3	0.775487	—
Plant	Canopy height - multiple canopies	hEnd Value	1	10.1	—
Plant	Canopy height - multiple canopies	hEnd Value	2	1.5	—
Plant	Canopy height - multiple canopies	hEnd Value	3	0.8	—
Plant	Leaf Area Index - multiple canopies	Start DayNo	1	122	d
Plant	Leaf Area Index - multiple canopies	Start DayNo	2	122	d
Plant	Leaf Area Index - multiple canopies	Start DayNo	3	122	d
Plant	Leaf Area Index - multiple canopies	Optimum DayNo	1	205	d

续表

模块	参数表名	参数名	层次	数值	单位
Plant	Leaf Area Index - multiple canopies	Optimum DayNo	2	205	d
Plant	Leaf Area Index - multiple canopies	Optimum DayNo	3	205	d
Plant	Leaf Area Index - multiple canopies	End DayNo	1	288	d
Plant	Leaf Area Index - multiple canopies	End DayNo	2	288	d
Plant	Leaf Area Index - multiple canopies	End DayNo	3	288	d
Plant	Leaf Area Index - multiple canopies	Shape Start	1	0.8	—
Plant	Leaf Area Index - multiple canopies	Shape Start	2	0.8	—
Plant	Leaf Area Index - multiple canopies	Shape Start	3	0.8	—
Plant	Leaf Area Index - multiple canopies	Shape End	1	3	—
Plant	Leaf Area Index - multiple canopies	Shape End	2	3	—
Plant	Leaf Area Index - multiple canopies	Shape End	3	3	—
Plant	Leaf Area Index - multiple canopies	lStart Value	1	4.09	—
Plant	Leaf Area Index - multiple canopies	lStart Value	2	0.45	—
Plant	Leaf Area Index - multiple canopies	lStart Value	3	0.88	—
Plant	Leaf Area Index - multiple canopies	lOptimum Value	1	4.1184	—
Plant	Leaf Area Index - multiple canopies	lOptimum Value	2	0.473451	—
Plant	Leaf Area Index - multiple canopies	lOptimum Value	3	0.94546	—
Plant	Leaf Area Index - multiple canopies	lEnd Value	1	4.12	—
Plant	Leaf Area Index - multiple canopies	lEnd Value	2	0.48	—
Plant	Leaf Area Index - multiple canopies	lEnd Value	3	0.98	—
Plant	Root depths - multiple canopies	Start DayNo	1	122	d
Plant	Root depths - multiple canopies	Start DayNo	2	122	d
Plant	Root depths - multiple canopies	Start DayNo	3	122	d
Plant	Root depths - multiple canopies	Optimum DayNo	1	205	d
Plant	Root depths - multiple canopies	Optimum DayNo	2	205	d
Plant	Root depths - multiple canopies	Optimum DayNo	3	205	d
Plant	Root depths - multiple canopies	End DayNo	1	288	d
Plant	Root depths - multiple canopies	End DayNo	2	288	d
Plant	Root depths - multiple canopies	End DayNo	3	288	d
Plant	Root depths - multiple canopies	Shape Start	1	0.8	—
Plant	Root depths - multiple canopies	Shape Start	2	0.8	—
Plant	Root depths - multiple canopies	Shape Start	3	0.8	—

续表

模块	参数表名	参数名	层次	数值	单位
Plant	Root depths - multiple canopies	Shape End	1	3	—
Plant	Root depths - multiple canopies	Shape End	2	3	—
Plant	Root depths - multiple canopies	Shape End	3	3	—
Plant	Root depths - multiple canopies	rStart Value	1	–0.35	m
Plant	Root depths - multiple canopies	rStart Value	2	–0.1	m
Plant	Root depths - multiple canopies	rStart Value	3	–0.01	m
Plant	Root depths - multiple canopies	rOptimum Value	1	–0.38623	m
Plant	Root depths - multiple canopies	rOptimum Value	2	–0.11393	m
Plant	Root depths - multiple canopies	rOptimum Value	3	–0.02915	m
Plant	Root depths - multiple canopies	rEnd Value	1	–0.4	m
Plant	Root depths - multiple canopies	rEnd Value	2	–0.13	m
Plant	Root depths - multiple canopies	rEnd Value	3	–0.05	m
Plant	Root distribution with depth	RootFraction	1	0.5	—
Plant	Root distribution with depth	RootFraction	2	0.2	—
Plant	Root distribution with depth	RootFraction	3	0.2	—
Plant	Root distribution with depth	RootFraction	4	0.1	—
Plant	Root lengths - multiple canopies	Start DayNo	1	122	d
Plant	Root lengths - multiple canopies	Start DayNo	2	122	d
Plant	Root lengths - multiple canopies	Start DayNo	3	122	d
Plant	Root lengths - multiple canopies	Optimum DayNo	1	205	d
Plant	Root lengths - multiple canopies	Optimum DayNo	2	205	d
Plant	Root lengths - multiple canopies	Optimum DayNo	3	205	d
Plant	Root lengths - multiple canopies	End DayNo	1	288	d
Plant	Root lengths - multiple canopies	End DayNo	2	288	d
Plant	Root lengths - multiple canopies	End DayNo	3	288	d
Plant	Root lengths - multiple canopies	Shape Start	1	0.8	—
Plant	Root lengths - multiple canopies	Shape Start	2	0.8	—
Plant	Root lengths - multiple canopies	Shape Start	3	0.8	—
Plant	Root lengths - multiple canopies	Shape End	1	3	—
Plant	Root lengths - multiple canopies	Shape End	2	3	—
Plant	Root lengths - multiple canopies	Shape End	3	3	—

由图 7-1 可见，模拟值和实测值对降雨的响应基本一致，模拟效果较好。但表层和底层土壤水分模拟值对降雨的响应略有差异。实测的表层土壤水分并不总是响应每一次降雨事件，而模拟值对每一次降雨事件均有响应。且模拟值对降雨

的响应时间早于实际土壤水分响应时间。实测的底层土壤水分对降雨的响应要敏感于模拟值。

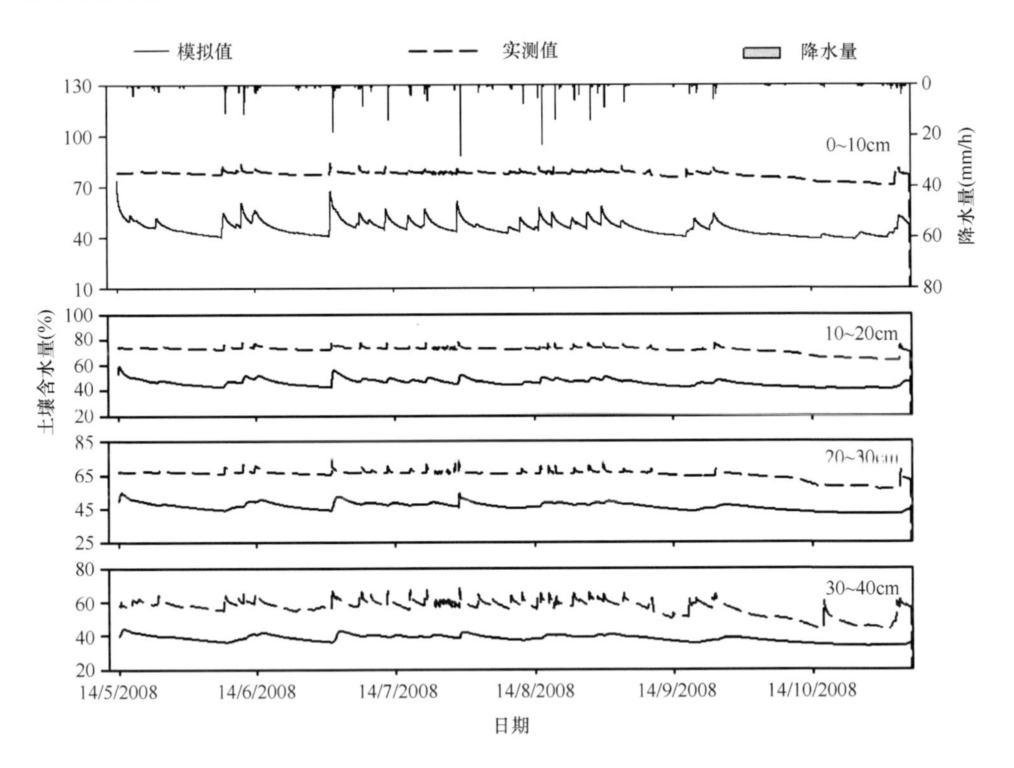

图 7-1　2008 年 5～10 月针阔混交林样地土壤水分运动模拟

7.3.1.2　验证期

将 2009 年 5～9 月作为验证期，对率定期所用模型结构、参数取值进行验证，结果并不理想。

模型决定系数 R^2 基本未超过 0.6，均方差 ME 均低于–18，均方根误差均大于 18，拟合效果不佳，达不到推广应用的预期。其中 0～10 cm 层土壤水分模拟的决定系数 R^2 仅为 0.23，均方差 ME 为–21.68，均方根误差 RMSE 为 22.05；10～20 cm 层土壤水分模拟的决定系数 R^2 为 0.31，均方差 ME 为–29.72，均方根误差 RMSE 为 29.76；20～30 cm 层土壤水分模拟的决定系数 R^2 为 0.62，均方差 ME 为–18.42，均方根误差 RMSE 为 18.61；30～40 cm 层土壤水分模拟的决定系数 R^2 为 0.44，均方差 ME 为–42.89，均方根误差 RMSE 为 42.99。

由图 7-2 看，模拟值均低于实测值，对降雨的响应也不敏感。

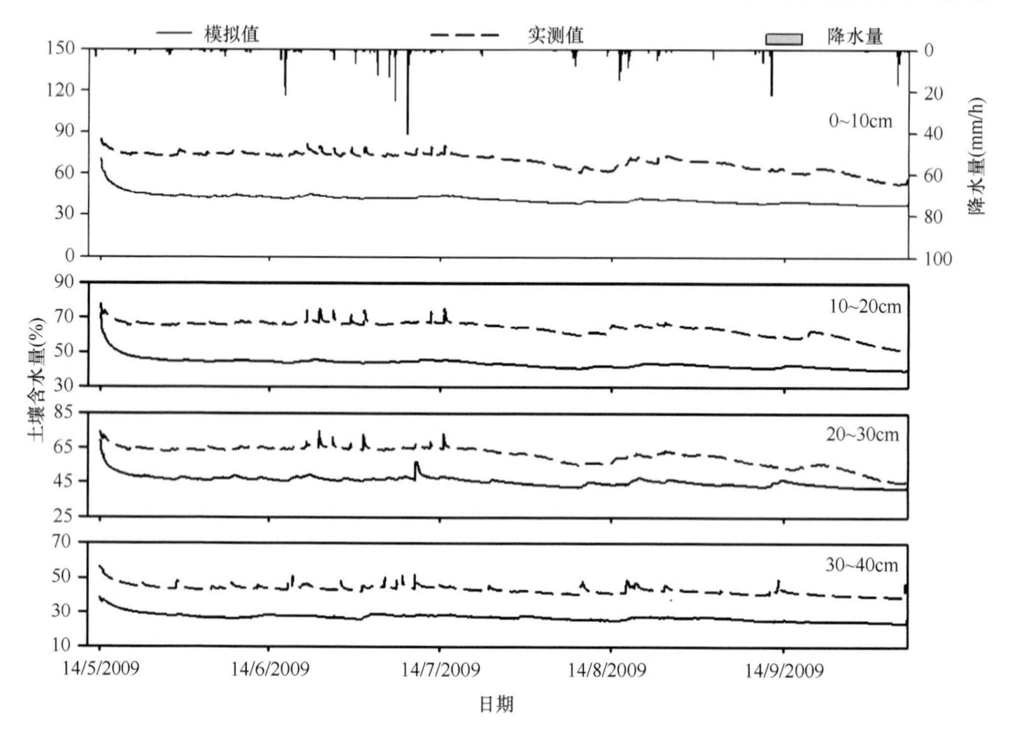

图 7-2　2009 年 5～9 月针阔混交林样地土壤水分运动模拟

7.3.2　针叶林样地土壤水分运动模拟

7.3.2.1　率定期

经 GLUE 方法检验，选择第 6356 组参数值作为针叶林样地土壤水分运动模拟的最优组参数。该组参数值代入后，0～10 cm 层土壤水分模拟的决定系数 R^2 为 0.51，均方差 ME 为–30.61，均方根误差 RMSE 为 30.91；10～20 cm 层土壤水分模拟的决定系数 R^2 为 0.61，均方差 ME 为–24.74，均方根误差 RMSE 为 25.08；20～30 cm 层土壤水分模拟的决定系数 R^2 为 0.64，均方差 ME 为–23.90，均方根误差 RMSE 为 24.34；30～40 cm 层土壤水分模拟的决定系数 R^2 为 0.50，均方差 ME 为–20.51，均方根误差 RMSE 为 21.13；决定系数 R^2 均高于 0.5，均方差 ME 平均为–24.94，均方根误差 RMSE 平均为 25.37，拟合效果较优。模型参数及参数表取值见表 7-7 和表 7-8。

由图 7-3 可见，模拟值和实测值对降雨的响应基本一致，模拟效果较好。但表层土壤水分模拟值对降雨的响应略有差异。实测的表层土壤水分并不总是响应每一次降雨事件，而模拟值对每一次降雨事件均有响应。且模拟值对降雨的响应时间早于实际土壤水分响应时间。

表 7-7　模型涉及参数及参数值

模块	参数名	数值	单位
Interception	IntEvapFracMin	0.601353	—
Interception	WaterCapacityBase	2.3	mm
Interception	WaterCapacityPerLAI	0.15	mm/m^2
Interception	WithinCanopyRes	44.689	s/m
Potential Transpiration	WindLessExchangeCanopy	0.05	m/s
Soil Thermal	OrganicLayerThick	9.95085	m
Meteorological Data	AltMetStation	1372	m
Meteorological Data	AltSimPosition	1372	m
Meteorological Data	PrecA0Corr	1.18718	—
Meteorological Data	PrecA1Corr	0.037938	—
Meteorological Data	ReferenceHeight	16.4193	m
Meteorological Data	TairLapseRate	0.00398	K/m
Meteorological Data	TempAirAmpl	6.57265	℃
Meteorological Data	TempAirMean	19	℃
Meteorological Data	TempAirPhase	2.68643	d
Plant	RandomNumberSeed	174.405	—
Plant	RootFracExpTail	0.120624	—
Soil heat flows	TempDiffPrec_Air	9.17992	℃
Soil Hydraulic	MinimumCondValue	4.25E–09	mm/d
Soil Hydraulic	TempFacLinIncrease	0.024383	—
Soil evaporation	MaxSoilCondens	3.17864	mm/d
Soil evaporation	MaxSurfDeficit	–1.06678	mm
Soil evaporation	MaxSurfExcess	0.945653	mm
Soil evaporation	PsiRs_1p	20	
Soil evaporation	RaIncreaseWithLAI	54.0841	s/m
Soil evaporation	RoughLBareSoilMom	0.021243	m
Radiation properties	AlbedoDry	25	%
Radiation properties	AlbedoKExp	1.40153	—
Radiation properties	Latitude	28.6	—
Radiation properties	RadFracAng1	0.240478	—
Radiation properties	RadFracAng2	0.509192	—
Water uptake	FlexibilityDegree	0.9	—

表 7-8　模型涉及参数表及其取值

模块	参数表名	参数名	层次	数值	单位
Interception	Surface cover function for different plants	Maximal Cover	1	0.6	—
Interception	Surface cover function for different plants	Maximal Cover	2	0.6	—
Interception	Surface cover function for different plants	Maximal Cover	3	0.6	—
Interception	Surface cover function for different plants	LAI Cover Sensitivity	1	3.5	—
Interception	Surface cover function for different plants	LAI Cover Sensitivity	2	1.8	—
Interception	Surface cover function for different plants	LAI Cover Sensitivity	3	0.75	—
Potential Transpiration	Evapotranspiration - multiple canopies	Canopy DensMax	1	0.7	—
Potential Transpiration	Evapotranspiration - multiple canopies	Canopy DensMax	2	0.7	—
Potential Transpiration	Evapotranspiration - multiple canopies	Canopy DensMax	3	0.7	—
Potential Transpiration	Evapotranspiration - multiple canopies	Plant AddIndex	1	1	—
Potential Transpiration	Evapotranspiration - multiple canopies	Plant AddIndex	2	1	—
Potential Transpiration	Evapotranspiration - multiple canopies	Plant AddIndex	3	1	—
Potential Transpiration	Evapotranspiration - multiple canopies	Roughness Min	1	0.01	m
Potential Transpiration	Evapotranspiration - multiple canopies	Roughness Min	2	0.01	m
Potential Transpiration	Evapotranspiration - multiple canopies	Roughness Min	3	0.01	m
Potential Transpiration	Evapotranspiration - multiple canopies	Air Resist LAI Effect	1	10	s/m
Potential Transpiration	Evapotranspiration - multiple canopies	Air Resist LAI Effect	2	10	s/m
Potential Transpiration	Evapotranspiration - multiple canopies	Air Resist LAI Effect	3	10	s/m
Potential Transpiration	Evapotranspiration - multiple canopies	Conduct Ris	1	5000000	J/(m·d)
Potential Transpiration	Evapotranspiration - multiple canopies	Conduct Ris	2	5000000	J/(m·d)
Potential Transpiration	Evapotranspiration - multiple canopies	Conduct Ris	3	5000000	J/(m·d)
Potential Transpiration	Evapotranspiration - multiple canopies	Conduct VPD	1	150	Pa
Potential Transpiration	Evapotranspiration - multiple canopies	Conduct VPD	2	150	Pa
Potential Transpiration	Evapotranspiration - multiple canopies	Conduct VPD	3	150	Pa
Potential Transpiration	Evapotranspiration - multiple canopies	Conduct Max	1	0.02	m/s
Potential Transpiration	Evapotranspiration - multiple canopies	Conduct Max	2	0.02	m/s
Potential Transpiration	Evapotranspiration - multiple canopies	Conduct Max	3	0.02	m/s
Potential Transpiration	Evapotranspiration - multiple canopies	Roughness Max	1	3	m
Potential Transpiration	Evapotranspiration - multiple canopies	Roughness Max	2	3	m
Potential Transpiration	Evapotranspiration - multiple canopies	Roughness Max	3	3	m
Soil Thermal	Heat Capacity of solids	C bulk	1	2000000	J/m^3
Soil Thermal	Heat Capacity of solids	C bulk	2	2000000	J/m^3
Soil Thermal	Heat Capacity of solids	C bulk	3	2000000	J/m^3
Soil Thermal	Heat Capacity of solids	C bulk	4	2000000	J/m^3
Soil Thermal	Scaling coefficient	ThScaleLog	1	0	—

续表

模块	参数表名	参数名	层次	数值	单位
Soil Thermal	Scaling coefficient	ThScaleLog	2	0	—
Soil Thermal	Scaling coefficient	ThScaleLog	3	0	—
Soil Thermal	Scaling coefficient	ThScaleLog	4	0	—
Additional Variables	Depths of Sonds	Depth	1	0.4	m
Plant	Albedo vegetation - multiple canopies	Start DayNo	1	118	#
Plant	Albedo vegetation - multiple canopies	Start DayNo	2	118	#
Plant	Albedo vegetation - multiple canopies	Start DayNo	3	118	#
Plant	Albedo vegetation - multiple canopies	Optimum DayNo	1	210	#
Plant	Albedo vegetation - multiple canopies	Optimum DayNo	2	210	#
Plant	Albedo vegetation - multiple canopies	Optimum DayNo	3	210	#
Plant	Albedo vegetation - multiple canopies	End DayNo	1	300	#
Plant	Albedo vegetation - multiple canopies	End DayNo	2	300	#
Plant	Albedo vegetation - multiple canopies	End DayNo	3	300	#
Plant	Albedo vegetation - multiple canopies	Shape Start	1	0.8	#
Plant	Albedo vegetation - multiple canopies	Shape Start	2	0.8	#
Plant	Albedo vegetation - multiple canopies	Shape Start	3	0.8	#
Plant	Albedo vegetation - multiple canopies	Shape End	1	0.6	#
Plant	Albedo vegetation - multiple canopies	Shape End	2	0.6	#
Plant	Albedo vegetation - multiple canopies	Shape End	3	0.6	#
Plant	Albedo vegetation - multiple canopies	aStart Value	1	25	%
Plant	Albedo vegetation - multiple canopies	aStart Value	2	25	%
Plant	Albedo vegetation - multiple canopies	aStart Value	3	25	%
Plant	Albedo vegetation - multiple canopies	aOptimum Value	1	20	%
Plant	Albedo vegetation - multiple canopies	aOptimum Value	2	20	%
Plant	Albedo vegetation - multiple canopies	aOptimum Value	3	20	%
Plant	Albedo vegetation - multiple canopies	aEnd Value	1	40	%
Plant	Albedo vegetation - multiple canopies	aEnd Value	2	40	%
Plant	Albedo vegetation - multiple canopies	aEnd Value	3	40	%
Plant	Canopy height - multiple canopies	Start DayNo	1	118	#
Plant	Canopy height - multiple canopies	Start DayNo	2	118	#
Plant	Canopy height - multiple canopies	Start DayNo	3	118	#
Plant	Canopy height - multiple canopies	Optimum DayNo	1	210	#
Plant	Canopy height - multiple canopies	Optimum DayNo	2	210	#
Plant	Canopy height - multiple canopies	Optimum DayNo	3	210	#
Plant	Canopy height - multiple canopies	End DayNo	1	300	#

续表

模块	参数表名	参数名	层次	数值	单位
Plant	Canopy height - multiple canopies	End DayNo	2	300	#
Plant	Canopy height - multiple canopies	End DayNo	3	300	#
Plant	Canopy height - multiple canopies	Shape Start	1	0.8	#
Plant	Canopy height - multiple canopies	Shape Start	2	0.8	#
Plant	Canopy height - multiple canopies	Shape Start	3	0.8	#
Plant	Canopy height - multiple canopies	Shape End	1	0.6	#
Plant	Canopy height - multiple canopies	Shape End	2	0.6	#
Plant	Canopy height - multiple canopies	Shape End	3	0.6	#
Plant	Canopy height - multiple canopies	hStart Value	1	0	#
Plant	Canopy height - multiple canopies	hStart Value	2	0	#
Plant	Canopy height - multiple canopies	hStart Value	3	0	#
Plant	Canopy height - multiple canopies	hOptimum Value	1	16.5	#
Plant	Canopy height - multiple canopies	hOptimum Value	2	3	#
Plant	Canopy height - multiple canopies	hOptimum Value	3	0.2	#
Plant	Canopy height - multiple canopies	hEnd Value	1	0	#
Plant	Canopy height - multiple canopies	hEnd Value	2	0	#
Plant	Canopy height - multiple canopies	hEnd Value	3	0	#
Plant	Leaf Area Index - multiple canopies	Start DayNo	1	118	#
Plant	Leaf Area Index - multiple canopies	Start DayNo	2	118	#
Plant	Leaf Area Index - multiple canopies	Start DayNo	3	118	#
Plant	Leaf Area Index - multiple canopies	Optimum DayNo	1	210	#
Plant	Leaf Area Index - multiple canopies	Optimum DayNo	2	210	#
Plant	Leaf Area Index - multiple canopies	Optimum DayNo	3	210	#
Plant	Leaf Area Index - multiple canopies	End DayNo	1	300	#
Plant	Leaf Area Index - multiple canopies	End DayNo	2	300	#
Plant	Leaf Area Index - multiple canopies	End DayNo	3	300	#
Plant	Leaf Area Index - multiple canopies	Shape Start	1	0.8	#
Plant	Leaf Area Index - multiple canopies	Shape Start	2	0.8	#
Plant	Leaf Area Index - multiple canopies	Shape Start	3	0.8	#
Plant	Leaf Area Index - multiple canopies	Shape End	1	0.6	#
Plant	Leaf Area Index - multiple canopies	Shape End	2	0.6	#
Plant	Leaf Area Index - multiple canopies	Shape End	3	0.6	#
Plant	Leaf Area Index - multiple canopies	lStart Value	1	0	#
Plant	Leaf Area Index - multiple canopies	lStart Value	2	0	#
Plant	Leaf Area Index - multiple canopies	lStart Value	3	0	#

续表

模块	参数表名	参数名	层次	数值	单位
Plant	Leaf Area Index - multiple canopies	lOptimum Value	1	5	#
Plant	Leaf Area Index - multiple canopies	lOptimum Value	2	5	#
Plant	Leaf Area Index - multiple canopies	lOptimum Value	3	5	#
Plant	Leaf Area Index - multiple canopies	lEnd Value	1	0	#
Plant	Leaf Area Index - multiple canopies	lEnd Value	2	0	#
Plant	Leaf Area Index - multiple canopies	lEnd Value	3	0	#
Plant	Root depths - multiple canopies	Start DayNo	1	118	#
Plant	Root depths - multiple canopies	Start DayNo	2	118	#
Plant	Root depths - multiple canopies	Start DayNo	3	118	#
Plant	Root depths - multiple canopies	Optimum DayNo	1	210	#
Plant	Root depths - multiple canopies	Optimum DayNo	2	210	#
Plant	Root depths - multiple canopies	Optimum DayNo	3	210	#
Plant	Root depths - multiple canopies	End DayNo	1	300	#
Plant	Root depths - multiple canopies	End DayNo	2	300	#
Plant	Root depths - multiple canopies	End DayNo	3	300	#
Plant	Root depths - multiple canopies	Shape Start	1	0.8	#
Plant	Root depths - multiple canopies	Shape Start	2	0.8	#
Plant	Root depths - multiple canopies	Shape Start	3	0.8	#
Plant	Root depths - multiple canopies	Shape End	1	0.6	#
Plant	Root depths - multiple canopies	Shape End	2	0.6	#
Plant	Root depths - multiple canopies	Shape End	3	0.6	#
Plant	Root depths - multiple canopies	rStart Value	1	0	m
Plant	Root depths - multiple canopies	rStart Value	2	0	m
Plant	Root depths - multiple canopies	rStart Value	3	0	m
Plant	Root depths - multiple canopies	rOptimum Value	1	–0.5	m
Plant	Root depths - multiple canopies	rOptimum Value	2	–0.25	m
Plant	Root depths - multiple canopies	rOptimum Value	3	–0.1	m
Plant	Root depths - multiple canopies	rEnd Value	1	0	m
Plant	Root depths - multiple canopies	rEnd Value	2	0	m
Plant	Root depths - multiple canopies	rEnd Value	3	0	m
Plant	Root lengths - multiple canopies	Start DayNo	1	118	#
Plant	Root lengths - multiple canopies	Start DayNo	2	118	#
Plant	Root lengths - multiple canopies	Start DayNo	3	118	#
Plant	Root lengths - multiple canopies	Optimum DayNo	1	210	#
Plant	Root lengths - multiple canopies	Optimum DayNo	2	210	#

续表

模块	参数表名	参数名	层次	数值	单位
Plant	Root lengths - multiple canopies	Optimum DayNo	3	210	#
Plant	Root lengths - multiple canopies	End DayNo	1	300	#
Plant	Root lengths - multiple canopies	End DayNo	2	300	#
Plant	Root lengths - multiple canopies	End DayNo	3	300	#
Plant	Root lengths - multiple canopies	Shape Start	1	0.8	#
Plant	Root lengths - multiple canopies	Shape Start	2	0.8	#
Plant	Root lengths - multiple canopies	Shape Start	3	0.8	#
Plant	Root lengths - multiple canopies	Shape End	1	0.6	#
Plant	Root lengths - multiple canopies	Shape End	2	0.6	#
Plant	Root lengths - multiple canopies	Shape End	3	0.6	#

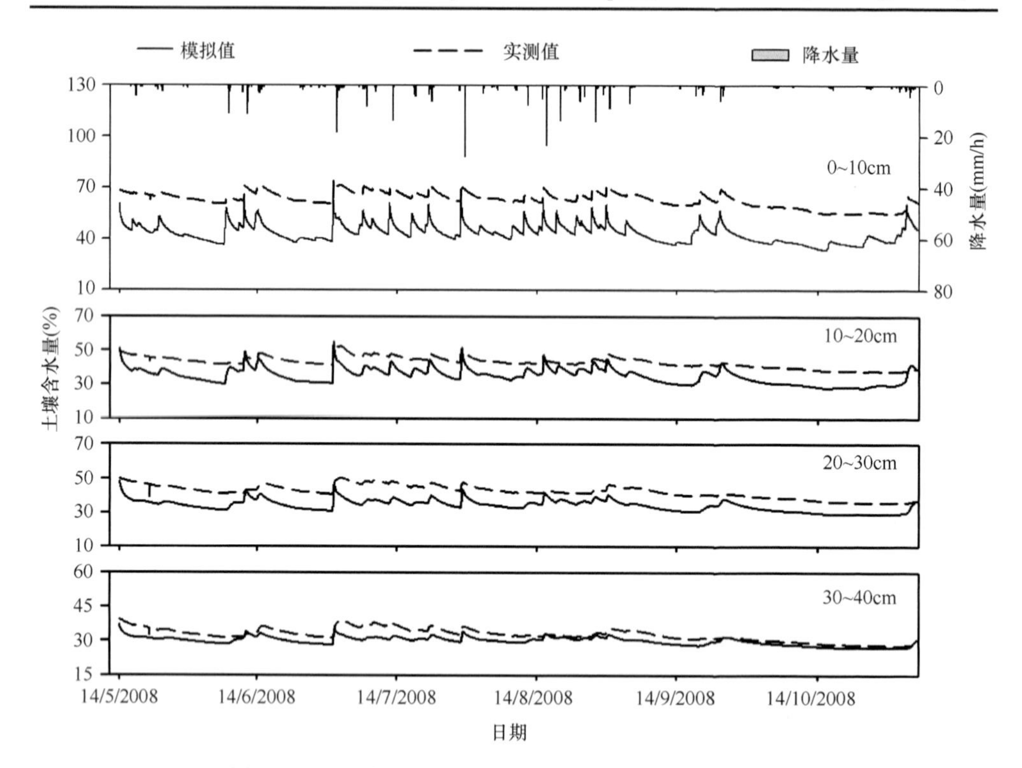

图 7-3 2008 年 5～10 月针叶林样地土壤水分运动模拟

7.3.2.2 验证期

将 2009 年 5～9 月作为验证期，对率定期所用模型结构、参数取值进行验证，结果并不理想。

模型决定系数 R^2 均未超过 0.3，其中 0～10 cm、10～20 cm 层土壤水分模拟的决定系数 R^2 仅为 0.21，20～30 cm 层土壤水分模拟的决定系数 R^2 为 0.22，30～40 cm 层土壤水分模拟的决定系数 R^2 仅为 0.18，均方差 ME 平均为–37.03，均方根误差 RMSE 平均为 37.86，拟合效果不佳，远达不到模型模拟要求。

由图 7-4 看，模拟值远低于实测值，对降雨的响应也不敏感。

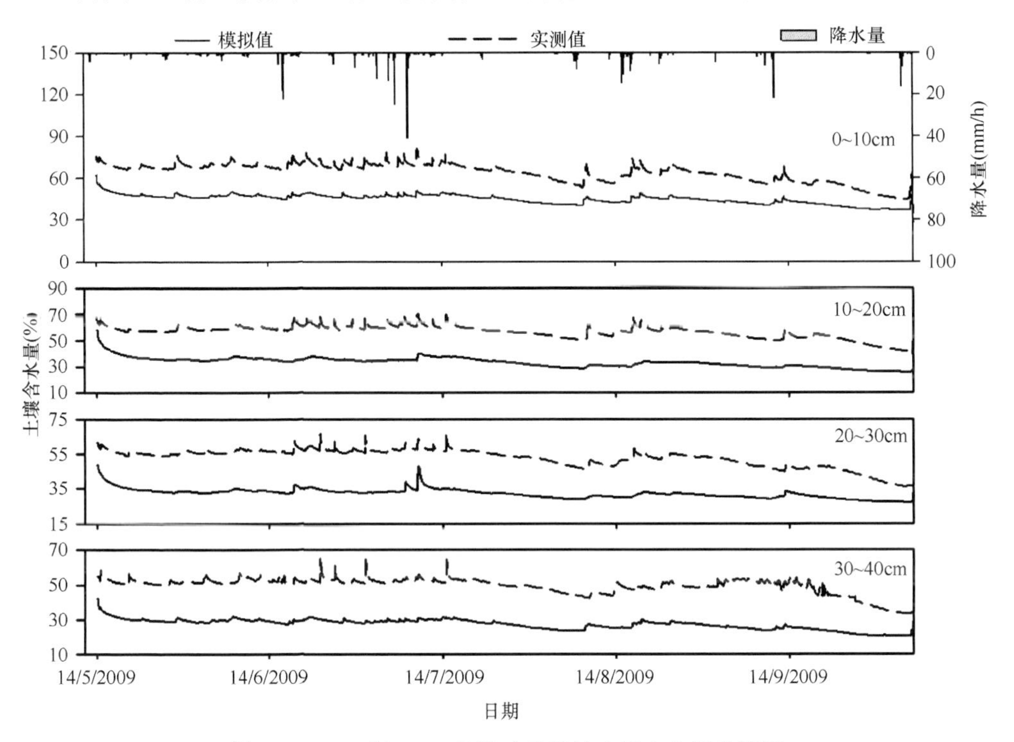

图 7-4　2009 年 5～9 月针叶林样地土壤水分运动模拟

7.3.3　结果分析

综合 7.3.1 和 7.3.2 两节，可见模型对两种观测样地土壤水分运动的模拟有相似之处。率定期模型模拟均能取得极佳的模拟效果，而验证期模型决定系数均较低，达不到模拟要求。

由 2.2.3 节“水文”可知，2008 年降水量略低于多年平均值，2009 年降水量略高于多年平均值，但日降水量＞0.1mm 日数、最大日降水量基本一致，可知 2009 年平均日降水量高于 2008 年。张洪江等(2006)对长江三峡花岗岩地区林地土壤水分研究的结果表明，在高雨量的降水过程下，土壤水分运动中的优先流表现更为显著。推测 2009 年发生优先流的可能性大，从而影响了土壤水分的运移，导致两种林地土壤水分运动模拟在率定期拟合精度高，而验证期拟合精度低的状况。

7.4 模型结构调整

为了与实际接轨，更能反映土壤水分对降雨的响应，体现优先流过程，参考Richards 非饱和流方程对 Coup Model 进行调整。并用调整后的模型再次模拟紫色砂岩林地土壤水分动态，对比调整前后模型的模拟效果，以确定更适用于试验区土壤水分研究的模型。

假设土壤中的水分流动为层流，在遵从达西定律的基础上 Richards(1931)提出了非饱和流方程：

$$q_{\mathrm{w}} = -k_{\mathrm{w}}\left(\frac{\partial \psi}{\partial z} - 1\right) - D_{\mathrm{v}}\frac{\partial C_{\mathrm{v}}}{\partial z} + q_{\mathrm{bypass}} \tag{7-33}$$

式中，q_{w} 为水流通量；k_{w} 为非饱和导水率；ψ 为水分张力；z 为深度，C_{v} 是土壤空气中水蒸气的浓度；D_{v} 为土壤水蒸汽的扩散系数；q_{bypass} 为大孔隙中的优先流。总水流量 q_{w} 为基质流 q_{mat}、水汽流 q_{v} 及优先流 q_{bypass} 之和。非饱和流一般方程遵从质量守恒定律方程：

$$\frac{\partial \theta}{\partial t} = -\frac{\partial q_{\mathrm{w}}}{\partial_z} + S_{\mathrm{w}} \tag{7-34}$$

式中，θ 为土壤含水量，单位为%，将土壤从地表 0 cm 至地下 40 cm 平均分为 4 层，按时间序列对每层土壤含水量进行实测；S_{w} 为源汇项，表示根系在单位时间内单位体积土壤中吸收水分的体积，单位为 1/d，模型中表示为根系吸水率，并对其进行校正；t 为时间。

虽然大孔隙中的水量无法实际测量，但可通过土壤表面入渗率或土壤剖面中不同深度大孔隙的垂向流动 q_{in}，来决定归为基质流(q_{mat})或优先流(q_{bypass})总液态水流量($q_{\mathrm{w}} - q_{\mathrm{v}}$)。

其中，q_{bypass} 为大孔隙中的优先流，其计算方程为

$$q_{\mathrm{bypass}} = \begin{cases} 0 & 0 < q_{\mathrm{in}} < s_{\mathrm{mat}} \\ q_{\mathrm{in}} - q_{\mathrm{mat}} & q_{\mathrm{in}} \geqslant s_{\mathrm{mat}} \end{cases} \tag{7-35}$$

式中，q_{in} 为土壤表面渗透率，表示雨水渗入土壤的速率，单位为 mm/min，模拟时对其进行校正。

q_{mat} 遵从达西定律的基质流，其计算方程为

$$q_{\mathrm{mat}} = \begin{cases} \max\left(k_{\mathrm{w}}(\theta)\left(\frac{\partial_{\psi}}{\partial_z} + 1\right), q_{\mathrm{in}}\right) & 0 < q_{\mathrm{in}} < s_{\mathrm{mat}} \\ s_{\mathrm{mat}} & q_{\mathrm{in}} \geqslant s_{\mathrm{mat}} \end{cases} \tag{7-36}$$

式中，$k(\theta)$为给定土壤含水量时的非饱和导水率，其计算公式参考式(7-8)；ψ、z参数定义同上。

S_{mat}为吸附率，它在大孔隙中绕流的极限值的计算公式为

$$S_{mat} = a_{scale} a_r k_{mat} \mathrm{pF} \tag{7-37}$$

式中，k_{mat}为饱和导水率，单位为 mm/d，通过实验仪器测定；a_r为相邻两层厚度与模型中所描述的单位水平范围的比值，模拟时对其进行校正；pF 为基质势 ψ 以 10 为底数的对数；a_{scale}为用以说明集合体几何形态的经验比例系数，模拟时对其进行校正。

Coup Model 中与优先流有关的参数及其设置见表 7-9。

表 7-9　土壤水分过程参数表

参数	单位	符号	来源
水的摩尔质量(Mol mass of water)	g/mol	M_{water}	恒量
水汽扩散曲率(Dvap Tortuosity)	—	D_v	校正
摩尔气体常量(Molar gas constant)	J/(mol·K)	R	恒量
土壤温度(Soil Temperature)	℃	T	测定
重力常数(Gravity Coefficients)	$m^2/(kg \cdot s^2)$	g	恒量
渗透率(Permeality)	mm/min	q_{in}	校正
大孔隙导水率(Matrix Conductivity)	mm/d	k_{mat}	测定
吸附作用比例(AScale Sorption)	—	a_{scale}	校正
土壤含水量(Soil Water Content)	%	θ	测定
根系吸水率(Root Water Absoption)	1/d	S_w	校正

7.5　模型结构调整后模拟

7.5.1　针阔混交林样地土壤水分运动模拟

7.5.1.1　率定期

经 GLUE 方法检验，选择第 29178 组参数值作为针阔混交林样地土壤水分运动模拟的最优组参数。该组参数值代入后，0～10 cm 层土壤水分模拟的决定系数 R^2 为 0.78，均方差 ME 为–12.23，均方根误差 RMSE 为 12.5；10～20 cm 层土壤水分模拟的决定系数 R^2 为 0.88，均方差 ME 为–9.94，均方根误差 RMSE 为 9.96；

20～30 cm 层土壤水分模拟的决定系数 R^2 为 0.88，均方差 ME 为–9.08，均方根误差 RMSE 为 9.10；30～40 cm 层土壤水分模拟的决定系数 R^2 为 0.87，均方差 ME 为–6.41，均方根误差 RMSE 为 6.51；决定系数 R^2 均高于 0.7，均方差 ME 平均为–9.42，均方根误差 RMSE 平均为 9.46，拟合效果较优。

对比 8.3.1.1 节，可见模型结构调整前后对紫色砂岩针阔混交林地土壤水分运动的模拟决定系数、均方差 ME 平均值、均方根误差 RMSE 平均值基本一致。这可能是由于优先路径产流在暴雨下表现更为显著，但作为整个生长季的模拟，并非每一次降雨事件均为暴雨。放大到整个生长季的模拟后，对于平水年的土壤水分运动，优先路径产流的影响有限。由图 7-5(a)可见，模型结构调整前后对底层土壤水分响应的影响稍大，表现为结构调整后模型模拟的土壤水分对降雨的响应快于原模型响应速度。这是由于原模型遵从达西定律，底层土壤水分变化由其上层土壤水分经基质流层下渗后到达。而结构调整后模型中底层土壤水分部分由地表水分经大孔隙优先路径直接下渗，因此其底层水分几乎同时与实测土壤水分到达峰值，早于原模型模拟值。

7.5.1.2　验证期

将 2009 年 5～9 月作为验证期，对率定期所用模型结构、参数取值进行验证，结构调整后模型的拟合效果远好于结构调整前的拟合效果。

结构调整后模型决定系数 R^2 均高于 0.55，其中 0～10 cm 层土壤水分模拟的决定系数 R^2 为 0.60，均方差 ME 为–2.33，均方根误差 RMSE 为 3.90；10～20 cm 层土壤水分模拟的决定系数 R^2 为 0.58，均方差 ME 为–0.20，均方根误差 RMSE 为 2.11；20～30 cm 层土壤水分模拟的决定系数 R^2 为 0.56，均方差 ME 为 2.13，均方根误差 RMSE 为 2.35；30～40 cm 层土壤水分模拟的决定系数 R^2 为 0.66，均方差 ME 为–1.49，均方根误差 RMSE 为 2.35；均方差 ME 平均为–0.47，均方根误差 RMSE 平均为 2.83，较模型结构调整前模拟决定系数大幅上升，均方差 ME 升高、均方根误差 RMSE 下降，可见模型结构调整后更适合运用于紫色砂岩林地土壤水分运动模拟。

7.5.2　针叶林样地土壤水分运动模拟

7.5.2.1　率定期

经 GLUE 方法检验，选择第 20543 组参数值作为针叶林样地土壤水分运动模拟的最优组参数。该组参数值代入后，0～10 cm 层土壤水分模拟的决定系数 R^2 为 0.69，均方差 ME 为–12.13，均方根误差 RMSE 为 12.42；10～20 cm 层土壤水

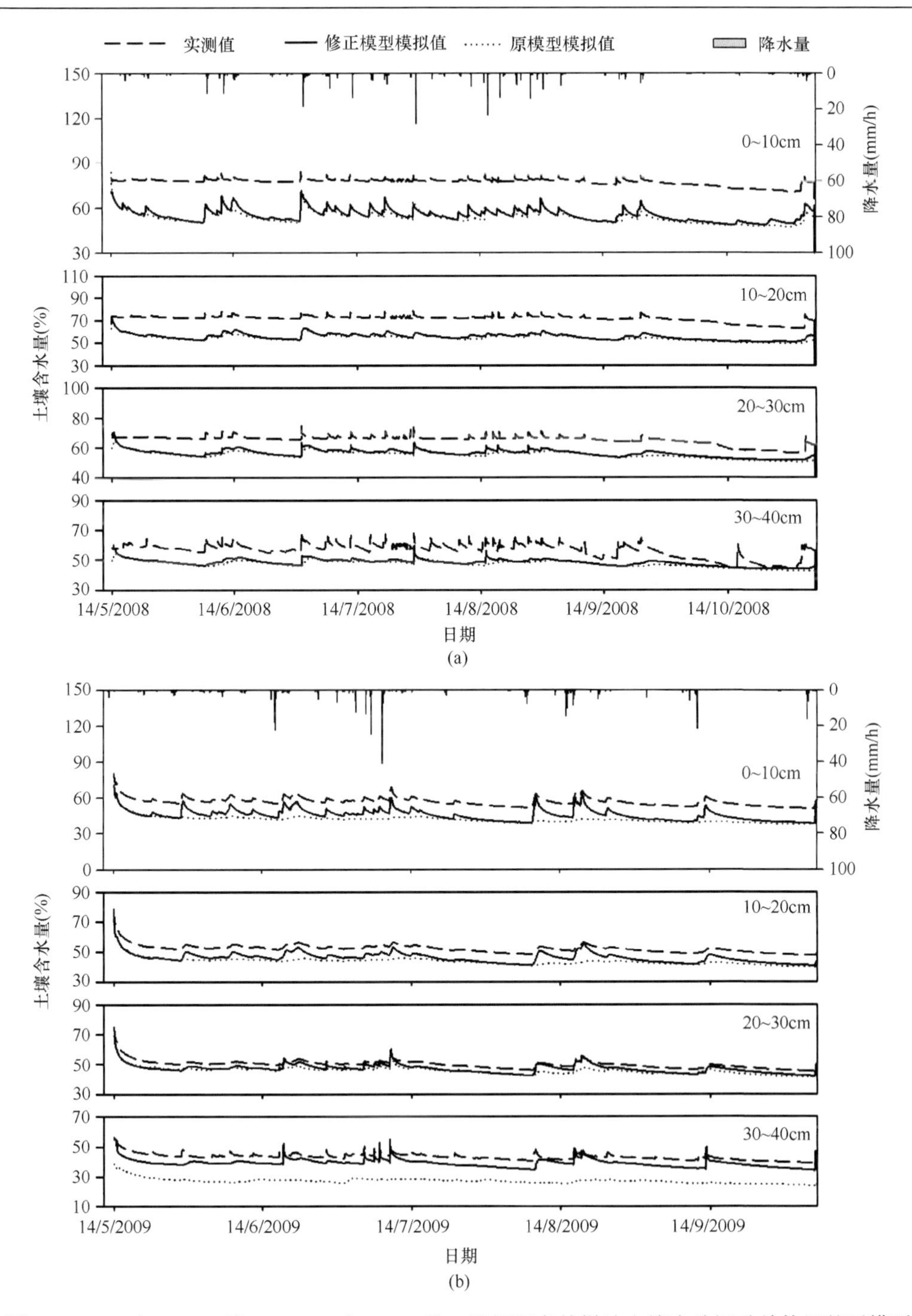

图 7-5　2008 年 5～10 月(a)、2009 年 5～9 月(b)针阔混交林样地土壤水分运动结构调整后模型模拟

分模拟的决定系数 R^2 为 0.70，均方差 ME 为–6.23，均方根误差 RMSE 为 6.58；20～30 cm 层土壤水分模拟的决定系数 R^2 为 0.71，均方差 ME 为–7.65，均方根误差 RMSE 为 7.83；30～40 cm 层土壤水分模拟的决定系数 R^2 为 0.70，均方差 ME 为–5.00，均方根误差 RMSE 为 5.30；决定系数 R^2 均高于 0.65，均方差 ME 平均为–7.75，均方根误差 RMSE 平均为 8.03，拟合效果较优。相较模型结构调整前，结构调整后模型模拟决定系数有所提高，均方差 ME 升高、均方根误差 RMSE 下降，模拟效果更好。

7.5.2.2　验证期

将 2009 年 5～9 月作为验证期，对率定期所用模型结构、参数取值进行验证，结构调整后模型的拟合效果远好于结构调整前的拟合效果。

结构调整后模型决定系数 R^2 均高于 0.6，其中 0～10 cm 层土壤水分模拟的决定系数 R^2 为 0.65，均方差 ME 为–18.38，均方根误差 RMSE 为 18.72；10～20 cm 层土壤水分模拟的决定系数 R^2 为 0.64，均方差 ME 为–15.50，均方根误差 RMSE 为 15.79；20～30 cm 层土壤水分模拟的决定系数 R^2 为 0.70，均方差 ME 为–8.33，均方根误差 RMSE 为 8.63；30～40 cm 层土壤水分模拟的决定系数 R^2 为 0.73，均方差 ME 为–4.01，均方根误差 RMSE 为 4.40；均方差 ME 平均为–11.55，均方根误差 RMSE 平均为 11.88，较模型结构调整前模拟决定系数大幅上升，均方差 ME 升高、均方根误差 RMSE 下降，可见模型结构调整后更适合运用于紫色砂岩林地土壤水分运动模拟(图 7-6)。

7.5.3　结果分析

调整后 Coup Model 模拟的紫色砂岩林地土壤水分动态较好地反映了实际土壤水分对降雨的响应，两种林地率定期和验证期的模型模拟决定系数均高于 0.6，拟合精度较高。

模型模拟的表层土壤水分含量总低于实测值，底层土壤水分含量模拟值与实测值较接近，可能是由于缺乏随时间变化的土壤蒸发量实测资料，而采用土壤潜在蒸发替代，使得水分输出较实际增多，因此表层土壤水分含量受影响较大。

模型调整前，模拟值对降雨的响应在土壤表层快于实际响应，在土壤底层慢于实际响应，且模拟的土壤底层水分动态起伏较小。调整后，底层土壤水分模型模拟值对降雨的响应更敏感，较好地捕捉到了底层土壤水分的波动，响应速度与实测较相似。但模型调整后对降雨的响应稍早于实测土壤水分，达到当次响应峰值的时间也略早。

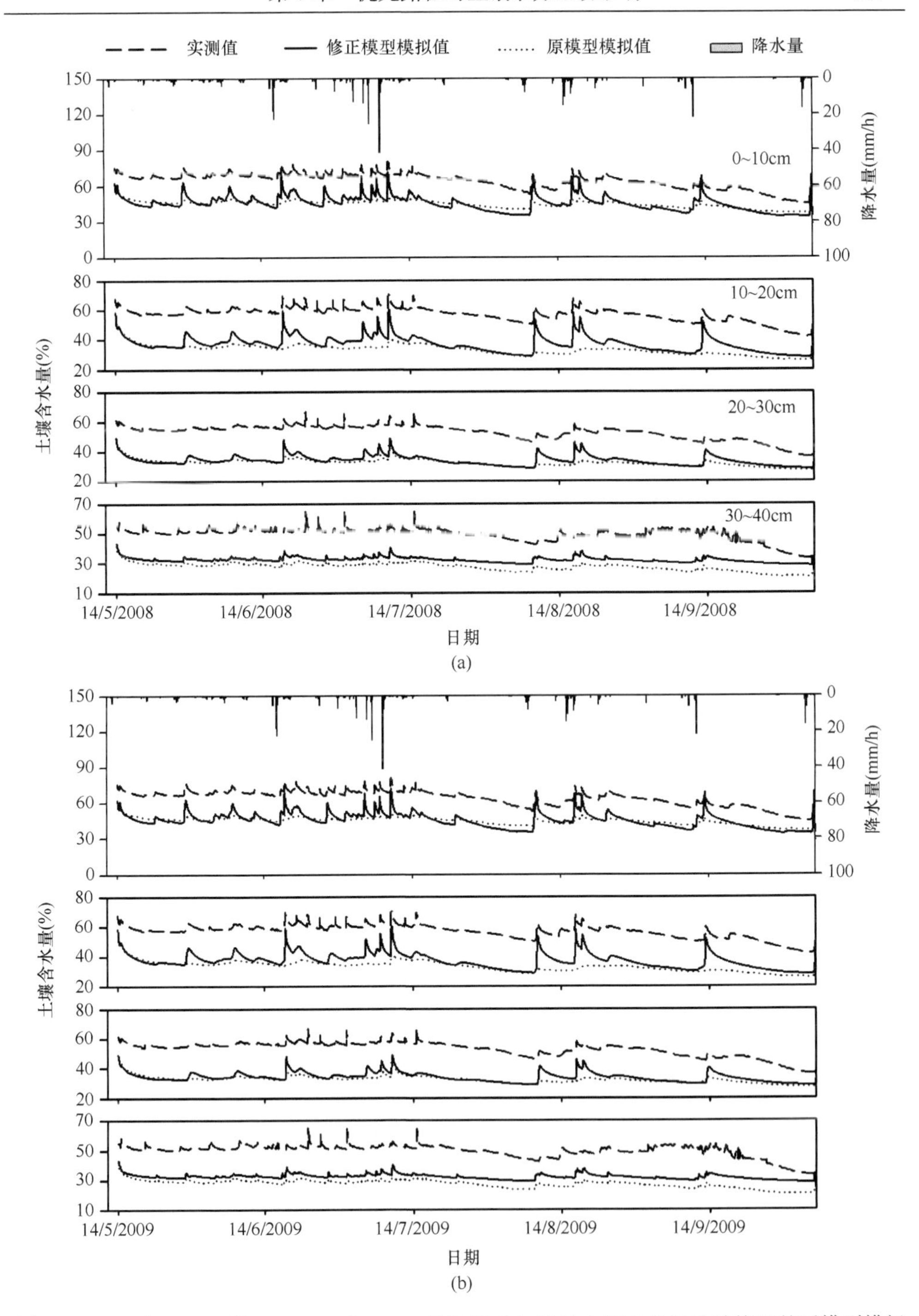

图 7-6 2008 年 5～10 月(a)、2009 年 5～9 月(b)针叶林样地土壤水分运动结构调整后模型模拟

7.6　优先路径对土壤水分运动模拟的影响

统计紫色砂岩区林地不同土层深度土壤水分优先路径累计产流量(表7-10)可见，2008年优先路径累计产流量远低于2009年。说明2008年该区域土壤优先流表现不明显，而2009年该区域土壤优先流现象较常发生。这也验证了模型结构调整前后对2008年的模拟都较好，而对2009年，结构调整后模型模拟明显优于原模型。

表 7-10　不同林地土壤优先路径累计产流量

植被类型	土壤深度(cm)	优先路径累计产流量(mm)	
		2008 年	2009 年
针阔混交林	0～10	77.91	696.94
	10～20	35.70	658.69
	20～30	20.79	592.10
	30～40	0.00	0.00
针叶林	0～10	21.80	242.19
	10～20	17.55	255.54
	20～30	0.28	162.31
	30～40	0.00	0.00

不同土层深度的优先路径累计产流量在 2008 年和 2009 年并非同比增长，说明优先流在低水量和高水量状态下发生率不同，高水量状态下可能参与水分快速运移的优先路径更多。受模型结构限制，优先流的模拟仅限于下边界水层之上，土壤剖面最底层被认为不发生优先流。因此前三层土壤发生优先流现象后累积的水流均蓄积于最底层，导致结构调整后模型底层土壤水分对降雨的响应模拟上敏感于实测。

针阔混交林地优先路径累计产流量均高于同期针叶林地，说明针阔混交林地优先路径较发育，这与第 6 章的结论一致。这可能是由于阔叶树种生长较快于针叶树种，蒸腾量也远大于针叶树种，导致阔叶树种对水分的需求量大，根系数量多，在吸收水分的过程中与土壤作用频繁，根际周围土壤水分含量变化较剧烈，引起土粒的崩塌与重组，产生了更多易于水分通过的路径。

第8章　土壤水分动态对不同类型降水过程的响应

高水量降水事件对紫色砂岩林地土壤优先流现象影响较大，对模型模拟的准确度影响较大。除暴雨过程外，试验区存在特殊的降雨现象——绵雨，使得土壤水分含量增加，小雨量对土壤水分的影响被放大。选择2008年6月15日、2009年6月8日、2009年6月28日三次暴雨过程，和2008年7月31日～8月11日、2009年6月7日～6月13日、2009年6月19日～7月4日三次绵雨过程，分别模拟紫色砂岩不同林地土壤水分对这两种类型、六次降雨过程的响应，发现暴雨过程下紫色砂岩不同林地不同土层深度均发生优先流现象，随土壤含水量增加、降雨量增大，优先流现象越明显。结构调整后模型对不同类型降雨过程下紫色砂岩林地土壤水分动态拟合较好，捕捉到当次降雨下表层土壤水分峰值较小、底层土壤水分响应较剧烈的现象。但单日降雨量较小、降雨历程较长时，紫色砂岩不同林地不同土层深度优先流现象被低估。

8.1　试验区降雨特征

在观测样地内，大气降水是土壤水分的唯一来源，不同的降水量、降水强度导致了不同的土壤水分运动响应过程。降水量、降水强度、降水类型是描述大气降水的不同指标。降水量是指降落在地面、未经蒸发、渗透和流失的雨水的多少，以积聚深度来表示，根据不同的分类方法，可按次降水量或日降水量统计。降水强度是指单位时间内的降水量。

8.1.1　次降雨量及降雨强度

次降雨量是一次降雨过程内的小时雨量之和(mm)。将观测得到的连续降雨过程视作一次降雨过程，若其间有间歇，降雨间歇时间在6 小时以内，也视为一次降雨过程。但若连续6 小时降雨量不足1.2 mm，则视为2 次降雨过程(Mikhailova et al.，1997；谢云等，2001)。将次降雨按降雨量划分为5个级别，对其进行分析可知(见表8-1)，试验区汛期(5～9月)次降雨主要以＜10 mm降雨量为主，其发生次数分别占当年汛期降雨量81.55%(2008年)和78.57%(2009年)。对于汛期降雨量贡献较大的次降雨类型，两年份有所区别。2008 年对于汛期降雨量贡献较大的次降雨类型主要为 10～25 mm 降雨量型，2009 年则较 2008 年平均，以 25～50 mm 降雨量型为高。

表 8-1　试验区汛期次降雨量特征

次降雨量(mm)	2008 年				2009 年			
	发生次数(次)	占汛期降雨次数百分比(%)	累计降雨量(mm)	占汛期降雨量百分比(%)	发生次数(次)	占汛期降雨次数百分比(%)	累计降雨量(mm)	占汛期降雨量百分比(%)
＜10	84	81.55	155	27.67	77	78.57	128.4	16.51
10～25	15	14.56	249	44.45	10	10.20	155	19.93
25～50	3	2.91	91.2	16.28	7	7.14	227.8	29.30
50～100	1	0.97	65	11.60	3	3.06	165	21.22
＞100	0	0	0	0	1	1.02	101.4	13.04
合计	103	100	560.2	100	98	100	777.6	100

试验区汛期次降雨强度以＜1.0 mm/h 为主，两年份均占当年汛期降雨次数 79.6%。累计降雨量贡献率上，2008 年以 1.0～2.0 mm/h 降雨强度为主，发生次数仅占当年汛期降雨次数 12.62%，累计降雨量却占当年汛期降雨量的 39.24%；2009 年以＞3.0 mm/h 降雨强度为主，发生次数不到当年汛期降雨次数 10%(8.12%)，累计降雨量却占当年汛期降雨量的 39.73%(表 8-2)。

表 8-2　试验区汛期次降雨强度特征

次降雨强度(mm/h)	2008 年				2009 年			
	发生次数(次)	占汛期降雨次数百分比(%)	累计降雨量(mm)	占汛期降雨量百分比(%)	发生次数(次)	占汛期降雨次数百分比(%)	累计降雨量(mm)	占汛期降雨量百分比(%)
＜1.0	82	79.61	178.80	31.92	78	79.59	197.60	25.41
1.0～2.0	13	12.62	219.80	39.24	6	6.12	72.4	9.31
2.0～3.0	4	3.88	69.00	12.32	6	6.12	198.6	25.54
＞3.0	4	3.88	92.60	16.53	8	8.16	309.0	39.73
合计	103	100	560.2	100	98	100	777.6	100

8.1.2　日降雨量及降雨日数

根据气象学常用原则，将每日 20 时作为日界的划分，统计每日降雨量。降水日数是指日雨量大于或等于 0.1 mm 的天数。

将日降雨按降雨量划分为 4 个级别(表 8-3)，发现日降雨量＜10 mm 的降雨日数占汛期降雨日数的 70%以上。2008 年汛期日降雨量为 10～25 mm 的降雨过程累计降雨量占汛期降雨量的 43.84%，2009 年汛期日降雨量为 25～50 mm 的降雨过程累计降雨量占汛期降雨量的 39.35%，均为对当年汛期降雨量贡献最大的雨量级别。

表 8-3　试验区汛期日降雨特征

日降雨量(mm)	2008 年				2009 年			
	降雨日数(天)	占汛期降雨日数百分比(%)	累计降雨量(mm)	占汛期降雨量百分比(%)	降雨日数(天)	占汛期降雨日数百分比(%)	累计降雨量(mm)	占汛期降雨量百分比(%)
＜10	74	78.72	171.8	30.67	66	74.16	145.6	18.72
10～25	16	17.02	245.6	43.84	13	14.61	209	26.88
25～50	3	3.19	85.8	15.32	8	8.99	306	39.35
50～100	1	1.06	57	10.17	2	2.25	117	15.05
合计	94	100	560.2	100	89	100	777.6	100

8.1.3　降雨类型及区域特殊降雨过程

对降雨的分类方法最常用的是按降水量的多少来划分降雨的等级。水文上通常以日降雨量划分为小雨、中雨、大雨、暴雨等。小雨为日降雨量＜10 mm；中雨日降雨量为 10～25 mm；大雨降雨量为 25～50 mm；暴雨降雨量为 50～100 mm；大暴雨降雨量为 100～200 mm；特大暴雨降雨量＞200 mm。

由表 8-3 可知，2008 年共发生暴雨 1 次，大雨 3 次，中雨 16 次，小雨 74 次；2009 年共发生暴雨 2 次，大雨 8 次，中雨 13 次，小雨 66 次。

试验区存在特殊的降雨现象——绵雨，认为连续 7 天或以上出现日降水量≥0.1 mm 的天气过程为一次绵雨过程，是整个重庆及四川盆地乃至西南地区的气候特色之一。地表径流对于降雨的响应分为土壤超渗产流和蓄满产流两种，降雨强度大于土壤入渗速率时发生超渗产流，土壤饱和后仍然有水分输入时发生蓄满产流。可见次降雨或日降雨雨量级别高时易发生超渗产流，绵雨过程易发生蓄满产流。土壤水分运动除受当次降雨过程影响外，前期降雨量也会影响土壤含水量，从而影响土壤水分对当次降雨的响应。土壤水分含量较高时，土壤中部分原本不连通的孔隙会被连通，使得优先路径发育，改变土壤水分入渗过程。可见绵雨过程使得小雨量对土壤水分的影响被放大。绵雨过程一般依据持续降水日数划分为三种类型：日降水量≥0.1 mm 降水日数 7～11 天为一般绵雨，12～15 天为重绵雨，≥16 天为严重绵雨(高阳华等，2003)。

试验区 2008 年汛期共发生绵雨过程两次，一般绵雨和重绵雨各一次；2009 年汛期共发生绵雨过程四次，其中一般绵雨三次，严重绵雨一次(表 8-4)。每次绵雨过程累计降雨量基本超暴雨雨量级别，甚至达大暴雨或特大暴雨级。可见绵雨过程使得雨量级别放大，尽管降雨强度低于暴雨以上级别，但降雨历时长，累计降雨量大，对区域土壤蓄渗、产流过程影响较大。

表 8-4 试验区汛期绵雨过程统计

序号	发生时间段	连续降雨日数(天)	累计降雨量(mm)	绵雨类型
1	2008/5/26～2008/6/1	7	59.2	一般绵雨
2	2008/7/31～2008/8/11	12	75.2	重绵雨
3	2009/5/22～2009/5/30	9	43	一般绵雨
4	2009/6/7～2009/6/13	7	102.6	一般绵雨
5	2009/6/19～2009/7/4	16	222.2	严重绵雨
6	2009/7/23～2009/7/29	7	55.6	一般绵雨

8.2 不同类型降雨过程下针阔混交林地土壤水分响应

2008 年各次降水量较平均，单次降水量较低，优先流现象较不明显，2009 年各次降水量不平均，高水量降水事件较多，优先流现象较明显。可见高水量降水事件对紫色砂岩林地土壤优先流现象影响较大，对模型模拟的准确度影响较大。因此关注紫色砂岩林地土壤水分动态，必须重视高水量降水事件下紫色砂岩林地土壤水分的响应。

选择 2008 年 6 月 15 日、2009 年 6 月 8 日、2009 年 6 月 28 日三次暴雨过程，2008 年 7 月 31 日～8 月 11 日、2009 年 6 月 7 日～6 月 13 日、2009 年 6 月 19 日～7 月 4 日三次绵雨过程，分别模拟紫色砂岩针阔混交林地土壤水分对这两种类型、六次降雨过程的响应，探讨优先流对不同类型的高雨量降雨过程下紫色砂岩针阔混交林地土壤水分响应的影响。

8.2.1 暴雨过程

综合图 8-1 至图 8-2 可见，虽然同为高雨量降雨过程，2008 年土壤水分响应与 2009 年略有差别。2008 年紫色砂岩针阔混交林地不同土层深度土壤水分对暴雨过程的响应较一致，均在小时降雨量最大时达到峰值，但表层土壤水分增加较少，峰值较不明显，20～30 cm 层水分增加较多其后减少也较多，峰值较明显，可推测 20～30 cm 层优先路径可能有部分未与底层连通，而随土壤水分含量增加，部分路径再次连通。

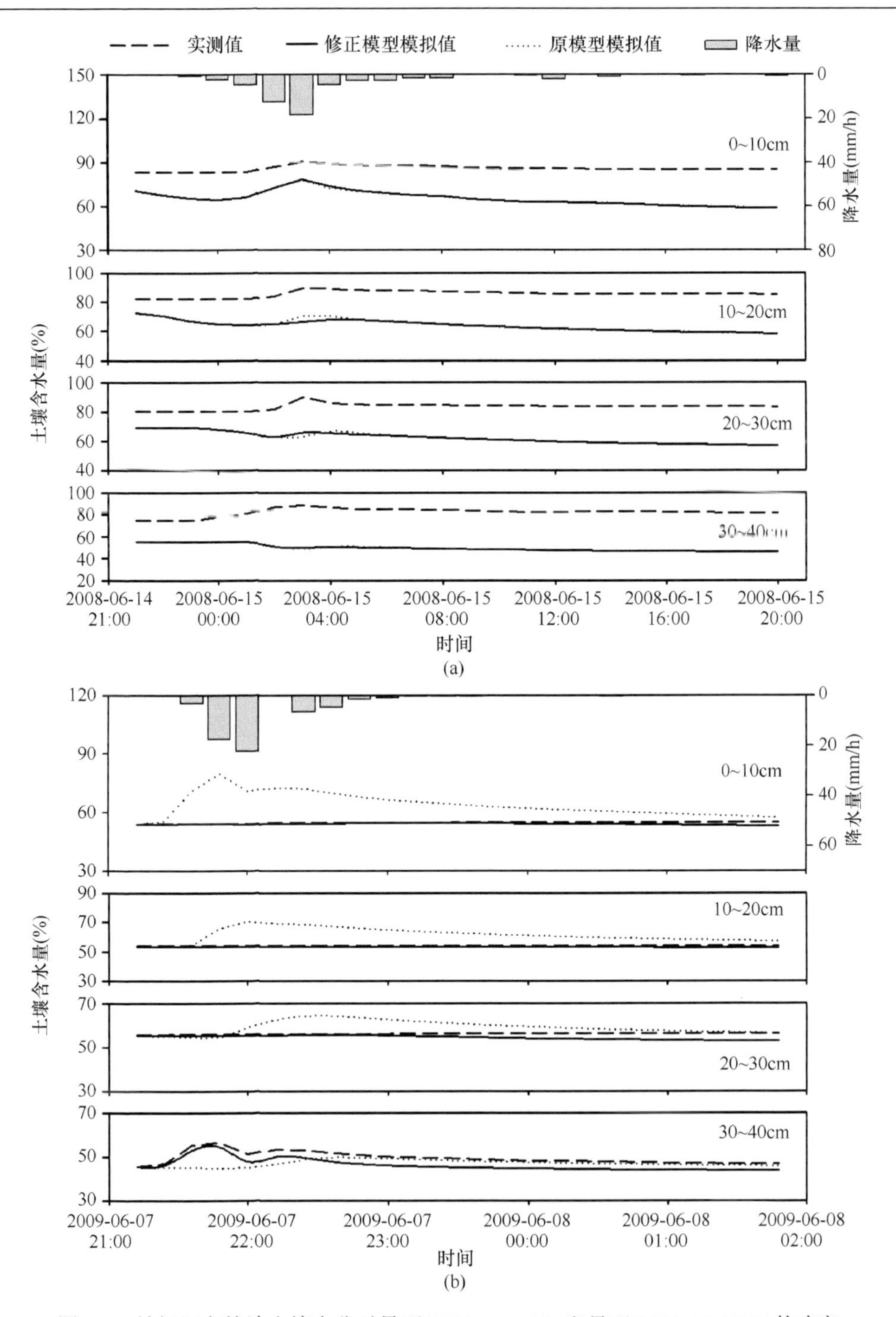

图 8-1　针阔混交林地土壤水分对暴雨(2008-06-15)(a)和暴雨(2009-06-08)(b)的响应

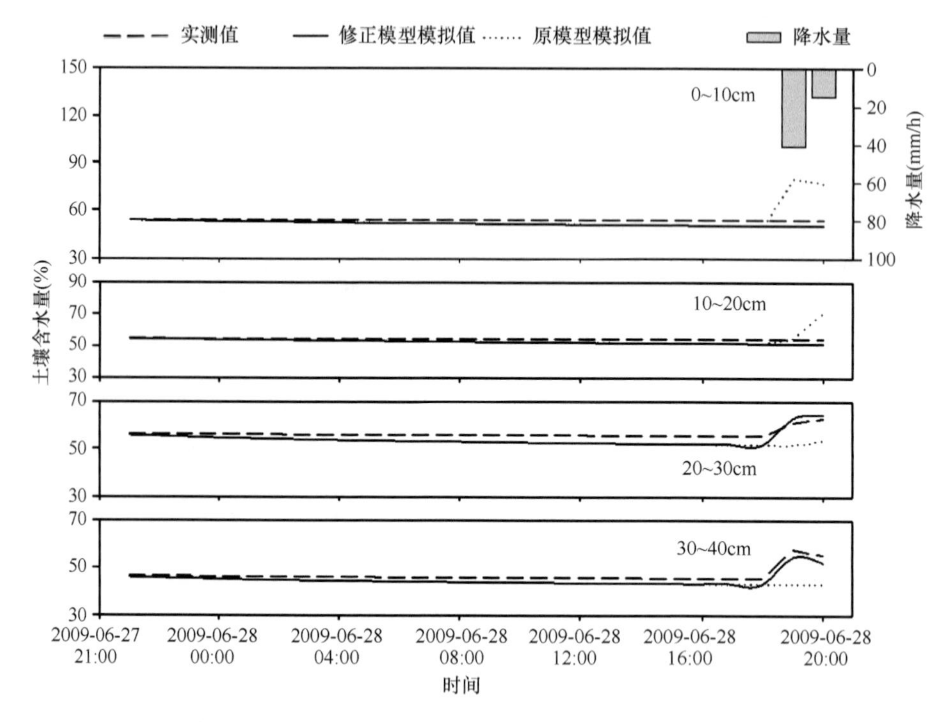

图 8-2　针阔混交林地土壤水分对暴雨(2009-06-28)的响应

表 8-5 为结构调整后模型模拟的暴雨过程针阔混交林地土壤优先路径累计产流量。2009 年两次暴雨过程结构调整后模型模拟值与实测值较一致，均表现为表层土壤含水量并未随降雨量升高，而底层土壤含水量在小时降雨量最大时取得峰值。而原模型模拟中，总是表层土壤含水量随降雨量的增加率先达到峰值，底层土壤含水量达到峰值的时间滞后于表层，且水分增加值低于表层土壤。

表 8-5　暴雨过程针阔混交林地土壤优先路径累计产流量

土壤深度(cm)	优先路径累计产流量(mm)		
	2008 年 6 月 15 日	2009 年 6 月 8 日	2009 年 6 月 28 日
0～10	9.06	53.48	54.89
10～20	9.53	54.12	54.14
20～30	6.44	43.99	52.88
30～40	0.00	0.00	0.00

8.2.2　绵雨过程

综合图 8-3 和图 8-4 可见，单日降雨量较低、累计降雨量达暴雨级别的绵雨过程也有优先流产生，虽然总水量输入较少，优先流现象也较明显。2008 年紫色砂岩针阔混交林地不同土层深度土壤水分对绵雨过程的响应较一致，均在小时降雨量最大时达到峰值，但模型结构调整前后对此类降雨事件的拟合均较差，未能反映底层土壤水分对单日小降雨事件的响应。

对于单日较强降雨事件，结构调整后模型拟合较好，很好地反映出不同土层深度土壤水分响应过程，底层土壤水分含量峰值出现时间与实测值较一致。而原模型的拟合效果较差。

表 8-6 为结构调整后模型模拟的不同降雨过程优先路径累计产流量，结合图 8-3 和图 8-4，推测 2009 年两次绵雨过程结构调整后模型模拟的结果较可信，而 2008 年重绵雨过程优先路径累计产流量被低估。

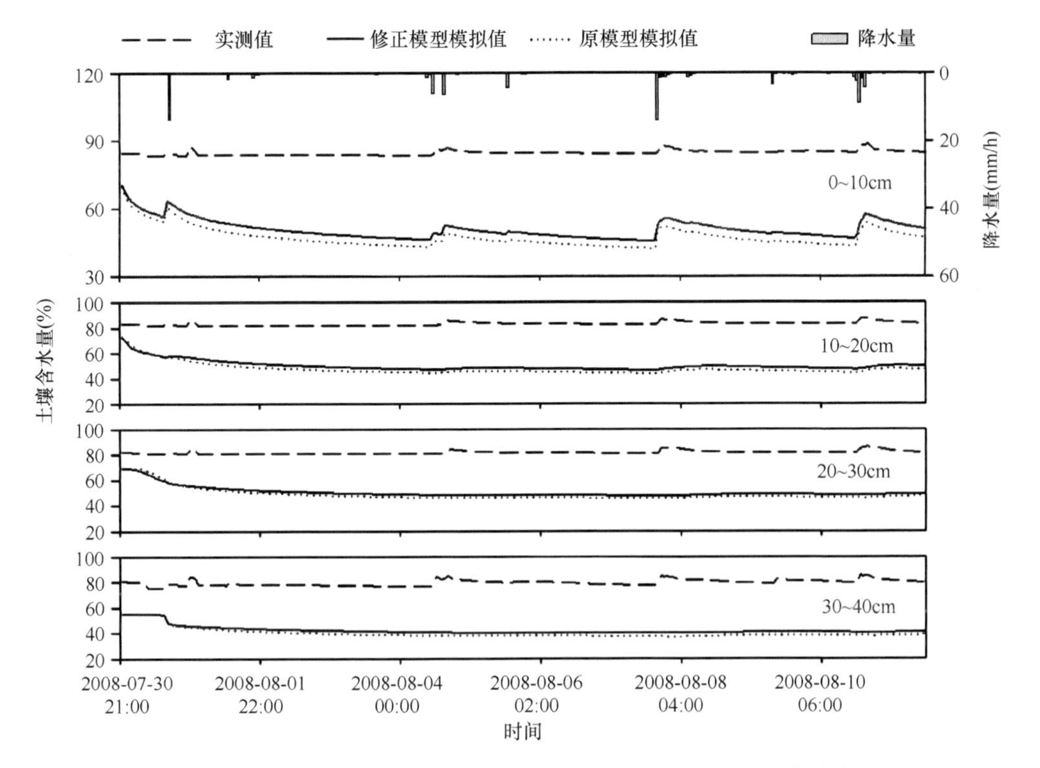

图 8-3　针阔混交林地土壤水分对绵雨(2008-07-31～08-11)的响应

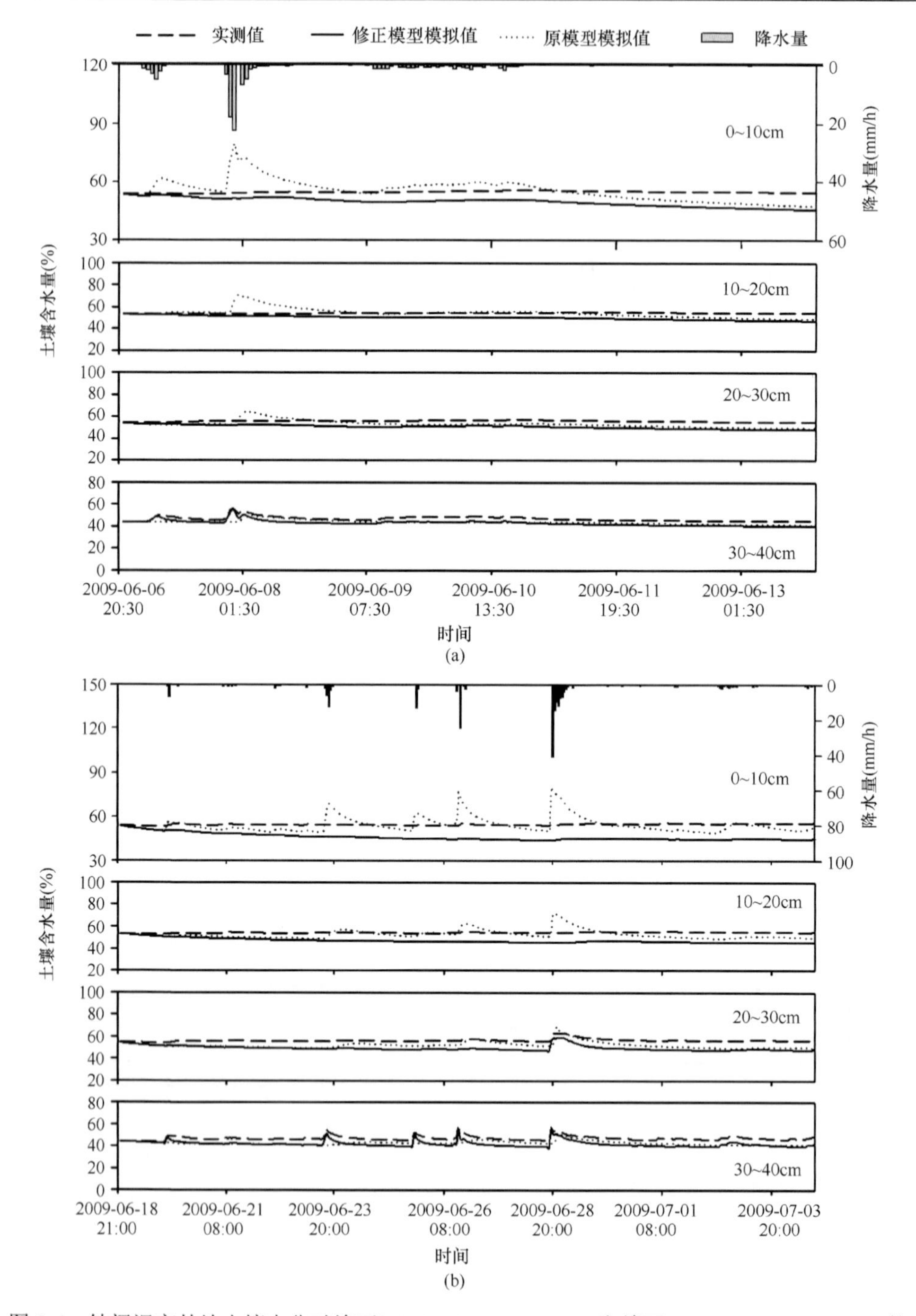

图 8-4 针阔混交林地土壤水分对绵雨(2009-06-07～06-13)(a)和绵雨(2009-06-19～07-04)(b)的响应

表 8-6　绵雨过程针阔混交林地土壤优先路径累计产流量

土壤深度(cm)	优先路径累计产流量(mm)		
	2008 年 7 月 31 日～8 月 11 日	2009 年 6 月 7 日～6 月 13 日	2009 年 6 月 19 日～7 月 4 日
0～10	5.43	95.60165	225.4924
10～20	4.04	86.26287	213.7214
20～30	5.60	73.8586	148.7175
30～40	0.00	0.00	0.00

8.3　不同类型降雨过程下针叶林地土壤水分响应

同样的，选择 2008 年 6 月 15 日、2009 年 6 月 8 日、2009 年 6 月 28 日三次暴雨过程，2008 年 7 月 31 日～8 月 11 日、2009 年 6 月 7 日～6 月 13 日、2009 年 6 月 19 日～7 月 4 日三次绵雨过程，分别模拟紫色砂岩针叶林地土壤水分对这两种类型、六次降雨过程的响应，探讨优先流对不同类型的高雨量降雨过程下紫色砂岩针叶林地土壤水分响应的影响。

8.3.1　暴雨过程

与针阔混交林地土壤水分响应相似，结构调整后模型模拟值与实测值较吻合，但 2008 年拟合效果较差，而 2009 年拟合效果较好。2009 年两次暴雨过程结构调整后模型模拟值与实测值较一致，均表现为表层土壤含水量并未随降雨量升高，而底层土壤含水量在小时降雨量最大时取得峰值。而原模型模拟中总是表层土壤含水量随降雨量的增加率先达到峰值，底层土壤含水量达到峰值的时间滞后于表层，且水分增加值低于表层土壤(图 8-5 和图 8-6)，可见结构调整后模型对高雨量降雨过程土壤水分响应拟合较好。表 8-7 为结构调整后模型模拟的暴雨过程针叶林地土壤优先路径累计产流量。

表 8-7　暴雨过程针叶林地土壤优先路径累计产流量

土壤深度(cm)	优先路径累计产流量(mm)		
	2008 年 6 月 15 日	2009 年 6 月 8 日	2009 年 6 月 28 日
0～10	5.15	52.95	61.68
10～20	10.38	39.86	40.00
20～30	9.28	22.13	28.25
30～40	0.00	0.00	0.00

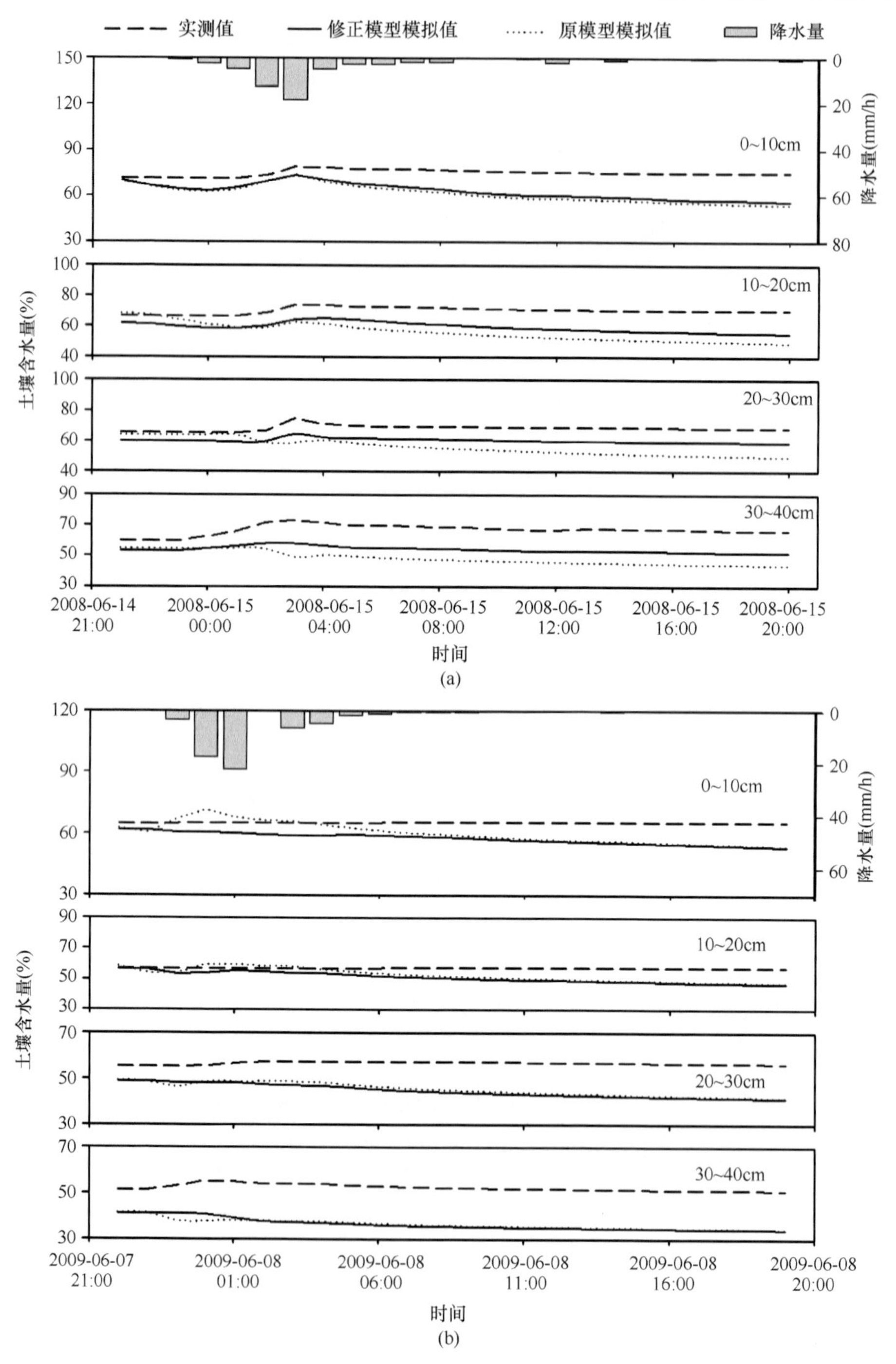

图 8-5　针叶林地土壤水分对暴雨(2008-06-15)(a)和暴雨(2009-06-08)(b)的响应

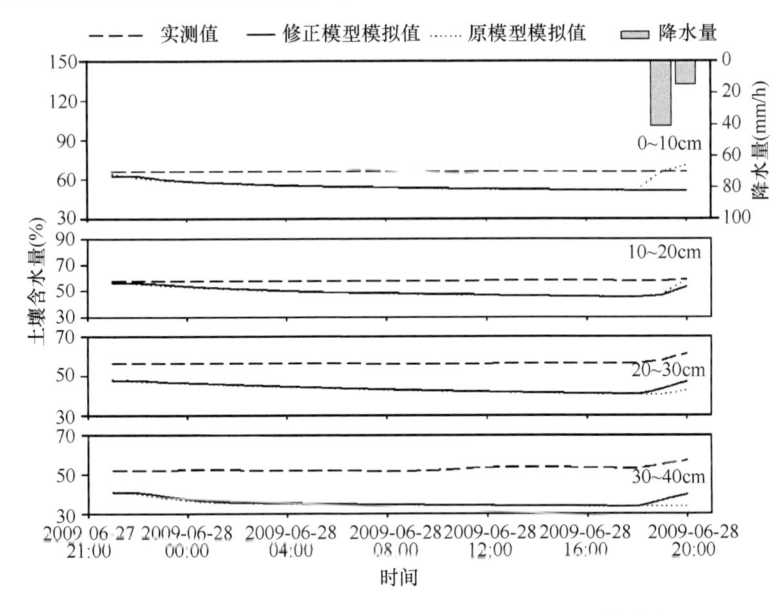

图 8-6　针叶林地土壤水分对暴雨(2009-06-28)的响应

8.3.2　绵雨过程

Coup Model 对绵雨过程下紫色砂岩区针叶林地土壤水分响应拟合较好。综合图 8-7 和图 8-8，单日降雨量较低、累计降雨量达暴雨级别的绵雨过程也有优先流

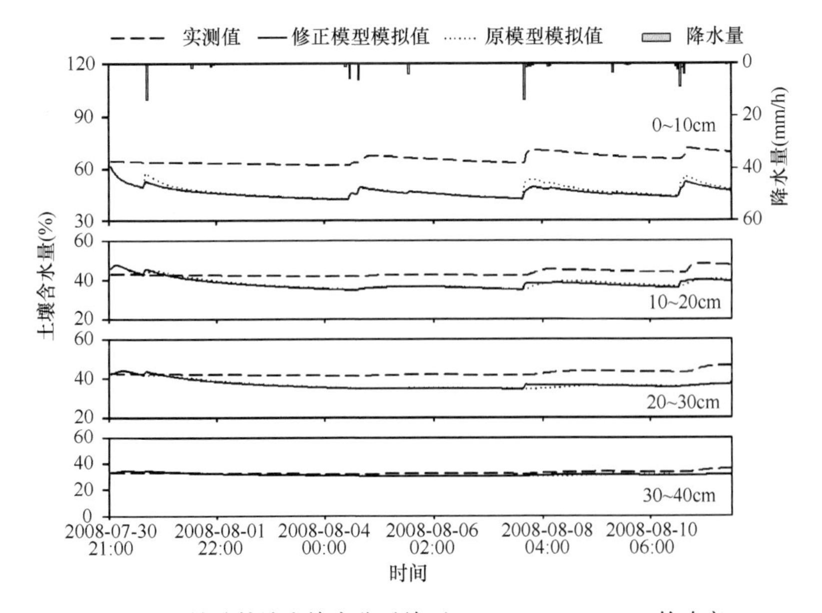

图 8-7　针叶林地土壤水分对绵雨(2008-07-31～08-11)的响应

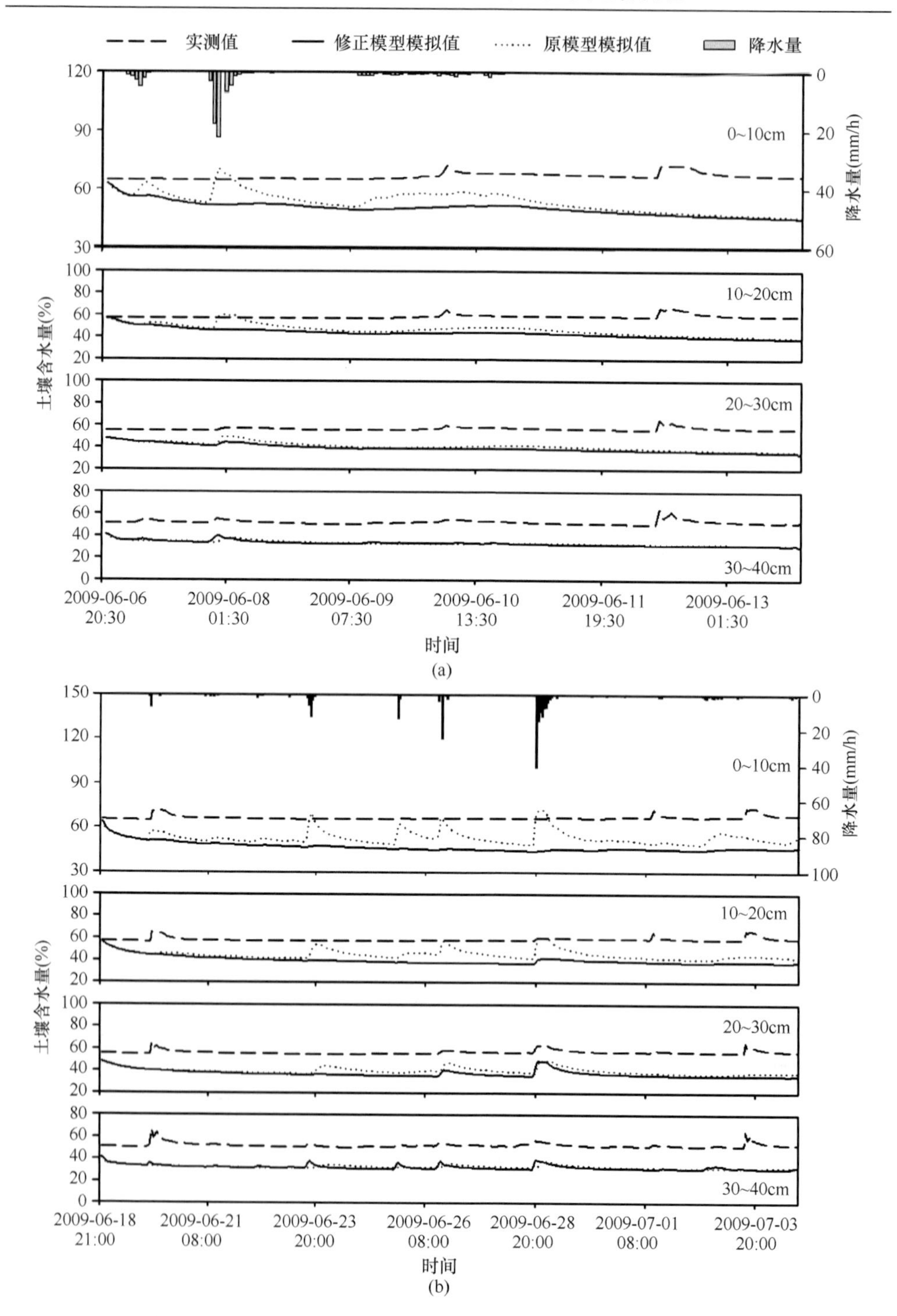

图 8-8　针叶林地土壤水分对绵雨(2009-06-07～06-13)(a)和(2009-06-19～07-04)(b)的响应

产生，虽然总水量输入较少，优先流现象也较明显。2008 年紫色砂岩针叶林地不同土层深度土壤水分对绵雨过程的响应较一致，均在小时降雨量最大时达到峰值，结构调整后模型基本捕捉到针叶林地不同土层深度土壤水分响应峰值。

对于 2009 年的绵雨过程，部分降雨量较小的时段实测土壤水分响应峰值未被模型捕捉，这可能是由于林冠截留作用导致林下降雨过程与大气降雨过程不同步，使得实测土壤水分峰值出现时段延后。表 8-8 为结构调整后模型模拟的绵雨过程针叶林地土壤优先路径累计产流量。结构调整后模型对底层土壤水分动态拟合较好，底层土壤水分含量峰值出现时间与实测值较一致。而原模型的拟合效果较差。

表 8-8　绵雨过程针叶林地土壤优先路径累计产流量

土壤深度(cm)	优先路径累计产流量(mm)		
	2008 年 7 月 31 日～8 月 11 日	2009 年 6 月 7 日～6 月 13 日	2009 年 6 月 19 日～7 月 4 日
0～10	14.47601	84.54	193.29
10～20	12.55381	82.13	194.06
20～30	0.166105	80.95	141.98
30～40	0.00	0.00	0.00

参 考 文 献

北原曜. 1992. 森林土壌におけるパイプ流の特性[J]. 水文水资源学会志, 5(1): 15-25.

曹淑定, 从心海, 梁一民, 李代琼. 1983. 吴旗飞播沙打旺草地的土壤水分动态研究[J]. 水土保持通报, 5: 55-60.

陈恩凤. 1953. 土壤含水量对于油桐苗生长的影响[J]. 土壤学报, 2(1): 1-4.

陈风琴, 石辉. 2006. 岷江上游三种典型植被下土壤优势流现象的染色法研究[J]. 生态科学, 25(1): 69-73.

陈仁升, 康尔泗, 吉喜斌, 等. 2007. 黑河源区高山草甸的冻土及水文过程初步研究[J]. 冰川冻土, 29(3): 388-392.

陈伟烈, 江明喜, 赵常明, 等. 2008. 三峡库区谷地的植物与植被[M]. 北京: 中国水利水电出版社, 108.

陈引珍. 2007. 三峡库区森林植被水源涵养及其保土功能研究[D]. 北京: 北京林业大学博士论文, 18.

成向荣, 黄明斌, 邵明安. 2007. 基于SHAW模型的黄土高原半干旱区农田土壤水分动态模拟[J]. 农业工程学报, 23(11): 1-7.

程金花. 2005. 长江三峡花岗岩区林地坡面优先流模型研究[D]. 北京: 北京林业大学博士论文, 9-17.

程金花, 张洪江, 史玉虎. 2005. 长江三峡库区“优先路径”与土壤特性关系[J]. 中国水土保持科学, 3(1): 97-101.

程金花, 张洪江, 史玉虎, 等. 2006. 长江三峡花岗岩区林地优先流影响因子分析[J]. 水土保持学报, 20(5): 28-33.

程金花, 张洪江, 史玉虎, 何凡. 2007. 长江三峡库区优先流模型修正及验证. 山东农业大学学报, 38(4): 605-609.

程瑞梅. 2008. 三峡库区森林植物多样性研究[D]. 北京: 中国林业科学研究院博士论文, 8.

程云. 2007. 缙云山森林涵养水源机制及其生态功能价值评价研究[D]. 北京: 北京林业大学博士论文, 15-20.

程云, 张洪江, 史玉虎, 等. 2001. 长江三峡花岗岩坡面土管空间分布特征[J]. 北京林业大学学报, 23(5): 19-22.

程竹华, 张佳宝. 1998. 土壤中优势流现象研究进展[J]. 土壤, 6: 315-318.

樊军, 王全九, 邵明安. 2007. 黄土高原水蚀风蚀交错区土壤剖面水分动态的数值模拟研究[J]. 水科学进展, 18(5): 684-688.

范荣生, 张炳勋. 1980. 黄土地区流域产流计算[J]. 西北农林科技大学学报(自然科学版), (4): 1-12.

高阳华, 唐云辉, 李轲, 冉荣生. 2003. 重庆市绵雨的分类与指标及其时空分布规律[J]. 长江流域资源与环境, 12: 237-242.

侯喜禄. 1985. 实验区土壤水分动态与树种布设[J]. 水土保持通报, 4: 12-13.

胡国林, 赵林 李韧, 等. 2013. 基于COUP MODEL模型的冻融土壤水热耦合模拟研究[J]. 地理科学, 3(3): 356-362.

贾良清, 区自清. 1995. 污染物在土壤-植物系统中迁移规律的数字模拟研究: II优先路径和优先水流[J]. 资源生态环境网络研究动态, 6(2): 16-19.

江晓晗. 2010. 江津区土地利用/覆被变化及驱动因子研究[D]. 重庆: 西南大学硕士论文, 10.

康绍忠, 刘晓明, 高新科, 熊运章. 1992. 土壤-植物-大气连续体水分传输的计算机模拟[J]. 水利学报, 3: 1-12.

康绍忠, 熊运章. 1990. 干旱缺水条件下麦田蒸散量的计算方法[J]. 地理学报, 45(4): 45-55.

雷志栋, 胡和平, 杨诗秀. 1999. 土壤水研究进展与评述[J]. 水科学进展, 10(3): 311-318.

雷志栋, 杨诗秀. 1982. 非饱和土壤水一维流动的数值计算[J]. 土壤学报, 19(2): 141-153.

雷志栋, 杨诗秀, 谢森传. 1988. 土壤水动力学[M]. 北京: 清华大学出版社, 188.

李德成, Velde B, Delerue J F, 等. 2002. 荒地制度下耕作土壤结构演化的数字图像分析[J]. 土壤学报, 39(2): 214-220.

李恩羊. 1982. 渗灌条件下土壤水分运动的数学模拟[J]. 水利学报, 4: 1-10.

李伟莉, 金昌杰, 王安志. 2007a. 长白山北坡两种类型森林土壤的大孔隙特征[J]. 应用生态学报, 18(6): 1213-1218.

李伟莉, 金昌杰, 王安志, 等. 2007b. 长白山主要类型森林土壤大孔隙数量与垂直分布规律[J]. 应用生态学报, 18(10): 2179-2184.

李毅, 王文焰. 2000. 农业土壤和水资源研究中的分形理论[J] . 西北水资源与水工程, 11(4) : 12-17.

李韵珠, 李保国. 1998. 土壤溶质运移[M]. 北京: 科学出版社, 142-152.

林大仪. 2004. 土壤学实验指导[M]. 北京: 中国林业出版社, 75-77.

刘国花, 谢吉荣. 2005. 重庆四面山风景区森林植被调查研究[J]. 渝西学院学报(自然科学版), 4(1): 90-92.

卢炜丽. 2009. 重庆四面山植物群落结构及物种多样性研究[D]. 北京: 北京林业大学博士论文, 52-54.

卢炜丽, 张洪江, 杜士才, 等. 2009. 重庆四面山地区几种不同配置模式水土保持林生物多样性研究[J]. 山地学报, 27(3): 319-325.

吕文星. 2011. 三峡库区坡耕地“地埂+植物篱”结构及营建种植模式[D]. 北京: 北京林业大学硕士论文, 14.

马惠. 2010. 重庆市四面山森林植物群落类型及其分布[D]. 北京: 北京林业大学硕士论文, 70.

牛健植, 余新晓, 张志强. 2007. 贡嘎山暗针叶林生态系统基于KDW运动-弥散波模型的优先流研究. 生态学报, 27(9): 3541-3555.
彭万杰, 郭异礁. 2009. 虎峰镇土壤水分的动态及其随机模拟[J]. 安徽农业科学, 37(6): 2622-2624.
区自清, 贾良清, 金海燕, 等. 1999. 大孔隙和优先水流及其对污染物在土壤中迁移行为的影响[J]. 土壤学报, 36(3): 341-347.
饶良懿. 2005. 三峡库区理水调洪型防护林空间配置与结构优化技术研究[D]. 北京: 北京林业大学博士论文, 17.
石辉, 陈凤琴, 刘世荣. 2005. 岷江上游森林土壤大孔隙特征及其对水分出流速率的影响[J]. 生态学报, 25(3): 507-512.
时培建. 2009. 空间点格局分析和社会研究[J]. 社会, 29(5): 187-205.
史玉虎. 2004. 长江三峡花岗岩区林地管流对地表径流的影响[D]. 北京: 北京林业大学博士论文, 23.
孙龙, 张洪江, 程金花, 等. 2012. 重庆江津区柑橘地土壤大孔隙特征[J]. 水土保持学报, 26(3): 194-198.
孙向阳. 2005. 土壤学[M]. 北京: 中国林业出版社, 145-156.
孙阳. 2004. 三峡库区水环境人口容量研究[D]. 重庆: 重庆大学博士论文, 15.
王大力, 尹澄清. 2000. 植物根孔在土壤生态系统中的功能[J]. 生态学报, 20(5): 869-874.
王栋. 2007. 长江三峡库区不同植被类型对降雨产流影响的研究——以重庆缙云山为例[D]. 北京: 北京林业大学博士论文, 15-25.
王金平. 1989. 蒸发条件下层状土壤水分运动的数值模拟[J]. 水利学报, (5): 49-54.
王伟, 张洪江, 程金花, 等. 2010. 四面山阔叶林土壤大孔隙特征与优先流的关系[J]. 应用生态学报, 21(5): 1217-1223.
卫晓婧, 熊立华. 2008. 改进的GLUE方法在水文模型不确定性研究中的应用[J]. 水利水电快报, 29(6): 23-25.
吴冰, 朱元俊, 邵明安. 2011. 降雨强度对含砾石土壤产沙及入渗的影响[J]. 水土保持学报, 25(6): 90-91.
谢云, 章文波, 刘宝元. 2001. 用日雨量和雨强计算降雨侵蚀力[J]. 水土保持学报, 21(6): 53-56.
谢正辉, 曾庆存, 戴永久, 等. 1998. 非饱和流问题的数值模拟研究[J]. 中国科学(D辑), 28(2): 175-180.
徐化成, 易宗文. 1979. 华北低山区土壤水分季节变化以及与林木生长的关系[J]. 林业科学, 15(2): 97-104.
徐绍辉, 刘建立. 2003. 估计不同质地土壤水分特征曲线的分形方法[J]. 水利学报, 34(1): 78-82.
徐绍辉, 张佳宝. 1999. 土壤中优势流的几个基本问题研究[J]. 土壤侵蚀与水土保持学报, 13(6): 85-93.
许迪, Mermoud A. 2001. 从土壤持水数据估算导水率方法的比较分析[J]. 水土保持学报, 15(5) :

125-129.

阳勇, 陈仁升, 吉喜斌, 等. 2010. 黑河高山草甸冻土带水热传输过程[J]. 水科学进展, 21(1): 152-156.

张春雨, 赵秀海. 2008. 随机区块法在空间点格局分析中的应用[J]. 生态学报, 28(7): 3108-3115.

张尔辉. 1989. 重庆四面山大型真菌调查研究初报[J]. 重庆师范大学学报(自然科学版), 6(1): 45-51.

张洪江. 2006. 长江三峡花岗岩地区优先流运动及其模拟[M]. 北京: 科学出版社, 104.

张洪江, 程金花, 史玉虎. 2004. 三峡库区花岗岩林地坡面优先流对降雨的响应[J]. 北京林业大学学报, 26(5): 6-9.

张洪江, 杜仕才, 王伟, 等. 2010. 重庆四面山森林植物群落及其土壤保持和水文生态功能[M]. 北京: 科学出版社, 110.

张金屯, 孟东平. 2004. 芦芽山华北落叶松林不同龄级立木的点格局分析[J]. 生态学报, 24(1): 35-40.

张景芳, 刁承泰, 刘贵芬, 等. 2006. 江津区耕地与基本农田保护分析及预测[J]. 安徽农业科学, 34(13): 3152-3154.

张伟, 王根绪, 周剑, 等. 2012. 基于Coup Model的青藏高原多年冻土区土壤水热过程模拟[J]. 冰川冻土, 34(5): 1099-1109.

章明奎. 2005. 污染土壤中重金属的优势流迁移[J]. 环境科学学报, 25(2): 192-197.

赵传燕, 李守波, 贾艳红, 等. 2008. 黑河下游地下水波动带地下水与植被动态耦合模拟[J]. 应用生态学报, 19(12): 2687-2692.

中国科学院南京土壤研究所. 1978. 土壤理化分析[M]. 上海: 上海科学技术出版社.

朱祖祥. 1979. 土壤水分的能量概念及其意义[J]. 土壤学进展, (1): 1-2.

庄季屏. 1989. 四十年来的中国土壤水分研究[J]. 土壤学报, 26(3): 241-247.

Allaire S E, Roulier S, Cessna A J. 2009. Quantifying preferential flow in soils: A review of different techniques [J]. Journal of Hydrology, 378: 179-204.

Anderson J L, Bouma J. 1994. Water movement through pedal soils: I. Saturated flow [J]. Soil Science Society of America Journal, 41: 413-418.

Angeli P, Hewitt G F. 2000. Flow structure in horizontal oil-water flow [J]. International Journal of Multiphase Flow, 26: 1117-1140.

Bachmair S, Weiler M, Nützmann G. 2009. Controls of land use and soil structure on water movement: Lessons for pollutant transfer through the unsaturated zone [J]. Journal of Hydrology, 369: 241-252.

Baker R S, Hillel D. 1990. Laboratory tests of a theory of fingering during infiltration into layered soils [J]. Soil Science Society of America Journal, 54: 20-30.

Barenblatt G I, Zheltov Iu P, Kochina I N. 1960. Basic concepts in the theory of seepage of homogeneous liquids in fissured rocks [J]. J. Appl. Math. Mech. , 24: 1286-1303.

Beven K, Germann P. 1981. Water flow in soil macropores, A combined flow model [J]. Journal of Soil Science, 32: 15-29.

Beven K, Germann P. 1982. Macropores and water flow in soils [J]. Water Resources Research, 18(5): 1311-1325.

Beven K. 1982. Kinematic subsurface stormflow: Predictions with simple kinematic theory for saturated and unsaturated flows [J]. Water Resources Research, 18: 1627-1633.

Blasone R S, Vrugt J A, Madsen H, et al. 2008. Generalized likelihood uncertainty estimation (GLUE) using adaptive Markov chain Monte Carlo sampling [J]. Advances in Water Resources, 120-125.

Bodhinayake W, Si B C, Noborio K. 2004. Determination of hydraulic properties in sloping landscapes from tension and double-ring infiltrometers [J]. Vadose Zone Journal, 3: 964-970.

Booltink H W G. 1994. Field-scale distributed modeling of bypass flow in heavily textured clay soil [J]. Journal of Hydrology, 163: 65-84.

Bouldin J D, Freeland R S, Yoder R E, et al. 1997. Nonintrusive mapping of preferential water flow paths in West Tennessee using ground penetrating radar [C]. Proceedings of the Seventh TN Water Resources Symposium, Nashville: 24-29.

Bouma J, De Laat P J M. 1981. Estimation of the moisture supply capacity of some swelling clay soils in the Netherlands [J]. Journal of Hydrology, 49: 247-259.

Bouma J, Dekker L W. 1978. A case study on infiltration into dry clay soil. I: Morphological observations [J]. Geoderma, 20(1): 27-40.

Bouma J, Wösten J H M. 1979. Flow patterns during extended saturated flow in two undisturbed swelling clay soils with contrasting macrostructures [J]. Soil Science Society of America Journal, 43: 16-22.

Bouma J, Wösten J H M. 1984. Characterizing ponded infiltration in a dry cracked clay soil [J]. Journal of Hydrology, 69: 297-304.

Brazier R E, Beven K J, Anthony S G, Rowan J S. 2001. Implications of model uncertainty for the mapping of hillslope-scale soil erosion predictions [J]. Earth Surface Processes and Landforms, 26, 1333-1352.

Bruggeman A C, Mostaghimi S. 1991. Simulation of preferential flow and solute transport using an efficient finite element model [J]. American Society of Agricultural Engineers, 3: 244-255.

Cameira M R, Ahuja L, Fernanolo R M, Pereira L S. 2000. Evaluating field measured soil hydrautic properties in water transport simulations using the RZWQM[J]. Journal of Hydrology, 236: 78-90.

Crestana R, Timothy R, Albert J, et al. 1993. An improved dual porosity model for chemical transport in macroporous soils [J]. Journal of Hydrology, 193: 270-292.

Croton J T, Barry D A. 2001. WEC-C: A distributed, deterministic catchment model—Theory, formulation and testing [J]. Environmental Modeling & Software, 16(7): 583-599.

de Rooij G H. 2000. Modeling fingered flow of water in soils owing to wetting front instability: A review [J]. Journal of Hydrology, 231-232(5): 277-294.

Dekker L W, Doerr S H, Oostindie K, et al. 2001. Water repellency and critical soil water content in a dune sand [J]. Soil Science Society of America Journal, 65: 1667-1674.

Diggle P J. 1983. Statistical analysis of spatial point patterns[M]. London: Academic Press, 15.

Diment G A, Watson K K. 1985. Stability analysis of water movement in unsaturated porous media. 3. Experimental studies [J]. Water Resources Research, 21: 979-984.

Droogers P, Stein A, Bouma J, et al. 1998. Parameters for describing soil macroporosity derived from staining patterns [J]. Geoderma, 83: 293-308.

Edwards W M, Shipitalo M J, Owens L B, et al. 1993. Factors affecting preferential flow of water and atrazine through earthworm burrows under continuous no-till corn [J]. Journal of Environmental Quality, 22, 453-457.

Ehlers W. 1993. Observation oil earthworm channels and infiltration on tilled and unfilled loess soil [J]. Soil Science, 119(3): 242-249.

Flores J G, Chen X T, Sarica Cem, Brill J P. 1997. Characterization of oil-water flow patterns in vertical and deviated wells [J]. In: Annual Technical Conference and Exhibition in San Antonio, Texas, 601–610.

Flühler H, Durner W, Flury M. 1996. Lateral solute mixing processes—a key for understanding field-scale transport of water and solutes [J]. Geoderma, 70, 165-183.

Flury M, Flühler H. 1995. Modeling solute leaching in soils by diffusion limited aggregation: Basic concepts and applications to conservative solutes [J]. Water Resources Research, 31(10): 2443-2452.

Flury M, Flühler H, Jury W A, et al. 1994. Susceptibility of soils to preferential flow of water: A field study [J]. Water Resources Research, 30(7): 1945-1954.

Flury M, Wai N N. 2003. Dyes as tracers for vadose zone hydrology [J]. Reviews of Geophysics, 41(1), doi: 10. 1029/2001RG000109.

Forrer I, Papritz A, Kasteel R, et al. 2000. Quantifying dye tracers in soil profiles by image processing [J]. European Journal of Soil Science, 51: 313-322.

Franklin D H, West L T, Radcliffe D E, et al. 2007. Characteristics and genesis of preferential flow paths in a piedmont ultisol [J]. Soil Science Society of America Journal, 71(3): 752-758.

Franks S W, Beven K J, Quinn P F, Wright I R. 1997. On the sensitivity of soil–vegetation–atmosphere transfer (SVAT) schemes: Equifinality and the problem of robust calibration [J]. Agricultural and Forest Meteorology, 86, 63-75.

Gaiser R N. 1952. Root channels and roots in forest soils [J]. Soil Science Society of America Journal, 16(1): 62-65.

Gerke H H, van Genuchten M T. 1993a. A dual-porosity model for simulating the preferential movement of water and solutes in structured porous media [J]. Water Resources Rescarch, 19 (2): 305-319.

Gerke H H, van Genuchten M T. 1993b . Evaluation of a first-order water transfer term for variably saturated dual-porosity flow models [J]. Water Resources Research, 29 (4): 1225-1238.

Germann P , Beven K. 1981. Water flow in soil macropore Ⅰ. An experimental approach [J]. Journal of Soil Science, 32: 1-13.

Germann P F, Beven K. 1985. Kine mafic wave approximation to infiltration to soils with sorbing macropores [J]. Water Resources Research, 21: 990-996.

Germann P, Di Pietro L. 1999. Scales and dimensions of momentum dissipation during preferential flow in soils [J]. Water Resources Research, 35(5): 1443-1454.

Gish T J, Shirmohammadi A. 1991. Preferential Flow [A]. Proceedings of National Symposium on the American Society of Agricultural Engineers[C]. St Joseph, MI: 143-146.

Gjettermann B, Nielsen K L, Petersen C T, et al. 1997. Preferential flow in sandy loam soils as affected by irrigation intensity [J]. Soil Technology, 11(2): 139-152.

Glass R J, Nicholl M J. 1996. Physics of gravity fingering of immiscible fluids within porous media: an overview of current understanding and selected complicating factors [J]. Geoderma, 10: 133-163.

Glass R J, Steenhuis T S, Parlarge J Y. 1988. Wetting front instability as a rapid and far-reaching hydrologic process in the vadose zone [J]. Journal of Contaminant Hydrology, 3(2-4): 207-226.

Goreaud F, Pélissier R. 1999. On explicit formulas of edge effect correction for Ripley's K-function [J]. Journal of Vegetable Science, 10: 433-438.

Green R D, Askew G P. 1965. Observations on the biological development of macropores in soils of Romney Marsh [J]. Journal of Soil Science, 16(2): 342-349.

Grochulska J, Kldivko E J. 1994. A two-region model of preferential flow of chemicals using a transfer function approach [J]. Journal of Environmental Quality, 23: 498-507.

Hankin B G, Hardy R, Kettle H, Beven K J. 2001. Using CFD in a GLUE framework to model the flow and dispersion characteristics of a natural fluvial dead zone [J]. Earth Surface Processes and Landforms, 26 (6): 667-687.

Hansson K, Lundin C. 2006. Equifinality and sensitivity in freezing and thawing simulations of laboratory and *in situ* data [J]. Cold Regions Science and Technology, 44: 20-37.

Haws N, Das B S, Rao P S C. 2004. Dual-domain solute transfer and transport processes: Evaluation in batch and transport experiments [J]. Journal of Contaminant Hydrology, 75: 257-280.

Heijs A W J, Ritsema C J, Dekker L W. 1996. Three-dimensional visualization of preferential flow patterns in two soils [J]. Geoderma, 70(2): 101-116.

Helling C S, Gish T J. 1991. Physical and chemical processes affecting preferential flow [J]. American Society of Agricultural Engineering, 77: 50-63.

Hillel D. 1998. Environmental soil physics: Fundamentals, applications, and environmental considerations[M]. San Diego: Academic Press, 243-268.

Jarvis N J. 2007. A review of non-equilibrium water flow and solute transport in soil macropores: Principles, controlling factors and consequences for water quality [J]. European Journal of Soil Science, 58(3): 523-546.

Jarvis N J, Larsbo M, Roulier S, et al. 2007. The role of soil properties in regulating non-equilibrium macropore flow and solute transport in agricultural topsoils [J]. European Journal of Soil Science, 58: 282-292.

Jarvis N J, Stabli M, Bergstrom L, et al. 1994. Simulation of dichlorprop and bentazon leaching in soils of contrasting texture using the MACRO model[J]. Journal of Environmental Science and Health, 29(6): 1255-1277.

Jin N D, Nie X B, Wang J, Ren Y Y. 2003. Flow pattern identification of oil/water two-phase flow based on kinematic wave theory [J]. Flow Measurement and Instrumentation, 14: 177-182.

Kamau P A, Ellsworth T R, Boast C W, et al. 1996. Tillage and cropping effects on preferential flow and solute transport [J]. Soil Science, 161(9): 549-561.

Kramers G, Richards K G, Holden N M. 2009. Assessing the potential for the occurrence and character of preferential flow in three Irish grassland soils using image analysis [J]. Geoderma, 153: 362-371.

Kulli B, Stamm C, Papritz A, et al. 2003. Discrimination of flow regions on the basis of stained infiltration patterns in soil profiles [J]. Vadose Zone Journal, 2: 338-348.

Kung K J S. 1990a . Preferential flow in a sandy vadose zone soil 1: Field observation [J]. Geoderma, 46: 51-58.

Kung K J S. 1990b. Preferential flow in a sandy vadose zone soil 2: Mechanism and implications [J]. Geoderma, 46: 59-71.

Kung K J S, Donohue S V. 1991. Improved solute-sampling protocol in a sandy vadose zone using ground-penetrating radar [J]. Soil Science Society of America Journal, 55: 1543-1545.

Ladislan M N, Ramon R, Garrison S. 1998. Correlation of spectroscopic indicators of humification with mean annual rainfall along a temperate grassland climosequence [J]. Ceoderma, 81(3-4): 305-311.

Lamandé M, Hallaire V, Curmi P, et al. 2003. Changes of pore morphology, infiltration and earthworm community in a loamy soil under different agricultural managements [J]. Catena, 54: 637-649.

Lange B, Lüescher P, Germann P F. 2009. Significance of tree roots for preferential infiltration in stagnic soils [J]. Hydrology and Earth System Sciences, 13, 1809-1821.

Lesturgez G, Poss R, Hartmann C, et al. 2004. Roots of *Stylosanthes hamata* create macropores in the compact layer of a sandy soil [J]. Plant and Soil, 260: 101-109.

Lighthill M J, Whitham G B. 1955. On the kinematic waves I and II [J]. Proceedings of the Royal Society London, 229: 281-316.

Lipsius K, Mooney S J. 2006. Using image analysis of tracer staining to examine the infiltration patterns in a water repellent contaminated sandy soil [J]. Geoderma, 136: 865-875.

Liu H H, Zhang R D. 2009. Macroscopic relationship for preferential flow in the vadose zone: Theory and validation [J]. Science in China Series E: Technological Sciences, 52(11): 3264-3269.

Logsdon S D. 1997. Transient variation in the infiltration rate during measurement with tension infiltrometers [J]. Soil Science, 162: 233-241.

Luxmoore R J, Jardine P M, Wilson G V, et al. 1990. Physical and chemical controls of preferred path flow through a forested hillslope [J]. Geoderma, 46: 139-154.

Malone R W, Logsdon S, Shipitalo M J, et al. 2003. Tillage effect on macroporosity and herbicide transport in percolate [J]. Geoderma, 116: 191-215.

Matuszkiewicz A, Flamand J C, Borue J A. 1987. The bubbly-slug flow pattern transitions and instabilities of void fraction waves [J]. International Journal of Multiphase, 199-217.

McBratney A B, Moran CJ, Stewart J B, et al. 1992. Modifications to a method of rapid assessment of soil macropore structure by image analysis [J]. Geoderma, 53: 255-274.

Mertens J, Madsen H, Feyen L, et al. 2004. Including prior information in the estimation of effective soil parameters in unsaturated zone modeling [J]. Journal of Hydrology, 294(4), 251-269.

Mikhailova E A, Bryant R B, Schwager S J, Smith S D. 1997. Precdicting railfall erosivity in Honduras[J]. Soil Science Society of America Journal, 61: 273-279.

Monteith J L. 1965. Evaporation and environment[C]//Symp. Soc. Exp. Biol., 19(205-23): 4.

Moore I D, Burch G J, Wallbrink P J. 1986. Preferential flow and hydraulic conductivity of forest soils [J]. Soil Science Society of America Journal, 50: 876-881.

Mosley M P. 1979. Streamflow generation in a forested watershed, New Zealand [J]. Water Resources Research, 15(4): 795-806.

Mualem Y. 1976. A new model for predicting the hydraulic conductivity of unsaturated porous media． Water Resources Research, 12: 513-522.

Murphy B W, Kocn T B, Jones B A, et al. 1993. Temporal variation of hydraulic properties for some soils with fragile structure [J]. Australian Journal of Soil Research, 31: 179-197.

Murphy C P, Banfield C F. 1978. Pore space variability in a subsurface horizon of tow soils [J]. Journal of Soil Science, 29: 156-166.

Muskat M. 1946. The flow of homogeneous fluids through porous media [M]. San diego: Ann Arbor Press, 546-558.

Nieber J L. 1996. Modeling finger development and persistence in initially dry porous media [J]. Geoderma, 70: 207-229.

Niu J Z, Yu X X, Zhang Z Q, et al. 2007. Classification and types of preferential flow for a dark coniferous forest ecosystem in the upper reach area of the Yangtze River [J]. International Journal of Sediment Research, 22(4): 292-303.

Öhrström P, Persson M, Albergel J, et al. 2002. Field-scale variation of preferential flow as indicated from dye coverage [J]. Journal of Hydrology, 257(1-4): 164-173.

Omoti U, Wild A. 1979. Use of fluorescent dyes to mark the pathways of solute movement through soils under leaching conditions: 2. Field experiments [J]. Soil Science, 128(2): 98-104.

Penman H L, Schofield R K. 1941. Drainage and evaporation from fallow soil at Rothamsted[J]. The Journal of Agricultural Science, 31: 74-109.

Perret J, Prasher S O, Kantzas A, et al. 1999. Three-dimensional quantification of macropore networks in undisturbed soil cores [J]. Soil Science Society of America Journal, 63(6): 1530-1543.

Perret J, Prasher S O, Kantzas A, et al. 2000. Preferential solute flow in intact soil columns measured by SPECT scanning [J]. Soil Science Society of America Journal, 64: 469-477.

Petersen C T, Hansen S, Jensen H E. 1997. Depth distribution of preferential flow patterns in a sandy loam soil as affected by tillage [J]. Hydrology and Earth System Sciences, 4, 769-776.

Qü Z Q, Jia L Q, Jin H Y. 1999. Formation of soil macropores and preferential migration of linear alkylbenzene sulfonate (LAS) in soils [J]. Chemosphere, 38(9): 1985-1996.

Radulovich R, Solorzano E, Sollins P. 1989. Soil macropore size distribution from water breakthrough curves [J]. Soil Science Society of America Journal, 53: 556-559.

Reeves M J. 1980. Recharge of the English Chalk, A possible mechanism [J]. Engineering Geology, 14: 231-240.

Reynolds W D, Elrick D E. 2005. Measurement and characterization of soil hydraulic properties [A]. In: Álvarez-Benedí J, Muńz-Carpena R. (Eds.). Soil-Water-Solute Process Characterization, An Integrated Approach [C]. Boca Raton, FL, USA: CRC Press, 197-252.

Rezanezhad F, Vogel H J, Roth K. 2006. Experimental study of fingered flow through initially dry sand [J]. Hydrology and Earth System Science Discussions, 3: 2595-2620.

Ripley B D. 1981. Spatial Statistics [M]. New York: Wiley, 252.

Risler P D, Wraith J M, Gaber H M. 1996. Solute transport under transient flow conditions estimated using time domain reflectometry [J]. Soil Science Society of America Journal, 60: 1297-1305.

Ross P J, Smettem K R J. 2000. A simple treatment of physical nonequilibrium water flow in soils[J]. Soil Science Society of America Journal, 64(6):1926-1930.

Roulier S, Jarvis N. 2003. Modeling macropore flow effects on pesticide leaching: inverse parameter estimation using microlysimeters [J]. Journal of Environmental Quality, 32(6): 2341-2353.

Saxena R K, Jarvis N J, Bergstrom L. 1994. Interpreting non-steady state tracer breakthrough experiments in sand and clay soils using a dual-porosity model [J]. Journal of Hydrology, 162(3): 279-298.

Šimůnek J, van Gencuhten M Th, Šejna M. 2008. Development and applications of the HYDRUS and STANMOD software packages and related codes[J]. Vadose Zone J. 7: 587-600.

Singh P, Rameshwar K S, Thompson M L. 1991. Measurement and characterization of macropores by using AUTOCAD and automatic image analysis[J]. Journal of Environmental Quality, 20: 289-294.

Skopp J, Gardner W R, Tyler E J. 1981. Solute movement in saturated soils: Two region model with small interaction [J]. Soil Science Society of America Journal, 45: 837-842.

Smettem K R J, Collis-Gerrge N. 1985. Statistical characterization of soil biopores using a soil peel method [J]. Geoderma, 36: 27-36.

Southwick L M, Willis G H, Johnson D C, et al. 1995. Leaching of nitrate, atrazine and metribuzin from sugarcane in Southern Louisiana [J]. Journal of Environmental Quality, 24: 684-690.

Trallero J L, Sarica C, Brill J P. 1997. A study of oil/water flow patterns in horizontal pipes [J]. In: SPE Production & Facilities, 165-172.

van Genuchten M Th, Wierenga P J. 1989. Two-site/two-region models for pesticide transport and degradation: theoretical development and analytical solution[J]. Soil Science Society of America Journal, 53: 1303-1310.

Vanclooster M, Mallants D, Diels J, et al. 1993. Determining local-scale solute transport parameters using time domain reflectometry (TDR) [J]. Journal of Hydrology, 148(1-4): 93-107.

Vermeul V R, Istok J D, Flint A L, et al. 1993. An improved method for quantifying soil macroporosity [J]. Soil Science Society of America Journal, 57: 809-816.

Vervoort R W, Cattle S R, Minasny B. 2003. The hydrology of Vertosols used for cotton production: I. Hydraulic, structural and fundamental soil properties [J]. Australian Journal of Soil Research, 41: 1255-1272.

Villholth K G. 1994. Field and numerical investigation of macropore flow and transport processes [D]. PhD thesis, Technical University of Denmark, Lyngby, Denmark.

Vincent L, Soille P. 1991. Watersheds in digital spaces: An efficient algorithm based on immersion simulations [J]. IEEE Transactions on Pattern Analysis and Machine Intelligence, 13(6): 583-598.

Walker P J C, Trudgill S T. 1983. Quantimet image analysis of soil pore geometry: Comparison with tracer breakthrough curves [J]. Earth Surface Processes and Landforms, 8: 465-472

Wallis G B. 1969. One-dimensional Two-phase Flow [M]. New York: McGraw-Hill, 51.

Wang W, Zhang H J, Li M, et al. 2009. Infiltration characteristics of water in forest soils in the Simian mountains, Chongqing City, southwestern China [J]. Frontiers of Forestry in China, 4(3): 338-343.

Wang W, Zhang H J, Wang H Y, et al. 2010. Morphological and distribution variability of preferential flow in plantation soils on the purple sandstone hillslopes using image analysis [A]. In: Luo Q

(Eds.). Proceedings of IITA-GRS 2010 Volume I [C] Piscataway: IEEE Press, 125-128.

Ward J S, Parker G R, Ferrandino F J. 1996. Long-term spatial dynamics in an old growth deciduous forest[J]. Forest Ecology and Management, 83: 189-202.

Watson K W, Luxmoore R J. 1986. Estimating macroporosity in a forest watershed by use of a tension infiltrometer [J]. Soil Science Society of America Journal, 50: 578-582.

Weibel E R. 1979. Stereological methods [A]. Practical methods for biological morphometry, vol.1 [C]. London: Academic Press.

Weiler M, Flühler H. 2004. Inferring flow types from dye patterns in macroporous soils [J]. Geoderma, 120: 137-153.

White R E. 1985. Transport of chioride and non-diffusible solutes in soils [J]. Irrigation Science, 6: 3-10.

Williams A G, Dowd J F, Scholefield D. 2003. Preferential flow variability in a well-structured soil [J]. Soil Science Society of America Journal, 67: 1272-1281.

Williams A G, Scholefield D, Dowd J F, et al. 2000. Investigating preferential flow in a large intact soil block under pasture [J]. Soil Use and Management, 16: 264-269.

Wilson G V, Luxmoore R J. 1988. Infiltration macroporosity distribution on two watersheds [J]. Soil Science Society of America Journal, 52: 329-335.

Wuest S B. 2009. Comparison of preferential flow paths to bulk soil in a weakly aggregated silt loam soil [J]. Vadose Zone Journal, 8(3): 623-627.

Yao T, Hendrickx J M H. 1996. Stability of wetting fronts in dry homogeneous soils under low infiltration rates [J]. Soil Science Society of America Journal, 60: 20-28.

Zaslavsky D, Kassif G. 1965. Theoretical formulation of piping mechanism in cohesive soils [J]. Geotechnique, 15(3): 305-316.

Zehe E, Flühler H. 2001. Slope scale variation of flow patterns in soil profiles [J]. Journal of Hydrology, 247: 116-132.

Zhang H J, Cheng J H, Shi Y H, et al. 2007. The distribution of preferential paths and its relation to the soil characteristics in the three gorges area, China [J]. International Journal of Sediment Research, 22(1): 39-48.

Zuber N, Findlay J A. 1965. Average volumetric concentration in two phase systems. Transaction ASME [J]. Journal of Heat Transfer, 87 (3): 453-468.

Zuber N, Hench J. 1962. Steady state and transient void fraction of bubbling systems and their operating limits [J]. Part Ⅱ: transient response, 12-16.

彩　图

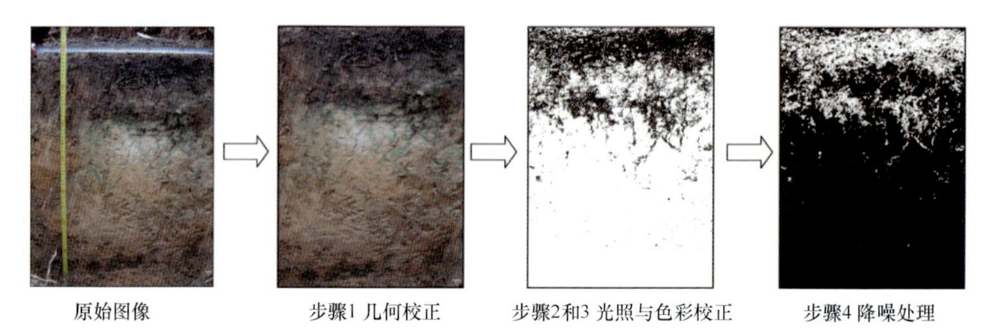

图 2-7　染色剖面图像处理步骤

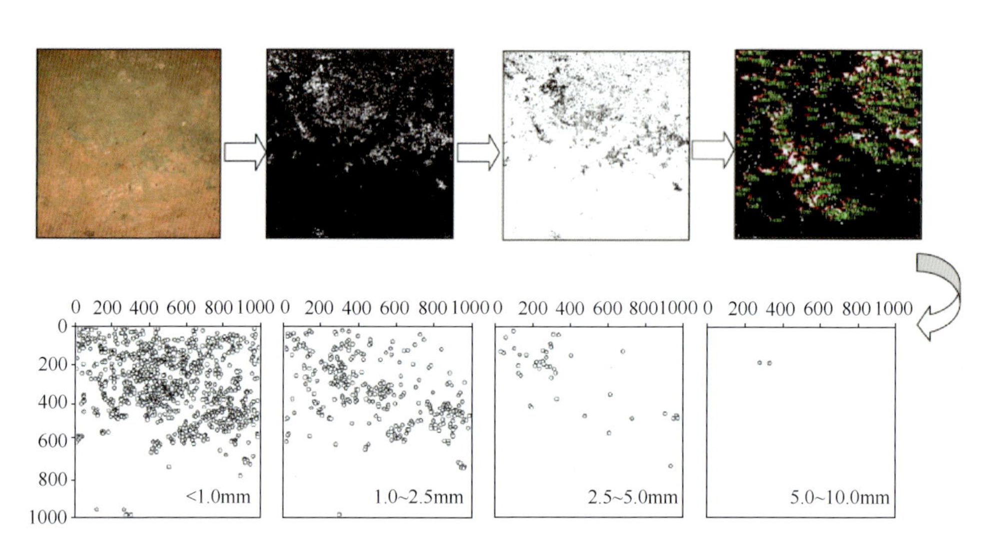

图 5-1　水平染色剖面优先路径位置与数量提取方法